省级示范性高等职业院校建设项目成果
高等职业教育畜牧兽医专业"十三五"规划教材

动物诊疗技术

主　编　李彩虹　颜邦斌
副主编　樊　平　何　文
主　审　刘　娟

西南交通大学出版社
·成都·

图书在版编目（CIP）数据

动物诊疗技术 / 李彩虹，颜邦斌主编. —成都：西南交通大学出版社，2015.10
高等职业教育畜牧兽医专业"十三五"规划教材
ISBN 978-7-5643-4293-7

Ⅰ. ①动… Ⅱ. ①李… ②颜… Ⅲ. ①动物疾病 – 诊疗 – 高等职业教育 – 教材 Ⅳ. ①S858

中国版本图书馆 CIP 数据核字（2015）第 215194 号

省级示范性高等职业院校建设项目成果
高等职业教育畜牧兽医专业"十三五"规划教材

动物诊疗技术

主编 李彩虹　颜邦斌

责 任 编 辑	胡晗欣
特 邀 编 辑	柳堰龙
封 面 设 计	何东琳设计工作室
出版发行	西南交通大学出版社 （四川省成都市金牛区交大路 146 号）
发行部电话	028-87600564　028-87600533
邮 政 编 码	610031
网　　　址	http://www.xnjdcbs.com
印　　　刷	成都勤德印务有限公司
成 品 尺 寸	185 mm × 260 mm
印　　　张	15.25
字　　　数	376 千
版　　　次	2015 年 10 月第 1 版
印　　　次	2015 年 10 月第 1 次
书　　　号	ISBN 978-7-5643-4293-7
定　　　价	37.50 元

课件咨询电话：028-87600533
图书如有印装质量问题　本社负责退换
版权所有　盗版必究　举报电话：028-87600562

前　言

本教材系统介绍了兽医临床诊断和治疗方面的基本知识和各项实验技能，图文并茂，文字简洁，内容通俗易懂、深入浅出，突出"实践性"和"应用性"；既介绍了传统经典的临床诊疗技术，又反映了近年来临床诊疗的新技术、新成果，同时增添了小动物（猫、犬等）的诊断和治疗技术。本教材可作为高职院校畜牧兽医专业教材，也可作为各级兽医临床诊疗者及广大畜禽饲养者的重要参考书。

本教材共分理论教学部分和实习教学部分两篇。理论教学部分包括临床检查的基本方法及程序，整体及一般检查，各系统组织器官的临床检查，实验室检验，X射线检查与超声波检查，建立诊断的方法与原则，兽医临床治疗学概论，兽医临床给药技术，兽医临床治疗方法共九章。实习教学部分包括兽医临床实习基础，临床基本检查法及一般检查，心血管系统的临床检查，呼吸系统的临床检查，消化系统的临床检查，牛、马直肠检查法，金属注射器的安装与调试技术、动物临床常用投药及注射治疗技术综合实训八个实习。

本教材由李彩虹、颜邦斌任主编，樊平、何文任副主编。具体编写分工为：李彩虹编写理论教学部分的第五章，实习教学部分的实习七、实习八；颜邦斌编写理论教学部分的第二章、第四章、第七章、第八章，实习教学部分的实习五；樊平编写理论教学部分的绪论、第一章、第三章、第六章，实习教学部分的实习一、实习二、实习三、实习六；何文编写理论教学部分的第九章，实习教学部分的实习四。本书承蒙西南大学荣昌校区刘娟教授审稿，在此一并表示感谢。

由于本教材涉及学科多，加之时间仓促，作者水平有限，不足之处在所难免，恳请读者和同行批评指正。

编　者
2015 年 8 月

目 录

绪 论 ··· 1

上篇 理论教学部分

第一章 临床检查的基本方法及程序 ··· 5
  第一节 动物的接近和保定 ··· 5
  第二节 临床检查的基本方法及程序 ··· 18

第二章 整体及一般检查 ·· 23
  第一节 全身状态的观察 ·· 23
  第二节 被毛和皮肤的检查 ··· 26
  第三节 眼结膜的检查 ·· 27
  第四节 体表浅在淋巴结的检查 ·· 27
  第五节 体温、脉搏及呼吸数的测定 ··· 28

第三章 各系统组织器官的临床检查 ·· 30
  第一节 消化系统的检查 ·· 30
  第二节 呼吸系统的检查 ·· 36
  第三节 心血管系统的检查 ··· 46
  第四节 泌尿生殖系统的临床检查 ·· 50
  第五节 神经系统的检查 ·· 54
  第六节 禽病的临床检查要点 ··· 59

第四章 实验室检验 ··· 63
  第一节 血液检验 ·· 63
  第二节 尿液检验 ·· 74

第三节　粪便检验……………………………………………………………………85

第五章　X射线检查与超声波检查…………………………………………………………89
　　第一节　X射线检查……………………………………………………………………89
　　第二节　超声波检查……………………………………………………………………103

第六章　建立诊断的步骤与方法……………………………………………………………108

第七章　兽医临床治疗学概论………………………………………………………………114

第八章　兽医临床给药技术…………………………………………………………………120

第九章　兽医临床治疗方法…………………………………………………………………141

下篇　实习教学部分

实习一　兽医临床实习基础…………………………………………………………………187

实习二　临床基本检查法及一般检查………………………………………………………190

实习三　心血管系统的临床检查……………………………………………………………198

实习四　呼吸系统的临床检查………………………………………………………………205

实习五　消化系统的临床检查………………………………………………………………210

实习六　牛、马直肠检查法…………………………………………………………………215

实习七　金属注射器的安装与调试技术……………………………………………………218

实习八　动物临床常用投药及注射治疗技术综合实训……………………………………223

附录：试题库…………………………………………………………………………………226

参考文献………………………………………………………………………………………238

绪 论

畜牧兽医工作者的主要任务在于防治动物疾病，保障畜牧养殖业的健康发展。防治动物疾病，必须首先认识疾病。正确的诊断是制订合理、有效防治措施的根据。所以，诊断是防治疾病的前提，治疗是临床工作的基础。动物诊疗技术是以各种畜禽为对象，从临床实践出发，研究其疾病诊断和治疗方法的理论科学。

一、动物诊疗技术的地位和任务

动物诊疗技术是一门重要的专业基础课，是基础课向专业课过度的桥梁，是基础课和专业课联系的纽带，在临床兽医学中占有非常重要的地位，无论内科、外科还是产科都需要诊疗学提供的方法和知识。

通过动物诊疗课的学习，掌握临床诊疗理论和技术，了解动物发病前后的情况，观察患病动物的症状，分析和评价搜集的资料，最后推断疾病的性质。换句话说，临床诊疗就是认识疾病，对未知的疾病加以讨论研究，早日建立诊断和治疗，解决生产中存在的实际问题，减少疾病带给畜牧业的损失，以保证畜牧业的健康持续发展。

二、动物诊疗技术的概念

兽医：表明它区别于人医，以若干种畜禽为研究对象。

诊：检查、诊查，即通过详细的诊查而获得全面的症状、资料。

断：分析、判别病名，以弄清疾病的实质，是学习兽医的根本和最终目的。

诊断：就是对畜禽所患疾病本质的判断，其过程也就是诊查、认识、判断和鉴别疾病的过程。

治疗：就是用药物、手术等消除动物疾病的方法。

动物诊疗技术：以各种畜禽为对象，从临床实践的角度，研究动物疾病的诊断方法及治疗方法的理论科学。

三、动物诊疗技术的研究内容

1. 动物诊断技术

动物诊断技术包括基本检查法（问，视，触，叩，听诊）、一般检查法、系统（部位）检查法、特殊检查法、实验室检查法等。

2. 动物治疗技术

动物治疗技术包括投药法、注射法、输液法、穿刺法、封闭疗法、物理疗法、手术疗法及安乐死法等。

四、动物诊疗技术的现状及发展

传统诊疗方法主要是问、视、触、叩、听、嗅诊、体温测量及投药注射等，而现代诊疗方法引入了显微技术、X 线摄影、超声波检查、紫外线真菌荧光、生化检验精密仪器（微量元素、激素、酶活性的检测）光导纤维内腔镜、血清学、分子生物学、电生理学及输液疗法、穿刺疗法、封闭疗法、针灸疗法、安乐疗法等。

上 篇

理论教学部分

第一章　临床检查的基本方法及程序

第一节　动物的接近和保定

动物的接近　接近病畜前，首先要观察病畜的表现并向畜主了解病畜的性情，有无踢、咬、抵等恶癖，然后以温和的呼叫声，向病畜发出欲接近的信号，再从前左侧方慢慢接近，切忌不可从后方突然接近动物。接近病畜时，首先要求畜主在旁边协助保定，检查人员用手轻轻抚摸病畜的颈侧或臀部，待其安静后，再进行检查；对猪则可在其腹下部或腹侧部用手轻轻搔痒，使其安静或卧下，然后进行检查。检查病畜时，应将一只手放于病畜的肩部或髋结节部，一旦病畜剧烈骚动抵抗时，即可作为支点向对侧推动并迅速离开，以防意外的发生，确保人畜安全。若发现马竖耳、瞪眼，牛低头凝视，羊低头后退，猪斜视、翘鼻、发出吼声，犬、猫怒目圆睁、龇牙咧嘴，应暂停接近。对于马属动物，不能从正后方接近。对于牛，严禁从后侧方接近。对于犬、猫，应防止被其咬伤和抓伤，检查者应在畜主的保定下接近。对于有视力障碍的动物，应从有视觉的一侧接近。

动物的保定　应用人力、器械或药物来控制动物的活动称为动物的保定。动物的保定有两个目的：一是确保人和动物的安全，二是便于诊断、治疗。保定的方法有物理保定法和化学保定法。一般兽医临床对畜禽的保定大多采用物理保定法，如简易保定法、绳索保定法、柱栏保定法等；对野生动物和非常凶猛的动物可采用化学保定法。

一、猪的接近与保定

1. 站立保定（猪口吻绳保定法）

先抓住猪耳、猪尾或后肢，然后做进一步保定。也可在绳的一端做一活套，使绳套自猪的鼻端滑下，套入上颌犬齿后面并勒紧，然后由一人拉紧保定绳或拴于木桩上，此时，猪多呈用力后退姿势（图1-1）。此法适用于一般的临床检查、灌药和注射等。

2. 猪耳直立保定法

先抓住猪两耳，迅速提举，使猪腹部朝前，同时用膝部夹住其颈胸部（图1-2）。此法用于胃管投药及肌肉注射。

图1-1 猪口吻绳保定

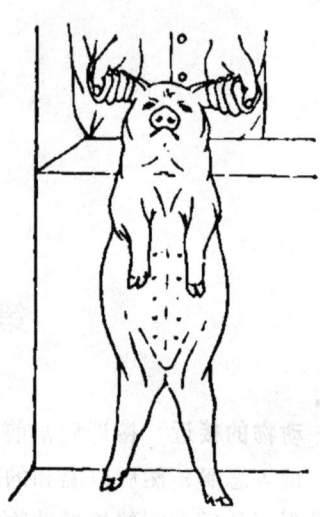
图1-2 猪耳直立保定法

3. 网架保定

取两根木棒或竹竿（长100~150 cm），按60~75 cm的宽度，用绳织成网床。将网架于地上，把猪赶至网架上，随即抬起网架，使猪的四肢落入网孔并离开地面即可保定（图1-3）。较小的猪可将其捉住后放于网架上保定。此法可用于一般的临床检查、耳静脉注射等。

4. 保定架保定

将猪放于特制的活动保定架或较适宜的木槽内，使其成仰卧姿势或行背位保定（图1-4）。此法可用于前腔静脉注射及腹部手术等。

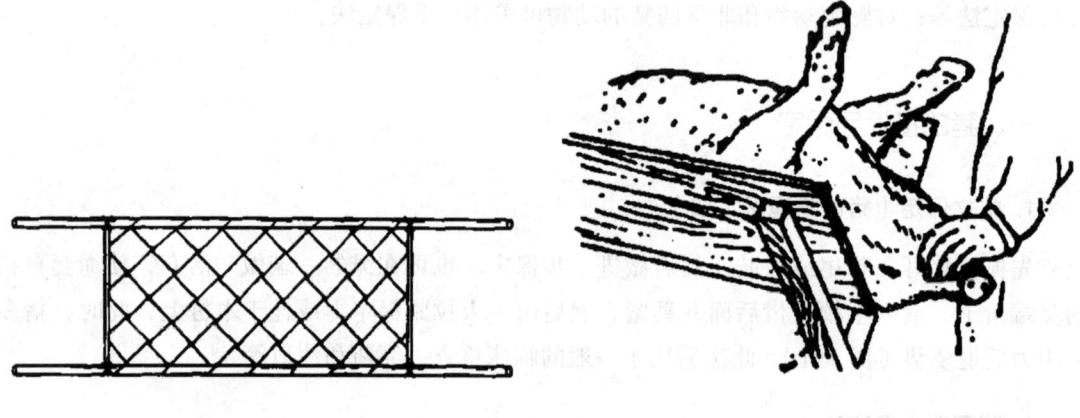

图1-3 网架保定　　　　　图1-4 保定架保定

5. 后肢提举保定

两手握住后肢飞节并将其提起，头部朝下，用膝部夹住背部即可固定（图1-5）。此法可用于直肠脱的整复、腹腔注射以及阴囊和腹股沟疝手术等。

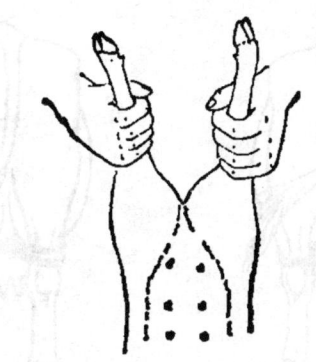

图 1-5　后肢提举保定

二、牛的接近与保定

可用笼头和鼻钳保定。笼头主要用于控制牛头，对温顺的牛只用笼头或鼻钳就能完成静脉注射。鼻钳是一个钳形器械，将鼻钳装在鼻中隔的两侧，能转移牛的注意力。在没有鼻钳的情况下，用拇指和食指代替鼻钳，抓住牛鼻中隔，抬高和转动牛头。常用的保定方法有：

1. 徒手保定法

用一只手握牛角根，另一只手提鼻绳、鼻环或用拇指、食指与中指捏住鼻中隔即可保定（图 1-6）。此法可用于一般检查、灌药、肌肉及静脉注射。

2. 鼻钳保定法

用鼻钳经鼻孔夹紧鼻中隔，用手握持钳柄加以保定（图 1-7）。此法可用于一般检查、灌药、肌肉及静脉注射。

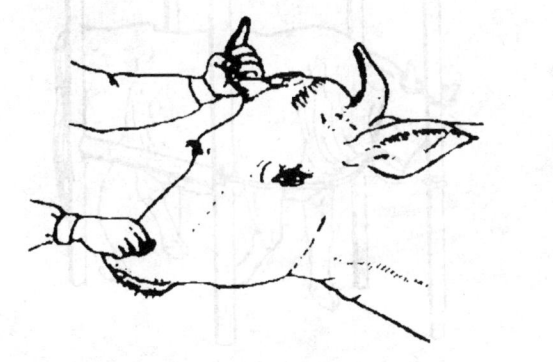

图 1-6　徒手保定法

图 1-7　鼻钳保定法

3. 两后肢捆绑保定法

取 2 m 长的粗绳一条，折成等长两段，于跗关节上方将两后肢胫部围住，然后将绳的一端穿过折转处向一侧拉紧（图 1-8）。此法可用于恶癖牛的一般检查、静脉注射以及乳房、子宫、阴道疾病的治疗。

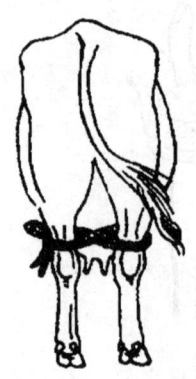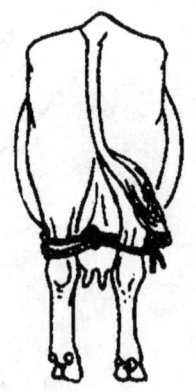

图1-8 两后肢捆绑保定法

4. 柱栏保定法

柱栏保定法是临床上最为常用、最为可靠的保定方法。常见的柱栏有单柱栏、二柱栏、四柱栏、五柱栏和六柱栏。用做柱栏的材料多为钢管。柱栏上有多个钩和环，可拴缰绳和挂吊瓶、吊桶，并备有一头固定、另一头拴解的绳或带，使前、后、左、右、上、下都能固定，使用非常安全、方便。此法用于牛的一般检查、灌药、各种注射及颈部、腹部、蹄部等疾病的诊断与治疗。

二柱栏保定 将牛牵至二柱栏内，鼻绳系于头侧栏柱，然后缠绕围绳，吊挂胸、腹绳即可固定（图1-9）。此法可用于临床检查、各种注射及颈、腹、蹄等部位疾病治疗。

四柱栏保定 将牛牵至四柱栏内，上好前后保定绳即可保定，必要时可加上背带和腹带（图1-10）。

 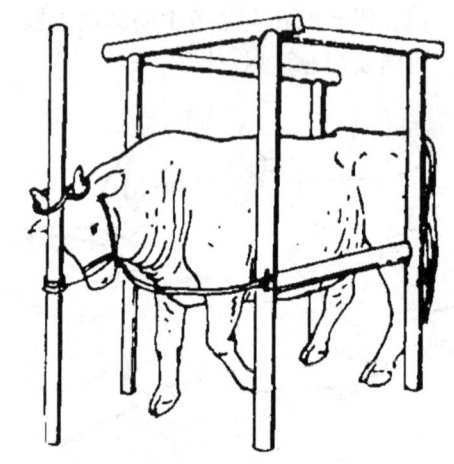

图1-9 二柱栏保定　　　　　图1-10 四柱栏保定

5. 倒卧保定法

用1条长12~15 m的绳子，一端拴在牛角根部，另一端沿非卧侧由颈侧拉向后方，经肩胛部后方及髋结节前方时，分别绕背胸及腰腹部各做一环套，再向后拉绳。两环套的绳的交叉点均在非卧侧。随后，由1~2人固定牛头并向倒卧侧按压，2~3人向后牵拉倒绳，牛因绳套压近，后肢屈曲而自行倒卧。此法适用于牛的外科手术等保定。主要有背腰缠绕倒牛法（图1-11）和拉提前肢倒牛法（图1-12）。

图 1-11　背腰缠绕倒牛法

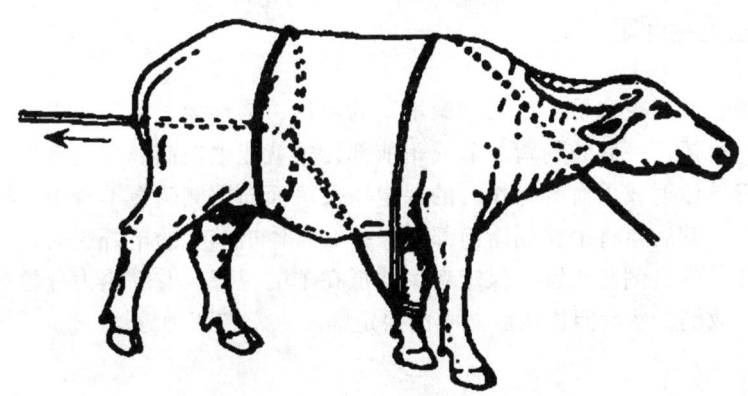

图 1-12　拉提前肢倒牛法

6. 一条绳倒牛法（图 1-13）

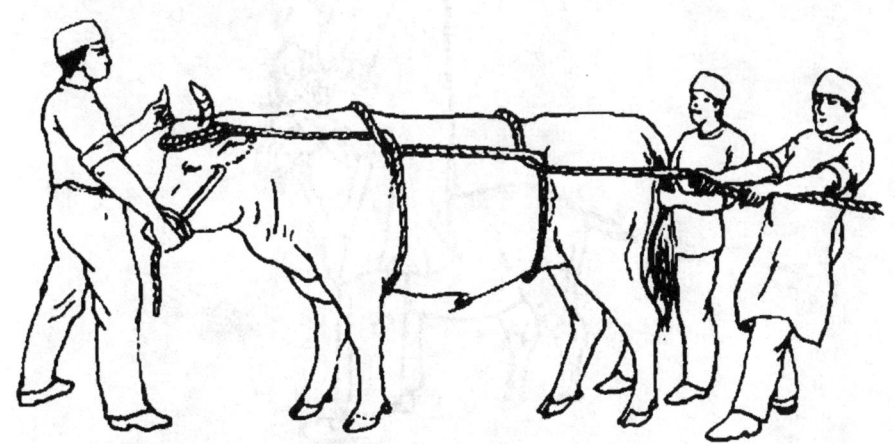

图 1-13　一条绳倒牛法

7. 手术台保定法（图1-14）

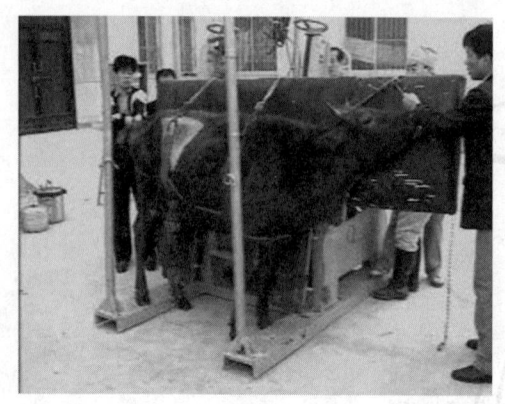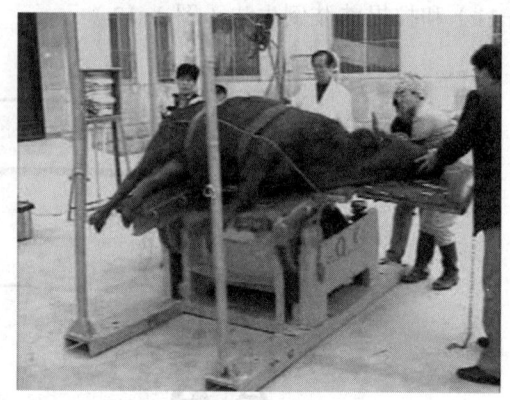

图1-14 手术台保定法

三、羊的接近与保定

羊性情温顺，保定较容易。羊有"聚堆"的习性，为捉捕羊的后肢形成有利的条件。在羊群中捉羊时，可抓住一后肢的跗关节或跗前部，羊就能被控制。保定者抓住羊的角，骑在羊背部，作为静脉注射或采血等操作时的保定。又可面向尾侧骑在羊身上，抓紧两侧后肢膝褶，将羊倒提起，其后再将手移到跗前部并保持。将体格较大的羊卧倒时，右手提起羊的右后肢，左手抓在羊的右侧膝皱襞，保定者用膝抵在羊的臀部。左手用力提拉羊的膝褶，在右手的配合下将羊放倒，然后捆住四肢。羊的保定临床上常有两种方法。

1. 站立保定

两手握住羊的两角，骑跨羊身，以大腿内侧夹持羊两侧胸壁即可保定（图1-15）。此法可用于临床检查或治疗。

图1-15 羊的站立保定

2. 倒卧保定

保定者俯身从对侧一只手抓住两前肢系部或抓一前肢臂部，另一只手抓住腹肋部膝襞处扳倒羊体，然后改抓两后肢系部，前后一起按住即可（图1-16）。此法可用于治疗或做简单手术。

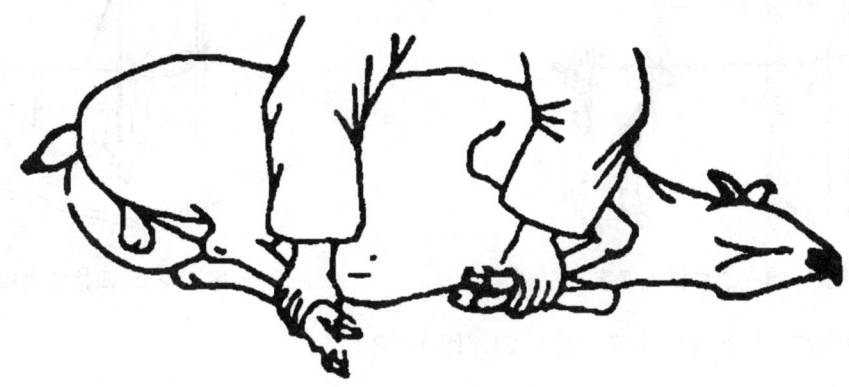

图1-16 羊的倒卧保定

四、马的保定

1. 耳夹子保定

一手抓住马耳，另一只手将夹子放入耳根部用力夹紧（图1-17）。此法可用于一般检查和治疗。

2. 鼻捻保定

将鼻捻子绳套套于上唇，并迅速向一方捻转把柄，直至拧紧为止（图1-18）。此法可用于一般检查和治疗。

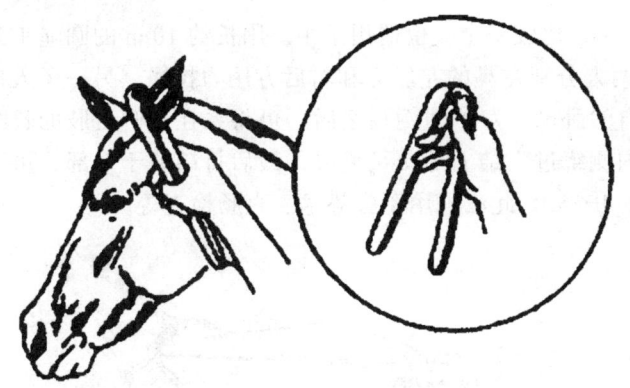

图1-17 耳夹子保定

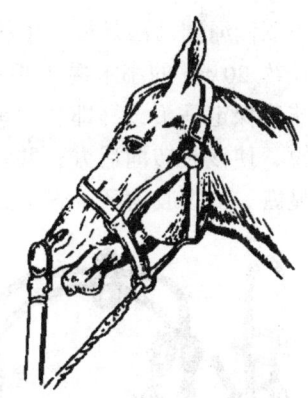

图1-18 鼻捻保定

3. 柱栏内保定

柱栏内保定包括二柱栏内保定（图1-19）、四柱栏内保定（图1-20），此法可用于一般临床检查及治疗。在直肠检查时，须上好腹带及肩带。

图 1-19 二柱栏内保定

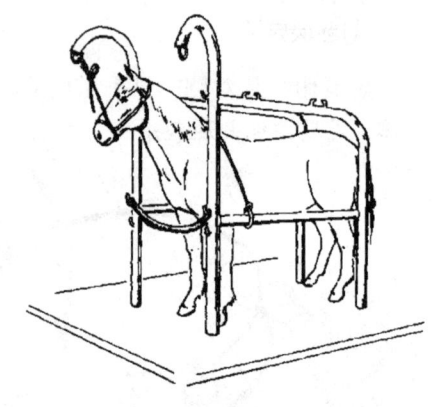
图 1-20 四柱栏内保定

4. 柱栏内前、后肢转位保定（图 1-21、图 1-22）

此法适用于蹄底、系凹部及腕、跗关节手术。

图 1-21 前肢转位保定法

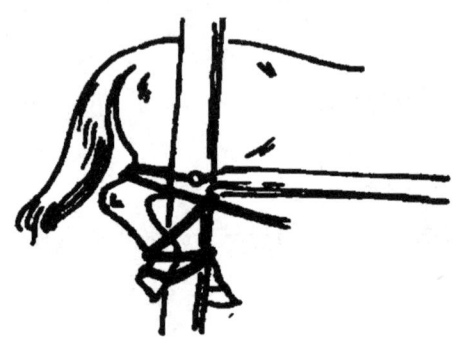
图 1-22 后肢转位保定法

5. 倒卧保定

双侧绳倒马法是最常用的倒马法之一，比较安全，也适用于牛。用长约 10 m 的圆绳 1 条和长约 20 cm 的小木棍 1 根。此时由两人分别在马的左后方和右后方用力拉绳，另一个人握持笼头保定马头，马即呈后坐姿势，自然卧倒。双侧绳倒马之后，可将系在上侧后肢的长绳后拉，使该肢转向后方，并将绳端由内侧绕过飞结上部交叉缠绕，最后打结缚于系部，可充分显露一侧腹股沟区（图 1-23、1-24、1-25）。此法可用于去势术、直肠检查等。

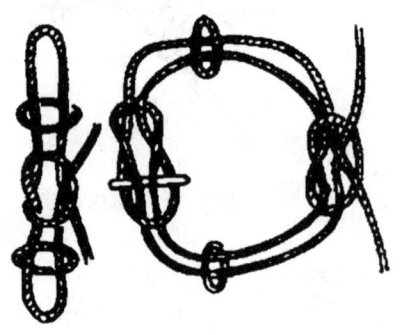
图 1-23 颈部绳套的结法

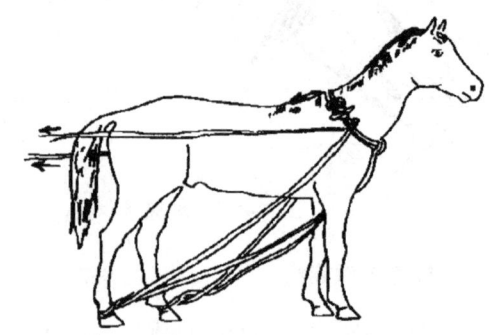
图 1-24 双侧绳倒马法

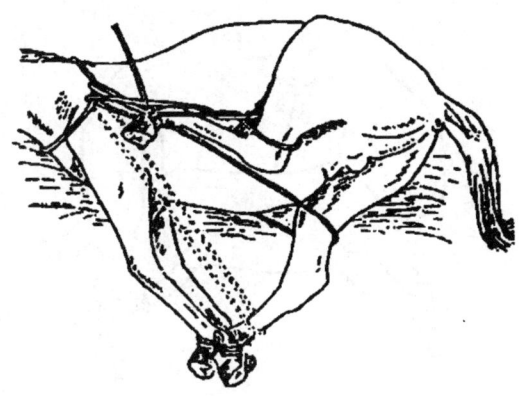

图 1-25 显露一侧腹股沟区捆缚法

五、犬的接近与保定

1. 语言保定

接近犬猫时对它们说话，刚开始对动物说话时要用一种温和、抚慰的声音，以免惊着动物，当动物瞎眼或斜眼时这点尤为重要。叫动物的名字，宠物一般都对它们的名字形成了条件反射。如需要，语调严厉地对动物说话。用一种严厉而清晰的语调对动物说"不"。作为物理学保定的辅助措施，语言保定很有用。对病畜一定要有耐心。

2. 扎口保定

用绷带在犬的上下颌缠绕两圈后收紧，交叉绕于颈部打结，以固定犬嘴不得张开（图1-26）。此法可用于一般检查。

图 1-26 犬扎口保定

3. 犬横卧式保定

先将犬做扎口保定，然后两手分别握住犬两前肢的腕部和两后肢的跖部，将犬提起横卧在平台上，以右臂压住犬的颈部，即可保定（图1-27）。此法可用于临床检查和治疗。

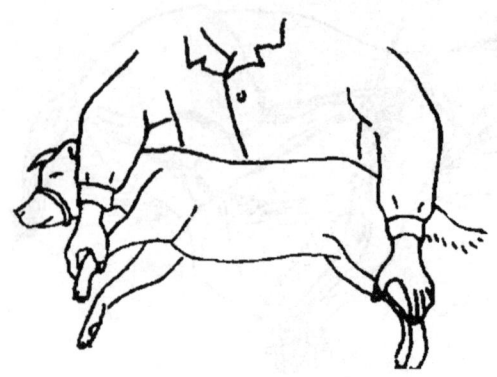

图 1-27　犬横卧保定

4. 犬的站立式保定

保定者将一只胳膊置于犬颈下，以使前臂能安全固定住犬的头部。犬头部需固定好，以免咬伤保定人员或检查人员。将另一只胳膊置于犬腹下或脚下（图 1-28）。保定时将犬向检查人员胸部拉近。

图 1-28　犬的站立保定

5. 犬的蹲式保定

保定者将一只胳膊置于犬颈下，以使前臂能安全地固定犬的头部。将另一只胳膊绕在犬的后躯，防止犬在检查过程中站立或躺下。保定时将犬靠近人的胸部，以便保定者可以更好地控制动物的活动。

6. 犬的侧卧式保定

犬站立时，从其背部一手抓住两前肢，另一手抓住两后肢。如为大型犬，则一人从犬背部绕过来抓住犬两肢，另一靠近犬后肢的人保定后肢。将两只手的食指夹在所抓两犬腿之间，以便保定者在犬移动腿时更好地控制它们。慢慢地使犬离开桌面或地面，并使其身体背对着保定者，而朝侧卧的方向慢慢倾斜。使犬从站立变为侧卧时动作要轻柔缓慢。保定者前臂靠近犬头部并用力压犬头部的一侧，以限制犬头部的活动，充分固定好头部对整个检查都很重要。如可能，在近腕骨和跗骨处抓住犬腿，用这种方式抓住动物可以更好地控制其四肢（图 1-29）。

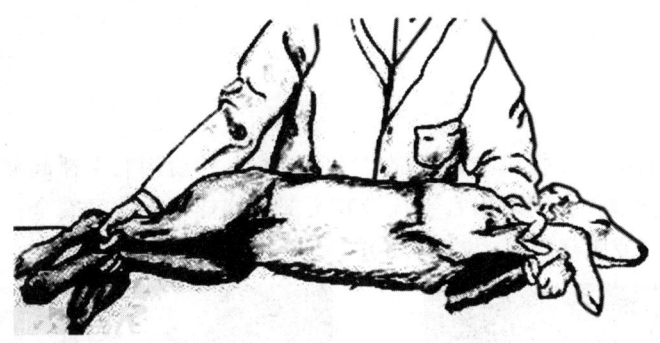

图 1-29 犬的侧卧式保定

7. 给犬戴上嘴套的操作方法

犬的保定还可使用市售犬嘴套。另外，对 18~23 kg 的犬，也可用长约 125 cm 的纱布条或布条取代。大型犬最好用结实的或双层纱布条，不结实或没戴好的嘴套保证不了安全，存在被犬咬伤的危险。市售尼龙或人造丝嘴套在使用前后都必须消毒，以免造成疾病的传播。在接近动物前，用方结的一半绕一个圈，使圈的直径约为犬吻突的 2 倍。先将嘴套准备好可保证快速给犬套上嘴套，减少操作人员的手靠近犬嘴部的时间。将准备好的圈绕过犬的鼻和嘴，并在犬鼻背面打一半方结，迅速拉紧绳的两端。给犬戴嘴套时，手应尽可能地远离犬嘴。对难以驾驭的犬，需两人完成这个操作。一人抓住牵引链并在另一人套嘴套时将犬的注意力转移。将嘴套的两末端在犬下颌部交叉。对难以驾驭的犬，每一步操作都要迅速完成。如下颌部的嘴套两端仅交叉而没系上，则在犬挣扎时嘴套很容易脱出。嘴套两端拉向耳后并系成蝴蝶结。蝴蝶结需系于犬的耳后并系紧。如嘴没系紧，犬会张嘴。想要迅速解除难以驾驭犬的嘴套，需解开蝴蝶结并拽住嘴套的两端。嘴套会抑制喘气，因此对厚毛动物或处于高温环境时需明智地使用它。当动物出现呼吸困难或开始呕吐时要立即解除嘴套。

8. 使用伊丽莎白氏项圈的操作方法（表 1-1）

表 1-1　伊丽莎白氏项圈的操作方法

操作技术	基本原由/详述
1. 选择或自制一个大小合适、足够结实的项圈	1. 一般应选择坚韧而有弹性的材料来制作项圈，如塑料，而不用易折的材料，如纸板。项圈的合适长度应比动物吻突长 2~3 cm，并使项圈的基部对着肩部向后拉
2. 将项圈戴在难以驾驭的犬或猫颈部，是为了防止治疗时动物咬人以及自咬或自舔	2. 项圈作为保定工具的优点是：不妨碍动物的呼吸；在动物从医院回到狗窝的途中仍可留在动物身上，方便了随后的其他处理工作；项圈为大多数动物所接受
3. 为了确保项圈留在动物身上，应使用预先制作好的市售项圈的附件（圈或扣），或在作项圈的盆上打 3 个孔，以便当绳穿过这 3 个孔时形成一个穿过动物头部的三角形口	3. 大多数项圈很结实，可重复使用，且易于清洗。多个公司生产各种大小的伊丽莎白氏项圈，这些项圈的绝大多数还可切割成大小适用于那些体格不太标准的动物。对于喜欢自己动手的人来说，可以用废弃的空盖盆来制作适用于猫和小型犬的项圈，大小合适的塑料桶也可以做成犬的项圈

六、猫的保定

1. 徒手保定法

抓猫前轻摸猫的脑门或抚摸猫的背部以消除敌意,然后用右手抓起猫颈部或背部皮肤,迅速用左手或左小臂抱猫,同时用右手抚摸其头部,这样即方便又安全;如果捕捉小猫,只需用一只手轻抓颈部或腹部即可(图1-30)。

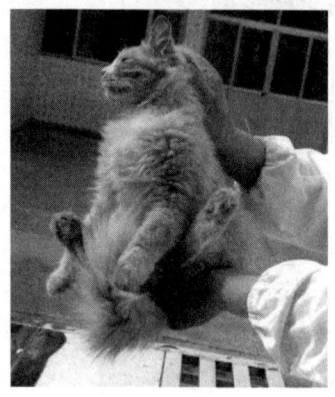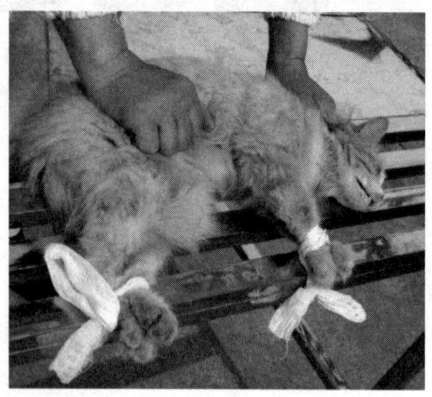

图 1-30 猫徒手保定法

2. 猫袋保定法

猫袋可用人造革或粗帆布缝制而成。布的两侧缝上拉锁,将猫装进去后,拉上拉锁,变成筒状;布的前端装一根能抽紧及放松的带子,把猫装入猫袋后先拉上拉锁、再抽紧袋口的颈部,此时拉住露出的猫的后肢可测量猫的体温,也可进行灌肠、注射等治疗措施。

3. 猫侧卧保定法(表1-2)

表1-2 猫侧卧保定法

操作技术	基本原由/详述
1. 如保定时间长,检查时使猫不舒适或猫不容易驾驭时,要先修剪猫蜷曲的爪子	1. 猫比犬更不容易保定,因为:(1)猫动作快;(2)猫动作敏捷且强有力;(3)猫会用牙齿和爪子来保护自身;(4)猫属于会因滥用力量而受损伤的小动物
2. 猫站立时,绕过猫背一手抓住猫的两前肢,另一只手抓住两后肢	2. 无
3. 慢慢使猫四肢离开桌面,并使其身体背对着你而朝侧卧的方向慢慢倾斜	3. 将猫从站立姿势变为侧卧姿势时动作要轻柔缓慢
4. 猫侧卧后,用一只手抓住猫的四肢	4. 若有必要,将猫的两前肢和两后肢分别用胶带捆在一起
5. 将另一只手的手心放在猫头顶上,手指和拇指握住猫的下颌(图1-31)	5. 在侧卧保定前给猫戴上项圈,一手抓住猫的四肢时另一手抓住其下颌。猫太小且动作敏捷,保定者用前臂固定猫头的办法不适用

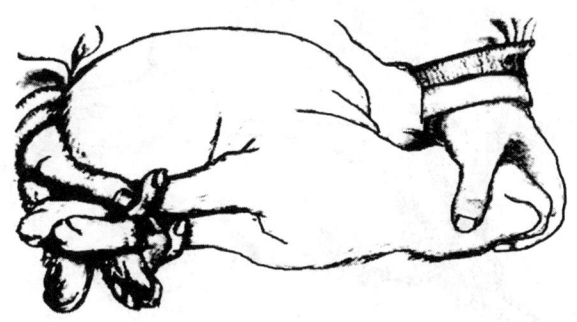

图 1-31 猫的侧卧保定

4. 猫胸卧保定法（表 1-3）

表 1-3 猫胸卧保定法

操作技术	基本原由/详述
1. 给猫背施加缓和而坚定的压力以告诉它要采用胸卧姿势	1. 大多数猫常可接受胸卧姿势
2. 保定者用前臂夹住猫体两侧，使猫头不朝向保定者	2. 保定者可从猫的侧边或后部完成这个操作，以免因碰着猫的前爪而使猫反抗
3. 用两手固定猫头（图 1-32）	3. 无

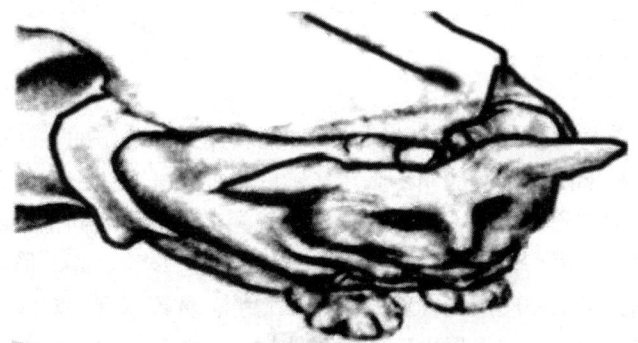

图 1-32 猫的胸卧保定

5. 不温顺猫的物理保定法（表 1-4）

表 1-4 不温顺猫的物理保定

操作技术	基本原由/详述
1. 关闭房间的所有门窗	1. 假如猫逃离保定者，它也无法逃出这个房间
2. 一手抓住猫的颈背部	2. 尽可能多地抓住猫颈部靠前的皮肤，这点很重要，否则猫可能会扭头咬人
3. 另一只手抓住猫的后肢	3. 这种保定方式可使猫侧卧或站立，大多数厉害的猫会以尖叫来抗议这种保定方式，因此要快速完成此操作。如保定者开始对猫失去控制，这有可能惊扰其他参与操作的人员，猫同时脱离你的两手而逃走
4. 慢慢分开两手使猫伸展开（图 1-33）	4. 无

图 1-33 不温顺猫的保定

对难以驾驭的猫有一个替代的保定方法：用一手抓住猫的颧骨，手心放在猫头顶上。同时，助手拿一块厚毛巾轻柔地裹住猫的颈部和躯干使四肢包在毛巾内。毛巾裹了几层以后，将底边折起，这样猫身可夹在保定猫头的保定者胳膊下。这种保定方式在采血、插颈静脉管或口服灌药时十分有用。

凶狠的犬和猫需要特殊的保定技术，如狂犬病犬需使用电极和药物，但这些操作给动物和人都带来很多危险。

第二节　临床检查的基本方法及程序

一、临床检查的基本方法

为了发现和搜索作为诊断根据的症状、资料，需要用各种特定的方法对病畜进行客观的观察与检查。随着近代科学的进展，应用于临床实际的各种检查方法十分复杂而繁多，特别是实验室的检查方法、X射线诊断法以及心电描记、超声探查、放射线同位素的应用等方面的新技术在医学临床上的普遍应用，使现代诊断技术有了很大的进步和提高。但是从兽医临床诊断的角度，通过问诊的调查了解和应用检查者的眼、耳、手、鼻等器官去对病畜进行直接的检查，还是当前最基本的临床检查法。根据中医望、闻、问、切四种基本诊断方法的延伸和运用，下面这些诊断方法是最基本的。虽然这些方法比较简单，且大多不需要特殊设施，单凭兽医的感官和语言即可，但对于诊断疾病却极其重要。因为这些方法不仅不受条件、时间、地点限制，几乎在各种场合均可应用，还可为疾病的确诊提供重要线索和依据。例如对农药中毒、疝、痘病、口蹄疫等通过问诊、视诊、触诊、嗅诊、听诊和叩诊等一般都能作出诊断。

1. 问诊

问诊是以询问的方式，听取饲养管理人员关于动物发病情况和经过的介绍。

问诊时既要详细，又要突出重点。出色的问诊往往会给诊断和防治措施提供有用的线索和依据。问诊时既要重视畜主关心的问题，又要注意畜主易忽视的问题。问诊内容主要包括现病史如发病时间、地点、动物种类、年龄、发病率、死亡率、病程、典型症状、有无特殊诱因（饲料更换、转群、长途运输、天气变化等）、采取过什么治疗措施及效果如何、既往病史、饲养管理状况、生产情况、免疫情况及附近或周围地区有无发病等。问诊时语言要通俗，态度要和蔼，并尽可能用当地方言提问，尽量避免使用特定的专业术语，如里急后重，以便得到很好的配合。对问诊材料的估价，应持客观的态度。既不应绝对的肯定又不能简单的否定，而应将问诊材料和临床检查的结果加以联系进行对比和全面的综合分析，为找到致病原因和建立诊断提供依据。

2. 视诊

视诊是用肉眼直接地或借助器械（如内窥镜、开腔器、开口器、胃镜等）间接地对病畜的整体或局部进行观察，搜集症状的一种方法。视诊时要让动物处于自然状态下，由群体观察到个体观察，由远及近，从前至后、从上至下、从左至右环绕一周仔细观察。对大动物、凶猛动物的视诊，检查者应距离动物 2 m 远，环绕动物边走边观察。对集约化养殖场动物的视诊，应先畜群、后个体。

视诊的内容包括全身状态，如精神、体质、营养、发育、对事物的反应、行为、运动、姿势、被毛、皮肤、可视黏膜状况、采食及饮水状况、粪便数量和颜色及性质、身体特殊部位（如头颈部、四肢、生殖器官、会阴、肛门）状况等，还包括某些生理活动如呼吸、咀嚼、吞咽、反刍、排粪和排尿动作及次数等。视诊最好在自然光照的宽阔场地进行。对初来的门诊病畜，应稍经休息，待呼吸平稳后再进行观察。

3. 触诊

触诊就是检查者用手（包括手指、手掌、手臂和拳头）对要检查的组织器官进行触压和感觉，以判断其病理变化，从中获得症状资料。触诊是祖国医学的瑰宝，有其独到之处，尤其在切脉和直检方面广泛应用，我们应继承和发扬。其内容包括脉搏、温度、湿度、硬度、弹性、反应性、形态及大小变化、病变范围、位置变化等，大动物还可进行直肠内触诊。触诊时动作要柔和，逐渐加压，切忌突然用力。应先健侧后病侧，先边缘后中心，先轻后重，必要时要对动物进行保定。根据需要对相应器官或组织依次进行详细触诊。触诊方法包括浅部触诊和深部触诊。浅部触诊是对体表的检查，仅用手指、手掌或手背感知而不用力按压（图1-34）；深部触诊则是用手指或拳头对患部用力触压，以判断深部病变，如对肝、脾、子宫、胎儿的检查，其中包括冲击式触诊，即拳头不离开皮肤而进行短暂、快速的冲击式触压，常用于判断瘤胃内容物的性状、腹水的多少等（图 1-35）。

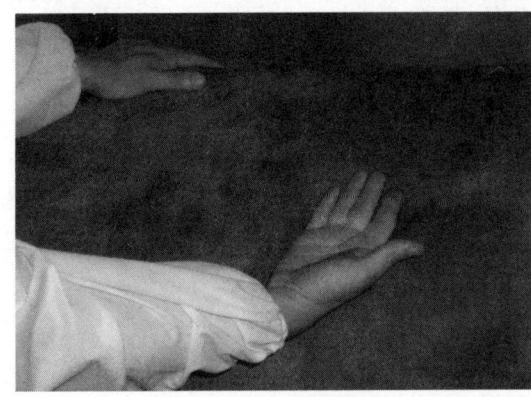

图 1-34　浅部触诊

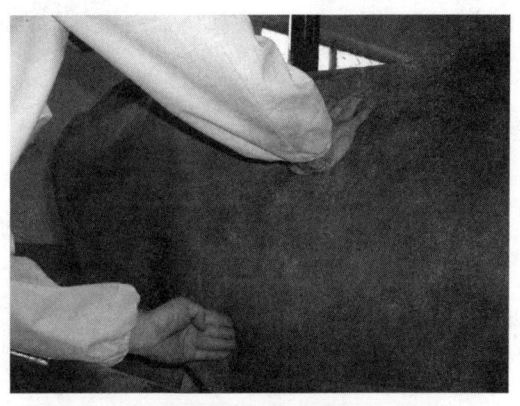

图 1-35　深部触诊

触诊常见病变及意义为：感觉如面团状、指压留痕见于皮下水肿；有波动性柔软如水袋状，指压无痕则见于血肿、脓肿及淋巴外渗；坚实致密见于炎性肿胀；柔软有弹性、有捻发音的气性肿胀见于皮下气肿、气肿疽及恶性水肿等；瘤胃触诊呈面团状则见于瘤胃积食；若触诊时动物敏感、不安、回避则表明有疼痛。

4. 叩诊

根据叩打动物体表所产生音响的性质来判断被检组织器官的病理变化，也可理解为变相触诊，因为在病理情况下的音响与生理性情况下的音响存在差别。叩诊分为直接法和间接法，前者用手指或叩诊锤直接叩击动物体表相应部位，后者则又分为指指叩诊和锤板叩诊（图1-36、图1-37）。中、小动物用指指叩诊。大动物用锤板叩诊。叩诊可用于检查动物的鼻窦、胃、肠、肺、心脏、肝、脾、脊柱等组织器官的位置、状态。

图1-36　牛的叩诊

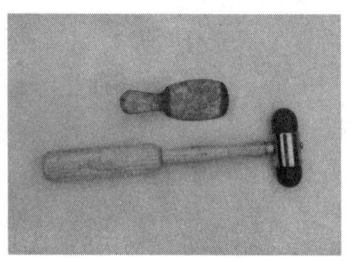
图1-37　叩诊锤

5. 嗅诊

嗅诊是利用嗅觉对病畜排泄物、分泌物、病变部位、体内样品如肠内容物和渗出液等、饮水、饲料等的气味进行辨别，判断其有无异常。例如当牛呼出的气体有氯仿气味时常患有酮血症；当母畜的阴道分泌物有腐败味时常提示有子宫蓄脓或胎衣不下；当动物的呕吐物带有蒜臭味时，则多见于有机磷农药中毒；圈舍中氨气味道太浓，说明粪便清理不及时或通风不良等。

6. 听诊

听诊是借助听诊器或直接用耳听取动物呼吸系统、消化系统、心血管系统等组织脏器活动的音响，根据其音响性质和变化来作出诊断，主要用于哺乳动物。听诊时应保持环境及动物的安静，避免噪音干扰。听诊器的听头（胸端）应紧贴体表，耳塞应放入听诊者的两耳中（图1-38、图1-39）。直接听诊则将耳朵紧贴于动物体表。

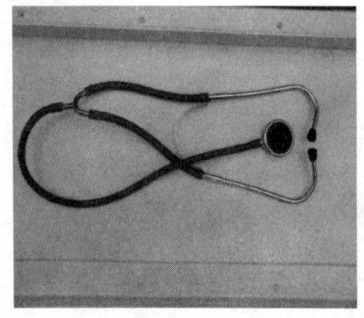
图1-38　听诊器

图1-39　听诊法

二、临床检查的基本程序

临床检查病畜时，应按一定的顺序进行，以免某些症状被遗漏，同时可以获得比较全面的症状和资料，这对综合分析疾病和判定疾病非常重要，特别是初学者更应该养成这种良好的习惯。临床检查病畜时，应持有严格的科学态度，着眼于对饲养、管理、使役及生产性能的了解，主要症状、典型症状、特殊症状以及各系统、器官疾病的综合征候群的检查。通常检查顺序为：病畜登记→问诊→现症检查（包括整体及一般检查、系统检查、实验室检查和特殊检查）→建立诊断→病历记录。

1. 病畜登记

病畜登记就是系统地记录就诊动物的一般情况和个体特征，目的是识别家畜，另外某些特征对疾病的诊断也有一定的参考价值。通过病畜登记建立档案为以后的诊疗和科研工作提供资料。主要内容有畜种、性别、年龄、体重、用途、毛色。此外，作为个体特征的标志，还应登记畜名、号码、烙印等事项。为了便于联系和追踪调查必须登记家畜的所属单位或管理人员的姓名及住址。

2. 现症检查

现症检查包括动物整体状态的检查、表被状态的检查、可视黏膜的检查、体表淋巴结和淋巴管的检查、体温、脉搏、呼吸数的测定、心血管系统的检查、呼吸系统的检查、消化系统的检查、泌尿生殖系统的检查、神经系统的检查。实验室检查就是运用物理学、化学和生物学等实验技术和方法，对病畜的血液、尿液、粪便、体液、组织细胞及病理产物，在实验室特定的设备与条件下，测定其物理性状，分析其化学成分。特殊检查主要包括 X 射线诊断、B 超诊断、CT 诊断、核磁共振诊断、心电图诊断和电视腹腔镜诊断等。

3. 建立诊断

通过病史调查和分系统临床检查、实验室检查和特殊检查等，系统全面地收集症状和有关发病经过地资料。然后对所收集到的症状、资料进行综合分析、推理、判断，初步确定病变地部位、疾病地性质、致病原因及发病的机理，建立初步诊断。依据初步诊断，实施防治，根据防治效果来验证诊断，并对诊断给予补充和修改，最后对疾病做出确切的诊断。

搜集资料、综合分析、验证诊断是诊断疾病的三个基本步骤。三者互相联系，相辅相成，缺一不可。其中：搜集资料是认识疾病的基础；分析症状是建立初步诊断的关键；实施防治、观察效果是验证和完善诊断的必由之路。

4. 病历记录

病例记录要全面、详细；对症状的描述，力求真实、具体、准确，按主次症状，分系统顺序记载，避免零乱和遗漏；记录用词要通俗、简明，字迹清楚；对疑难病例，不能马上确诊的，可先填写初步诊断，待确诊后再填最后诊断。

病历记录格式见表 1-6。

表1-6 病　志

年　月　日　　　　　　　　初诊时间：　　　　　　　门诊编号：

畜主姓名				住址电话					
畜种			体重		年龄		性别		毛色
诊断	月　日			特征					
	月　日			转归		年　月　日		兽医	
	月　日								

主诉：

1. 既往史

2. 生活史

3. 现病史

临床检查所见：体温：　　　（℃）；脉搏：　　　（次/分）；呼吸：　　　（次/分）

病　志

（副页）

日期	症状及处理	兽医师签名

第二章 整体及一般检查

在对就诊动物进行登记和问诊后,通常要进行直接的检查。一般检查是对动物进行临床检查的初级阶段。通过一般检查可以了解动物的全貌,并可发现疾病的某些重点症状,为进一步的系统检查提供线索。一般检查以视诊和触诊为主要检查方法。检查的内容包括全身状态的观察、被毛及皮肤的检查、眼结膜的检查、体表浅在淋巴结的检查以及体温、脉搏、呼吸数的测定等。

第一节 全身状态的观察

1. 精神状态的观察

主要观察病畜的神态。根据畜禽耳、眼的活动,面部表情及各种反应、动作而判定健康与否。

健康畜禽表现为头耳灵活,眼光明亮,反应迅速,行动敏捷,毛羽平顺并富有光泽。幼畜则显得活泼好动。

患病畜禽的精神状态通常表现为抑制或兴奋。

抑制状态:一般动物表现为耳耷头低,眼半闭,行动迟缓或呆然站立,对周围刺激反应迟钝;重者可见嗜睡或昏迷,鸡则羽毛蓬松,垂头缩颈,两翅下垂,闭眼呆立(图2-1)。可见于各种发热性疾病、消耗性疾病和衰竭性疾病等。

兴奋状态:轻者左顾右盼,惊恐不安,竖耳刨地;重者不顾障碍地前冲、后退,狂躁不驯或挣脱缰绳。牛可哞叫或摇头乱跑;猪则有时伴有痉挛与癫痫样动作。严重时可见攀登饲槽、跳越障碍,甚至攻击人畜。可见于脑膜炎症、中暑及某些中毒病。

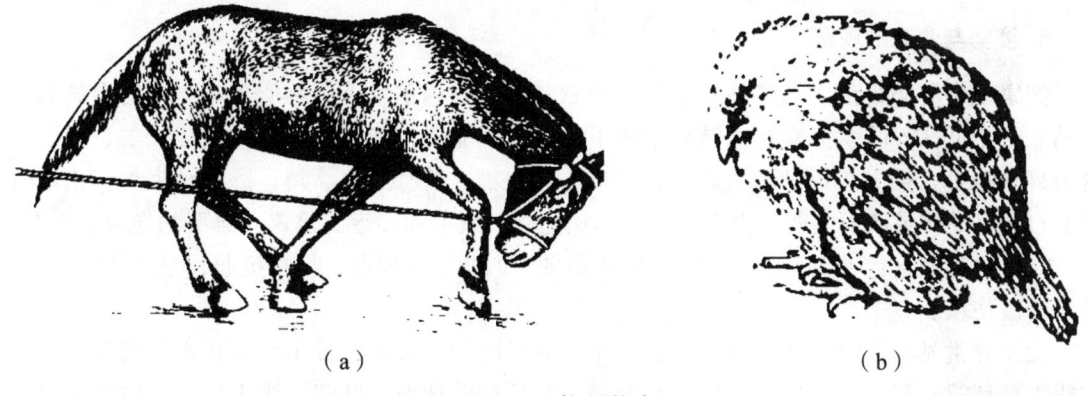

(a) (b)

图2-1 抑制状态

兴奋和抑制的出现,是脑病的指标。二者可相互转化,不能绝对的看问题。某些时候同一种疾病兴奋和抑制会同时出现。例如猪的李氏杆菌病和犬的狂犬病。

2. 营养状态的观察

通常根据肌肉的丰满程度、皮下脂肪的蓄积量及被毛状态来判定畜禽的营养状态。一般用视诊或触诊进行（长毛动物用触诊）。大猪应该注意其臀部，仔猪应该同窝仔猪间比较；骆驼应该注意驼峰；大尾羊应该根据其尾巴的丰满程度；马、牛通过观察躯体的轮廓；家禽除观察羽毛状态外，应通过触诊胸肌来判定。健康动物营养良好，肌肉丰满，骨骼棱角不显露，被毛光滑平顺。患病动物多表现为营养不良和营养过剩两种情况。

营养不良的动物表现为消瘦且骨骼表露明显，被毛粗乱无光，皮肤松弛缺乏弹性。常见于动物消化不良、长期腹泻、代谢障碍、慢性传染病和寄生虫病等。

营养过剩即肥胖，表现为体内脂肪聚集过多，体重增加。常见于动物饲养水平过高、运动不足或内分泌紊乱。

3. 发育状态的观察

发育状态主要根据骨骼的发育程度及躯体的大小而定。必要时应测量体长、体高、胸围等体尺。健康动物发育良好，体躯发育与年龄相称、符合品种特征，肌肉结实、体格健壮。发育不良动物可表现为躯体矮小，发育程度与年龄不相称；幼畜多表现为发育迟缓甚至发育停滞。

4. 躯体结构的观察

主要注意畜禽的头、颈、躯干及四肢、关节各部的发育情况及其形态比例关系。健康动物的躯体结构紧凑而匀称，各部的比例适当。患病动物可表现为：

（1）单侧的耳、眼睑、鼻、唇松弛、下垂而导致头面歪斜，是面神经麻痹的表现。

（2）头大颈短、面骨膨隆、胸廓扁平、腰背凸凹、四肢弯曲、关节粗大多为软骨症或幼畜佝偻病的特征。

（3）腹围极度膨大，胁部胀满提示反刍兽的瘤胃臌气或马骡的肠臌气。

（4）马鼻唇部水肿，呈现类似河马头样外观常为马血斑病的特征。

（5）猪的鼻面部歪曲、变形提示传染性萎缩性鼻炎。

5. 姿势与步态的观察

健康动物姿势自然。马多站立，常交换歇其后蹄，偶尔卧下，但听到吆喝声时会站起；牛站立时常低头，采食后喜欢四肢集于腹下而卧，起立时先起后肢，动作缓慢；羊、猪于采食后喜欢躺卧，生人接近时迅速起立，逃避。犬、猫主要有站立、蹲、卧三种姿势，正常时姿势自然、动作灵活而协调，生人接近时迅速起立，或主动接近或逃避。典型的异常姿态有：

（1）全身僵直：表现为头颈挺伸，肢体僵硬，四肢不能屈曲，尾根挺起，呈木马样姿势。可见于破伤风。

（2）异常站立姿势：病马两前肢交叉站立而长时间不改换，提示脑室积水；病畜单肢悬空或不敢负重，提示肢蹄疼痛；两前肢后踏、两后肢前伸而四肢集于腹下均为多肢疼痛的表现，如蹄叶炎。鸡呈现两腿前后叉开姿势常为鸡马立克氏病的特征。牛、羔羊的佝偻病态（图2-2）。

图 2-2　异常站立姿势

临床上典型的木马状站立姿势：呈头颈平伸、肢体僵硬、四肢关节不能屈曲、尾根挺起、鼻孔开张、瞬膜露出、牙关紧闭等形象，此乃破伤风的特征，是全身骨骼肌强直的结果。

（3）站立不稳：躯体歪斜或四肢叉开，依靠墙壁而站立，常为共济失调，可见于脑病或中毒。鸡呈扭头曲颈，甚至躯体滚转，应注意鸡新城疫、维生素 B 缺乏或呋喃类药物中毒。

（4）站立不安：马骡可表现为前肢刨地，后肢踢腹，回视腹部，伸腰摇摆，时起时卧，起卧滚转或呈犬坐姿势或呈仰腹朝天，牛、羊可见以后肢踢腹动作。常见的疾病有马腹痛病、牛子宫扭转、瘤胃积食等，由于腹腔脏器疼痛，动物表现起卧不安、回头顾腹、前肢刨地、后肢踢腹，甚至倒地滚转；在中枢神经系统疾病，特别是小脑损伤时，由于躯体平衡失调，动物表现站立不稳，躯体歪斜，四肢叉开，倚墙靠物；在骨软症及风湿症时，由于关节、肌肉疼痛，动物表现四肢频繁交替负重（图 2-3）。

图 2-3　站立不安

（5）异常躺卧姿势：牛呈曲颈伏卧而昏睡多见于产后瘫痪；马呈犬坐姿势而后躯轻瘫主要提示脊髓损伤性疾病，常见于肌红蛋白尿症。

（6）步态异常：常见有各种跛行，步态不稳，四肢运步不协调或呈蹒跚、跄跟、摇摆、跌晃，而似醉酒状。可见于骨折、中毒或重病后期的垂危病畜。

第二节 被毛和皮肤的检查

1. 鼻盘、鼻镜及鸡冠的检查

通过视诊，健康牛、猪、犬鼻镜或鼻盘均湿润，并附有少量水珠，触诊有凉感。病畜可表现为鼻镜或鼻盘干燥与增温，甚至龟裂；白猪的鼻盘有时可见到发绀现象，提示缺氧或亚硝酸盐中毒。

健康鸡的鸡冠和肉髯均为鲜红色，质地柔软，触之有温感。患病时其颜色可变淡或呈蓝紫色，多见于禽流感、鸡新城疫疾病，有时还会出现疹疱，常提示鸡痘。

2. 被毛的检查

主要通过视诊，观察羽毛的清洁、光泽、脱落情况。健康动物的被毛平顺而富有光泽，每年春秋两季适时脱换新毛。

病畜可表现为被毛蓬松粗乱，失去光泽，易脱落或换毛季节推迟。羊的局限性脱毛常提示螨病。检查被毛时，还要注意被毛的污染情况，尤其注意污染的部位（体侧或肛门、尾部），提示腹泻或腹痛。禽类肛门周围甚至头颈部羽毛脱落并伴有出血现象多提示患有啄肛或啄羽癖。

3. 皮肤的检查

主要通过视诊和触诊进行检查，宜注意其颜色、温度、湿度及疱疹等。

（1）颜色：白色皮肤的动物，其颜色易于检查，如猪皮肤上有小点状出血（指压不褪色），多见于败血性疾病，如猪瘟；而出现较大的红色充血性疹块（指压褪色），常提示猪丹毒；皮肤青白或发绀多见于心脏衰弱、呼吸困难及某些中毒；仔猪耳尖、鼻盘发绀又常见于慢性副伤寒。雏鸡胸腹、腿侧、翼部皮下呈淡绿色，多见于雏鸡蛋硒及维生素 E 缺乏症。

（2）湿度：皮肤的湿度与汗腺的分布及分泌有关。马属动物汗腺发达，其次是羊、牛、猪、犬、猫及禽类无汗腺。常用手或手背触诊检查，对马可触摸耳根、颈部及四肢；牛、羊可检查鼻镜，角根、胸侧及四肢；猪可检查耳及鼻端；犬、猫可检查耳根、腹部的皮温；禽可检查肉髯。病畜可表现为全身皮温的增高或降低，局部皮温的升高或降低，或皮温分布不均。如马鼻寒耳冷，四肢末梢厥冷主要提示为末梢循环障碍。

（3）温度：检查皮温，用手背触诊为宜。牛羊可检查鼻镜（正常时发凉）、角根（正常时有温感）、胸侧及四肢；马可触摸耳根、颈部、腹侧及四肢；猪、犬可检查耳及鼻端；禽类可检查肉髯。

（4）弹性检查：检查皮肤弹性的部位，马在颈侧，牛在最后肋骨后部，小动物可在背部。检查方法是将检查部位皮肤作一皱襞后再放开，观察其恢复原状的情况。健康动物放手后立即恢复原状。皮肤弹性降低时，则放手后恢复缓慢，常见于营养不良、脱水及皮肤病等。

（5）丘疹、水泡和脓疱的检查：检查时要特别注意被毛稀疏处、眼周围、唇、蹄趾间等处，应特别注意猪、牛、羊的口蹄疫，犬的犬瘟热等。

4. 皮下组织的检查

以触诊和视诊进行检查。发现皮下或体表有肿胀时，应注意肿胀部位的大小、形状，并触诊判定其内容物形状、硬度、温度、移动性及敏感性等。常见的肿胀类型及其特征有：

（1）皮下水肿：表面扁平，与周围组织界线明显，用手指按压时有生面团样的感觉，留有指压痕，且较长时间不易恢复，触诊时无热、无痛感；而炎性肿胀则有热痛，无指压痕。

（2）皮下气肿：边缘轮廓不清，触诊时发出捻发音（沙沙声），压迫时有向周围皮下组织窜动的感觉。颈侧、胸侧、肘后的皮下气肿，多为窜入性，局部无热痛反应；而厌气性细菌感染时，气肿局部有热痛反应，且局部切开后可流出混有泡沫的腐败臭味的液体。

（3）脓肿及淋巴外渗：外形多呈圆形突起，触之有波动感，脓肿可触到较硬的囊壁，可用穿刺进行鉴别。

（4）疝：触诊有波动感，可通过触到疝环及整复试验而与其他肿胀鉴别。猪常发生阴囊疝及脐疝，大动物多发生腹壁疝。

第三节 眼结膜的检查

首先观察眼睑有无肿胀、外伤及眼分泌物的数量、性质，然后再打开眼睑进行检查，主要观察眼结膜的颜色变化。检查马的眼结合膜时，通常检查者站立于马头一侧，一只手持缰绳，另一只手食指第一指节置于上眼睑中央的边缘处，拇指放在下眼睑，其余三指屈曲并放于眼眶上面作为支点。食指向眼窝略加压力，拇指则同时拨开下眼睑，即可使结膜露出从而进行检查。牛检查时主要观察其巩膜的颜色及其血管情况，检查时可一手握牛角，另一只手握住其鼻中膈并用力扭转其头部，即可使巩膜露出，也可用两手握牛角并向一侧扭转，使牛头偏向侧方；检查牛结膜时，可用大拇指将下眼睑拨开观察。

健康马、骡的眼结合膜呈淡红色；牛的颜色较马稍淡，但水牛则较深；猪眼结膜呈粉红色；犬的眼结膜也呈淡红色，猫的比犬要深些。眼结膜颜色的变化可表现为潮红（可呈现单眼潮红、双眼潮红、弥漫性潮红及树枝状充血）、苍白、黄染、发绀及出血（出血点或出血斑）。

检查眼结合膜时最好在自然光线下进行，因为灯光下对黄色不易识别。检查时动作要快，且不宜反复进行，以免引起充血，还应对两侧眼结合膜进行对照检查。

第四节 体表浅在淋巴结的检查

淋巴结是机体的屏障结构。淋巴结的检查在诊断疾病特别是传染病上有很大的意义。检查浅在淋巴结时主要进行触诊。检查时应注意其大小、形状、硬度、敏感性及在皮下的可移动性。

马常检查下颌淋巴结（位于下颌间隙，正常时为扁平分叶状，较小，不坚实，可向周围滑动）。检查时，一只手持笼头，另一只手伸于下颌间而揉捏或擦压。牛常检查颌下、肩前、膝襞、乳房上淋巴结等。猪可检查腹股沟淋巴结。犬、猫可检查颌下淋巴结、耳下、肩前、腹股沟淋巴结等。淋巴结的病理变化有：

（1）急性肿胀：表现为淋巴结体积增大，并有热、痛反应，常较硬，化脓后可有波动感。

（2）慢性肿胀：多无热、痛反应，较坚硬，表面不平，且不易向周围移动。

第五节　体温、脉搏及呼吸数的测定

体温、脉搏和呼吸数是动物生命活动的重要指标，是临床诊疗工作的重要常规检查内容，对任何病例来说都是必须检查的项目。正常情况下，除外界气候及运动等环境条件的暂时性影响外，一般均维持在一个较为恒定的范围之内。但在病理过程中，受疾病影响将发生不同程度和形式的变化。

1. 体温的测定

体温的测定用特制的兽用体温表，一般以动物直肠温度为标准。

（1）测定体温的方法

首先将被检动物适当的保定，再甩动体温计使水银柱降至35℃以下，用酒精棉球擦拭消毒并涂以润滑剂后再行使用。测温时，检查者站在动物的左后方，以左手提起其尾根部并稍推向对侧，右手持体温计经肛门慢慢捻转插入直肠中；再将带线绳的夹子夹于尾毛上，经 3~5 min 后取出，用酒精棉球擦除粪便或黏附物后读取度数。用后再甩下水银柱并放入消毒瓶内备用。

（2）测温时注意事项

体温计在用前应统一进行检查、验定，以防有过大的误差；对门诊病畜，应使其适当休息并安静后再测；对病畜应每日定时（午前与午后各一次）进行测温，并逐日绘成体温曲线表；测温时要注意人畜安全；体温计的玻璃棒插入的深度要适宜（大动物可插入其全长的 2/3，小动物则不宜过深）。注意避免产生误差，用前须甩下体温计的水银柱；测温的时间要适当（按体温计的规格要求，一般不低于 3 min）；勿将体温计插入宿粪中；对肛门松弛的母畜，可测阴道温度，但是，通常阴道温度较直肠温稍低（0.2~0.5℃）。

2. 脉搏数的测定

测定每一分钟脉搏的次数，以次/分钟表示。

马属动物可检颌外动脉。检查者站在马头一侧，一手握住笼头，另一只手拇指置于下颌骨外侧，食指、中指伸入下颌支内侧，在下颌支的血管切迹处前后滑动，发现动脉管后，用手指轻压即可感知；牛通常检查尾动脉，检查者站在牛的正后方。左手抬起牛尾，右手拇指放在尾根部的背面，用食指、中指在距尾根 10 cm 左右处尾的腹面检查；猪和羊可在后肢股内侧的股动脉处检查。检查脉搏时，应待动物安静后再测定。一般应检测 1 min；当脉搏过弱而不感于手时，可用心跳次数代替。

3. 呼吸次数的测定

测定每分钟的呼吸次数，以次/分钟表示。

一般可根据胸腹部起伏动作来测定，检查者站在动物的侧方，注意观察其腹胁部的起伏，一起一伏为一次呼吸。在寒冷季节也可通过观察呼出气流来测定。鸡的呼吸数可通过观察肛门下部的羽毛起伏动作来测定。

测定呼吸数时，应在动物休息、安静时检测。一般应检测 1 min。观察动物鼻翼的活动或将手放在鼻前感知气流的测定方法不够准确，应注意。必要时可用听诊肺部呼吸音的次数来代替。

各种动物正常体温、脉搏及呼吸次数见表 2-1。

表 2-1　各种动物正常体温（℃）、脉搏及呼吸次数（次/分钟）

种属	体温	脉搏数	呼吸数
马	37.5~38.5	30~45	8~16
牛	37.5~39.5	40~80	10~25
水牛	36.5~38.5	40~60	10~20
羊	38.0~39.5	60~80	10~25
猪	38.0~39.5	60~80	10~20
鸡（心跳）	40.0~42.0	120~200	15~30

第三章 各系统组织器官的临床检查

第一节 消化系统的检查

消化系统包括口腔、咽、食道、胃、肠及肝脏、脾脏、胰脏等。消化系统疾病在内科疾病中最为多见,其中幼畜及老龄家畜发病率最高。而且许多传染病、寄生虫病及中毒性疾病常并发消化系统疾病。检查内容包括饮食状况的检查;口腔、咽和食道的检查;腹部和胃肠的检查;排粪动作及粪便的感观检查;直肠检查;肝脏和脾脏的检查。

一、饮欲和食欲状况的检查

动物表现不愿采食或采食量减少或喜欢采食一种饲料,是许多疾病的共有症状,主要见于消化器官本身疾病、一切热性病、疼痛性疾病等。动物表现拒食饲料,是病情严重的表现,主要见于重剧的消化道疾病、急性热性病和某些烈性传染病等。动物表现食欲时好时坏,变化不定,主要见于慢性消化不良,如胃溃疡、胃肠卡它。动物表现采食量显著增加,主要见于糖尿病、寄生虫病、早期妊娠和重病的恢复期。动物表现口渴多饮,在病理情况下主要见于一切热性病、剧烈腹泻、剧烈呕吐、大量出汗、慢性肾炎、渗出性胸膜炎和腹膜炎以及猪食盐中毒和牛真胃阻塞等。动物表现食欲紊乱,采食异物(如泥土、煤渣、垫草、粪尿、污水及被毛等)是矿物质、维生素、微量元素代谢紊乱及神经功能异常的特征,主要见于佝偻病、骨软症、微量元素和维生素缺乏症、猪蛔虫病、狂犬病、伪狂犬病。动物表现拒绝饮水,是病情危重的表现,主要见于重症的传染病和重症的内科病。

二、反刍动物反刍及嗳气的检查

反刍是反刍动物特有的生理功能。反刍是指反刍兽采食后周期性地将瘤胃内的食物返回口腔,重新细致地咀嚼再咽下的复杂过程。反刍通常在安静、伏卧或轻役时进行。正常情况下,动物在饲喂后 0.5~1 h 开始反刍,每昼夜约反刍 4~8 次,每次反刍持续时间为 30~50 min,每次返回口腔的食团再咀嚼 40~60 次(水牛 40~45 次)。临床上的病理表现有反刍弛缓、反刍停止、反刍疼痛。反刍弛缓表现为反刍开始出现的时间晚,每次反刍的持续时间短,每昼夜反刍的次数、每个食团的再咀嚼次数减少,是前胃机能障碍的表现。主要见于各种前胃疾病。反刍停止表现完全不反刍,是前胃机能高度障碍的表现。主要见于重症的前胃疾病和前胃疾病的后期以及重症的传染病、代谢病、热性病、中毒病。反刍疼痛表现为反刍咀嚼时反刍兽呻吟不安,是创伤性网胃炎的特征。

嗳气是反刍动物正常的消化活动。嗳气是指反刍兽通过瘤胃收缩和腹肌压迫，将瘤胃内食物发酵产生的气体经过食道、口腔和鼻腔排出体外的过程。一般每小时有嗳气活动牛为20~30次，羊为9~11次。可以通过视诊和听诊的方法检查动物的嗳气活动。当嗳气时，于左侧颈部沿食道沟外侧可看到由颈基部向上的气体移动波，同时可听到嗳气时的特有音响。临床上病理表现为嗳气增多、嗳气减少、嗳气停止。嗳气增多是瘤胃食物发酵过程增强的结果，主要见于瘤胃臌气之初或使用药物碳酸氢钠之后。嗳气减少是瘤胃机能降低及胃内容物干涸的结果，主要见于各种前胃疾病和热性病，由于嗳气减少常可引起瘤胃臌气。嗳气停止是瘤胃机能严重降低的结果，主要见于重症的瘤胃积食、瘤胃臌气和食道的完全阻塞，嗳气停止如不能及时采取急救措施，动物很快会窒息死亡。

三、呕吐的检查

呕吐是指胃内容物不自主的经口或鼻反排出来。呕吐是一种重要的病理现象。引起呕吐的病因一般有两种，即中枢性呕吐和末梢性呕吐（又称反射性呕吐）。中枢性呕吐是由于毒素或毒物直接刺激呕吐中枢引起的，提示的疾病主要有脑病（脑膜炎、脑肿瘤、脑震荡等）、中毒（内中毒和药物中毒等）、某些传染病（猪瘟、犬瘟热、猫瘟热、细小病毒病、传染性胃肠炎及猪丹毒等）。反射性呕吐是由于呕吐中枢以外的组织器官受刺激反射引起中枢兴奋而发生的，特点是先恶心后呕吐，直至胃内容物排空后呕吐才停止，提示的疾病主要有消化道疾病（咽喉异物、食道疾病、过食、肠管疾病）和腹膜疾病（腹膜炎）及其他器官疾病，如犬的子宫炎等。

呕吐物的检查，主要检查呕吐物的量、形状和呕吐的时间及频率。临床上经常根据动物呕吐的特点，在中毒时，采用催吐的措施进行救治。

四、口腔、咽、舌、牙齿及食管的检查

1. 口腔的检查

口腔检查主要注意观察口唇状态和流涎情况，检查口腔气味，口唇黏膜的温度、湿度、颜色及完整性，舌和牙齿的变化及舌苔的变化，一般通过视诊、触诊和嗅诊进行检查。口腔内部检查时，常采用徒手开口法或借助特制的开口器辅助打开口腔进行。

开口方法：分徒手开口法和开口器开口法。

（1）徒手开口法。

检查牛时，一只手捏住鼻中隔向上提起或提鼻绳，另一只手从口角伸入口腔牵出舌，即可使口张开进行检查。检查马时，一只手握笼头，另一只手食指和中指伸入口腔，顶住上腭，即可开口；也可将舌从口角处牵拉出进行检查（图3-1）。

（2）开口器开口法。

马可使用单手开口器，一只手握住笼头，另一只手持开口器自口角处伸入，将开口器螺旋形部分伸入上、下臼齿之间，使口腔张开。用重型开口器时，将开口器的齿扳钳入上下切

齿之间，再转动螺旋柄，即可逐渐使口腔张开（图 3-2）。猪用开口器开口时，助手握住猪的两耳，检查者将开口器平伸入猪的口内，将开口器用力下压，即可打开口腔。

图 3-1 徒手开口法

图 3-2 开口器开口法

（3）口腔常见病理状态。

① 流涎：是指口腔内的分泌物流出口外。主要是由于吞咽障碍或唾液腺分泌增多引起，多见于口炎、咽炎、唾液腺炎和食道阻塞。如牛群中多数牛只出现大量牵缕性流涎，同时伴有跛行症状的应注意口蹄疫；如猪口吐白沫，应注意中暑、中毒和急性心力衰竭。

② 口腔内的气味：健康家畜口内无特殊臭味，仅在采食后，留有某种饲料的气味。如出现腥臭味，是由于动物消化机能紊乱，长时间食欲废绝，口腔脱落上皮和饲料残渣腐败分解而引起，常见于口炎、肠炎和肠阻塞、齿槽炎、齿龈炎、酮血病等。

③ 唇的变化：除老龄家畜外，健康家畜两唇紧闭、对合良好。病理情况下表现为：唇下垂（见于面神经麻痹、马霉玉米中毒）、唇歪斜（见于一侧性面神经麻痹、猪萎缩性鼻炎）、唇紧张性闭锁（见于破伤风、脑膜炎）、唇肿胀（见于口黏膜的深层炎症和血斑病）、唇部疱疹（见于口蹄疫、马传染性脓疱口炎、猪传染性水泡病）、唇部结节溃疡和瘢痕（见于口蹄疫、黏膜病、马鼻疽和流行性淋巴管炎）。

④ 口腔黏膜的变化：

颜色：潮红肿胀，见于各型口炎；黏膜出血点，见于传染性贫血。

温度：可将手指伸入口腔中感知。口腔温度与体温的临诊意义基本相同。过高见于所有热性病。过低见于大失血、虚脱和濒死期。

湿度：健康动物口腔湿度中等。如口腔干燥多见于热性病、疝痛和重度脱水；口腔异常湿润是唾液分泌过多或吞咽障碍的结果，多见于口炎、咽炎、口蹄疫、狂犬病及破伤风。触诊口腔黏膜敏感是口腔炎的特征。

脓疱和溃疡：多见于脓疱性口炎、传染性水疱病、口蹄疫等。

2. 舌及舌苔的检查

（1）舌苔。舌苔是舌上皮细胞脱落在舌背上形成的一层附着物，是胃肠消化不良时所引起的一种保护性反应，可见于胃肠病和热性病。舌苔厚薄、颜色变化，通常与疾病的轻重和病程的长短有关。舌苔黄厚，一般表示病情重或病程长。舌胎薄白，一般表示病情轻或病程短。无舌苔表示脾胃虚弱。

（2）舌肿胀。多见于刺伤、异物和勒伤。

（3）舌色。健康动物舌的颜色与口腔黏膜相似，呈粉红色且有光泽。在病理情况下，其颜色变化与眼结膜及口腔黏膜颜色变化的临诊意义大致相同。舌色紫红是缺氧、循环障碍的表现；舌色青紫是病危的表现。

（4）舌的形态变化。舌硬如木，体积增大，致使口腔不能容纳而垂于口外，可见于牛放线菌病。舌麻痹于口角外并失去活动能力，见于各种类型脑炎后期或饲料中毒。

3. 牙齿的检查

病理变化主要有牙齿松动，可见矿物质缺乏；牙齿呈黄褐色见于长期饮用含氟水；牙龈水肿见于慢性牙周炎；牙龈出血见于VC缺乏。

4. 咽的检查

咽的检查主要通过外部视诊和触诊进行。视诊时注意头颈姿势及咽周围是否局部肿胀。触诊时可用两手同时自咽喉部左右两侧加压并沿周围滑动，以感知其温度、敏感性及肿胀的硬度等。小动物及禽类的咽内部视诊比较容易，大动物需借助于喉镜检查。如视诊咽部红肿、充血，触诊肿胀、热感、敏感，一般多为咽炎；如咽喉周围局限性肿胀则多为传染性疾病，如结核、放线菌、猪肺疫、炭疽、仔猪链球菌病等。

5. 食管及嗉囊检查

大动物的颈部食管可进行视诊、触诊及食管探针检查。视诊时，注意吞咽过程食物沿食管通的情况及局部有无肿胀。触诊时检查者站于动物左侧用两手分别沿颈部食管沟自上而下加压滑动检查，注意感知有无肿胀、异物以及内容物的硬度，有无波动感及敏感反应。检查禽类的嗉囊，主要用视诊和触诊，注意内容物的多少、软硬度等情况。如触诊敏感多为食管炎；视诊局部突起、触诊坚硬、探诊不通多为食管梗阻；鸡嗉囊积液多为鸡新城疫或有机磷农药中毒。

6. 腹部及胃肠的检查

（1）反刍动物胃肠的检查

瘤胃检查的位置为整个左侧腹腔，触诊部位为瘤胃的左肷部。触诊时可感知瘤胃的蠕动波，判定其蠕动的频率、强度等。健康牛1~3次/分钟，羊为2~4次/分钟。其强度和次数以食后2 h为最旺盛，食后4~6 h后逐渐减弱，饥饿时收缩次数减少。瘤胃检查的常见病理变化有：

① 瘤胃蠕动次数减少。力量微弱，表示瘤胃机能衰弱，见于前胃弛缓、瘤胃积食以及引起瘤胃机能障碍的慢性前胃病、热性病、全身性病与传染病。

② 瘤胃蠕动完全消失。为运动机能高度紊乱的表现，见于瘤胃臌气和积食的末期以及其他严重的全身性疾病。长期、顽固性的瘤胃机能障碍，提示创伤性网胃炎。

③ 瘤胃机能亢进。表现为蠕动次数频繁、有力、持续时间长，见于瘤胃臌气的初期，某些毒物中毒或给予瘤胃兴奋药物。放牧初期，突然喂给大量多汁、青贮饲料时，可引起瘤胃蠕动机能一时性的亢进，此时如无其他症状表现，通常为生理状态。

网胃的检查位置是位于腹腔的左前下方剑状软骨突起的后方，相当于第6~8肋间，前缘紧接膈肌而靠近心脏。网胃检查主要是用触诊、叩诊方法判定其敏感性，进而揭示有无创伤性网胃炎的可疑。若病牛表现呻吟、疼痛不安、躲闪、反抗或企图卧下等行为，则为网胃敏感反应的标志。也可观察若病牛走下坡路时运步小心，步态紧张，不敢前进，甚至横着下坡或急转弯时表现痛苦等，均为网胃的疼痛敏感反应。必要时，还可使用X线、金属异物探测仪等特殊方法检查。

瓣胃的检查位置在右侧第7~11肋之间，肩关节线上下附近检查。进行听诊时，正常时可听到细小的捻发音，常在瘤胃蠕动之后出现，于采食后更为明显。瓣胃蠕动音显著减弱或消失，可见于瓣胃阻塞或热性疾病。在瓣胃区重压触诊时，有敏感反应，提示瓣胃阻塞或创伤性炎症。若因瓣胃阻塞而体积显著增大时，视诊可见瓣胃区膨隆，有时在靠近瓣胃区的肋弓下部，做冲击式深触诊，可触及坚实的胃壁。

皱胃的检查位置位于第9~11肋骨之间，沿肋弓区直接与腹壁接触。视诊时如真胃严重阻塞、扩张，可以看到右侧腹壁真胃区向外侧突出，左右腹壁显得很不对称。重压或冲击式触诊，除保护性反应外，如病畜表现回顾、躲闪、呻吟、后肢踢腹，乃真胃区敏感的标志。见于真胃炎、真胃溃疡和真胃扭转等。触诊真胃区坚实或坚硬，则为真胃阻塞的特征。叩诊时，正常的为浊音。如叩诊出现鼓音，为真胃扩张之征。有时也可在左侧沿左髋结节与同侧肘突假设连线上进行叩诊，如在左侧肋骨弓区用叩诊和听诊相结合的方法，听到钢管音，多为真胃左方移位。必要时，可行穿刺术作内容物检查。瘤胃、网胃内容物pH为碱性，镜检有纤毛虫存在，而真胃内容物pH为酸性，无纤毛虫，以此方法鉴别。听诊时真胃蠕动音类似肠蠕动音，呈流水声或含漱声，胃炎时，蠕动音增强；蠕动音稀少、微弱，则表示胃内容物干固或机能减弱，见于真胃阻塞。

反刍动物肠祥位于腹腔右侧的后半部，紧靠瘤胃壁。健康牛只在整个右腹侧，可听到短而稀少的肠蠕动音。如听诊时肠音频繁似流水状，常见于各类型肠炎及腹泻；肠音微弱，可见于一切热性病及消化道机能障碍。触诊时正常的有软而不实之感。若触之有充实感，多为肠便秘。

（2）单胃动物的胃肠检查

① 马胃位于左侧第14~17肋骨之间，相当于髋结节水平线附近。马胃的检查，主要用视诊、导管探诊、直肠内部触诊或根据需要采取胃内容物进行实验室检验。

② 猪胃的容积较大，其大弯可达剑状软骨后方的腹底壁，当吞食刺激性食物、胃扩张及患有某些传染病（猪瘟、副伤寒等）时，触压胃部易引起呕吐。

③ 犬的腹壁薄，易用触诊方法检查胃。通常用双手拇指以腰部作支点，其余四指伸直置于两侧腹壁，缓慢用力感觉腹壁及胃肠的状态。也可将两手置于两侧肋骨弓的后方，逐渐向后上方移动，让内脏器官滑过指端进行触诊。如将病犬前后轮流高举，几乎可触知全部腹内器官。胃炎时，在胃区有压痛。腹部触诊还可感知肠内容物性状，当肠套叠或肠便秘时，可感知坚硬的粪串或呈块、盘状，同时伴有疼痛反应。听诊肠音高朗、连绵，可见于各类型肠炎及伴发肠炎的传染病。肠音低沉、微弱或消失，见于肠便秘。

7. 排粪动作及粪便的感官检查

观察动物排粪的动作和姿势，了解动物排粪次数。正常时，各种动物均采取固有的排粪姿势和相对稳定的排粪次数。一般便秘常见于热性病及胃肠迟缓；腹泻或下痢是肠炎的特征，见于各种肠炎；排粪失禁常见于顽固性腹泻的各种疾病、脊髓损伤及脑病；排粪带痛常见于腹膜炎、创伤性网胃心包炎、胃肠炎等；里急后重主要见于直肠炎。

粪便的感官检查主要检查粪便的数量、形状、硬度、颜色、气味及是否有混杂物等。

气味：腐败味多为肠炎；酸臭味多为消化不良。

颜色：灰白色为白痢；黄色为黄痢；红褐色为红痢、球虫、猪痢疾；黑色为肠管出血、鱼粉中毒；绿色为新城疫。

混杂物：有饲料碎渣为消化不良；有血细胞为出血性肠炎；有脓汁为化脓性肠炎；有脱落肠黏膜为坏死性肠炎；有虫体、虫卵为寄生虫病。

8. 肝脏及脾脏的检查

（1）肝脏的检查

除用触诊、叩诊和肝功能化验外，必要时可进行穿刺及超声检查。触诊肝区以观察动物反应，有时可感知肿大的肝脏边缘。

马：于右侧肋骨弓下强力触诊或冲击式触诊。

牛：于右侧肋骨弓下进行深部触诊。

猪：取左侧卧，检查者用手掌或并拢屈曲的手指沿右侧肋下部进行深部触诊。

犬：从右侧最后肋骨后方，向前上方触压可以触知肝脏。

如肝区敏感提示急性肝炎；于肋弓下深触诊感知肝脏的边缘，提示肝脏高度肿大，常见于高产奶牛的脂肪肝、犬的传染性肝炎等。叩诊肝浊音区扩大提示肝肿大，见于肝炎、肝硬化、肝脓肿、肝片吸虫病和肝中毒性营养不良。

（2）脾脏的检查

牛脾脏位置由于紧贴在瘤胃的上壁，被肺后缘所覆盖，叩诊时不易发现特有的浊音区，只有在脾脏显著肿大的疾病（如炭疽、白血病等）时，才可于肺与瘤胃上部之间出现较小狭长的浊音区。

马的脾脏位于左侧腹部，肺叩诊区后方，其后缘接近左侧最后肋骨，上缘与左肾相接近。触诊时脾后缘超出肋弓，叩诊时浊音区扩大，见于脾肿大；脾脏叩诊浊音区后移，提示急性胃扩张。

肉食动物及其他小动物的脾脏检查，可通过外部触诊感知脾脏的大小、形状、硬度和疼痛反应。

9. 直肠检查

直肠检查主要应用于大家畜，如马、骡、牛等。

检查时动物柱栏内保定，挂上腹带、背带，尾巴向一侧吊起，用温水冲洗肛门周围，再用温水灌肠。后海穴注射普鲁卡因。术者剪短指甲并磨光，带上乳胶手套。两手臂在消毒桶内消毒。将检手拇指放于掌心，其余四指并拢集聚呈圆锥状，以旋转动作通过肛门进入直肠。入手沿肠腔方向徐徐深入，直至检手套有部分直肠狭窄部肠管为止，然后进行检查。

第二节 呼吸系统的检查

一、呼吸运动的检查

呼吸运动是指动物呼吸肌收缩和舒张所造成的胸廓扩张和缩小从而带动肺脏扩张和收缩的过程。呼吸运动的检查具有重要的诊断意义，因为它不仅可以获得疾病的重要症状，而且还可以为进一步检查提供线索和方向。呼吸运动检查的主要内容包括呼吸的频率、类型、节律、对称性、呼吸困难和呃逆（膈肌痉挛）。

1. 呼吸类型

呼吸类型即家畜的呼吸方式。检查时，应注意胸廓和腹壁起伏动作的协调性和强度。根据胸壁和腹壁起伏变化程度和呼吸肌收缩的强度，将其分为3种类型：

（1）胸腹式呼吸：健康家畜一般为胸腹式呼吸，即在呼吸时，胸壁和腹壁的运动协调，强度也大致相等，因此亦可称为混合式呼吸。只有犬例外，正常时即以胸式呼吸占优势。

（2）胸式呼吸：为一种病理性呼吸方式，表现为胸壁的起伏动作特别明显，而腹壁的运动特别轻微，这主要是由于腹部剧烈疼痛、腹内压急剧升高或膈肌麻痹而引起的。临床上常见于腹膜炎、瘤胃臌气、肠臌气、急性胃扩张、腹腔积液、膈肌麻痹、膈肌破裂。

（3）腹式呼吸：也是一种病理性呼吸方式。其特征为腹壁的起伏动作特别明显，而胸壁的活动极轻微，提示病变在胸壁。主要见于急性胸膜炎、胸膜肺炎、胸腔大量积液、慢性肺气肿和肋骨骨折等。病理原因是胸部的运动器官疼痛反射性抑制胸壁起伏动作引起或者是由于肺泡弹力降低、支气管狭窄，影响肺泡内气体的排出所致。有时患畜需要加强腹壁收缩，增强腹腔对膈肌的压力，以利于气体排出时也会出现这种情况。

2. 呼吸节律

所谓的呼吸节律是指每次呼吸之间间隔的距离相等，如此周而复始，很有规律。一般情况下，呼气的时间要比吸气的时间稍长，这是因为吸气是主动性的动作。健康家畜的呼吸节律可因兴奋、惊恐、运动、尖叫及嗅闻等发生暂时性改变。在病理情况下，正常的呼吸节律遭到破坏，称为异常节律。临床上常见的呼吸节律变化如下：

（1）呼气延长：特征是呼气异常费力，呼气的时间显著延长，表明气流呼出不畅，从而出现呼气困难。发病原因是支气管狭窄、肺泡弹力不足，主要见于慢性支气管炎、慢性肺气肿等。

（2）吸气延长：特征是吸气异常费力，吸气时间显著延长，表示气流进入肺部不畅，从而出现吸气困难。见于上呼吸道狭窄，如鼻、喉、气管的黏膜肿胀、肿瘤、假膜、黏液或异物阻塞及呼吸道外有病变压迫等。

（3）间断性呼吸：其特征是吸气或呼气呈间断性。即在吸气或呼气时出现多次短促的吸气或呼气动作，是由于病畜先抑制呼吸，然后进行补偿的结果。主要见于细支气管炎、慢性肺气肿、胸膜炎和伴有疼痛性的腹部疾病，也见于脑部疾病，如脑炎、中毒等。

（4）陈-施二氏呼吸：此型呼吸是病理性呼吸的典型代表。其特征是呼吸逐渐加深、加强、加快，当达到高峰后，又逐渐变慢、变浅、变弱，而后呼吸中断。经数秒至 10~15 s 短暂间歇后，又以同样的方式出现，这种波浪式的呼吸方式，又称潮氏呼吸。这是由于血液中二氧化碳增多，氧减少，颈动脉窦、主动脉弓的化学感受器和呼吸中枢受刺激，使呼吸逐渐加深加快，待达到高峰后血液中二氧化碳减少，而氧增多，呼吸又逐渐变浅变慢既而出现呼吸暂停。这种周而复始的变化是呼吸中枢敏感性降低的特殊标志或指征。此时病畜可能出现昏迷，意识障碍，瞳孔反射消失以及脉搏的显著变化。这种呼吸多是神经系统疾病导致脑循环障碍的结果，也是疾病病危的表现。主要见于脑炎、心力衰竭以及某些中毒，如尿毒症、药物或有毒植物中毒等。

（5）毕欧特氏呼吸：也是一种病理性呼吸节律。其特征是数次连续的、深度大致相等的深呼吸和呼吸暂停交替出现。表示呼吸中枢的敏感性极度降低，是病情危险的标志。常见于各种脑炎，也见于某些中毒，如蕨中毒、酸中毒和尿毒症等。

（6）库斯茂尔氏呼吸：特征为呼吸不中断但发生深而慢的大呼吸，呼吸次数减少，并带有明显的呼吸杂音，如罗音和鼾声，故又称深大呼吸。见于酸中毒、尿毒症、濒死期，偶见于大失血、脑脊髓炎和脑积水等。

3. 呼吸困难

呼吸困难是一种复杂的病理性呼吸障碍，表现为呼吸费力，辅助呼吸肌参与呼吸运动并有呼吸频率、类型、深度和节律的改变。高度呼吸困难，称为气喘。呼吸困难是呼吸器官疾病的一个重要症状，但在其他器官患有严重疾病时，也会出现呼吸困难。根据引起呼吸困难的原因和其表现形式，可将呼吸困难分为 3 种类型。

（1）吸气性呼吸困难。

吸气性呼吸困难指呼吸时吸气动作困难。特点为吸气延长，动物头颈伸直，鼻孔高度开张，甚至张口呼吸，并可听到明显的呼吸狭窄音。此时呼气并不发生困难，呼吸次数不但不增加，反而减少。见于上呼吸道狭窄或阻塞性疾病。

（2）呼气性呼吸困难。

呼气性呼吸困难指肺泡内的气体呼出困难。特点为呼气时间延长，辅助呼气肌参与活动，呼气动作费力，腹部有明显的起伏现象，有时出现两次连续性的呼气动作。在高度呼气困难时，可沿肋弓出现深而明显的凹陷，即所谓的"喘沟"或"喘线"，此时动物腹胁部肌肉明显收缩，欣窝变平，背拱起，甚至肛门突出。在呼气困难时，吸气仍正常，呼吸频率可能增加或减少。见于细支气管炎、细支气管痉挛、肺气肿、肺水肿等。

（3）混合性呼吸困难。

混合性呼吸困难指吸气和呼气同时发生困难，呼吸频率增加。临诊表现为混合性呼吸困难的疾病很多，根据其发生的原因和机理可分为以下 6 种类型：

① 肺源性呼吸困难：是肺部广泛性病变，支气管也受到侵害，使肺的有效呼吸面积减少，肺活量降低，肺的通气不良，唤气不全，是血液二氧化碳浓度升高和缺氧导致呼吸中枢兴奋的结果。可见于各型肺炎、胸膜肺炎、急性肺水肿和主要侵害胸、肺器官的某些传染病，如鼻疽、结核、马传染性胸膜肺炎、牛出血性败血病、牛肺疫、猪气喘病、猪肺疫、山羊传染

性胸膜肺炎和犬瘟热等，也见于支气管炎、慢性支气管炎、肺气肿、渗出性胸膜炎和胸腔大量积液等。

②心源性呼吸困难：是心功能不全的主要症状之一。产生的原因是小循环发生障碍，肺换气受到限制，导致缺氧和二氧化碳潴留。表现为混合性呼吸困难的同时，病畜伴有明显的心血管系统症状，运动后心跳、气喘更为严重，肺部可听到湿罗音。主要见于心内膜炎、心肌炎、创伤性心包炎和心力衰竭等。

③血源性呼吸困难：严重贫血时，因红细胞和血红蛋白减少，血氧供应不足，导致呼吸困难，尤其是运动后更为显著。可见于各种类型的贫血，如马的传染性贫血、仔猪缺铁性贫血等。

④中毒源性呼吸困难：因毒物来源不同，又可分为内源性中毒和外源性中毒两种。

内源性中毒：各种原因引起的内中毒，如代谢性酸中毒、尿毒症、酮血症、严重的胃肠炎和高热性疾病等。代谢性酸中毒表现为深而大的呼吸，但无心、肺疾患。

外源性中毒：某些化学物质能够影响血红蛋白，使之失去携氧能力，或抑制细胞内酶的活性，破坏组织内氧化过程，从而造成组织内缺氧，出现呼吸困难。主要见于亚硝酸盐中毒、氢氰酸中毒、有机磷中毒。另外，也见于某些药物中毒，如水合氯醛、巴比妥、吗啡等中毒，抑制呼吸中枢，使呼吸变慢。

⑤神经性或中枢性呼吸困难：重症的脑部疾患，由于颅内压增高和炎症产物刺激呼吸中枢，可引起呼吸困难，见于脑膜炎、脑肿瘤等。某些疼痛性疾病可反射性引起呼吸运动加深，重者也可引起呼吸困难。在破伤风时，由于毒素直接刺激神经系统，使中枢的兴奋性增高，并使呼吸肌发生强直性痉挛，导致呼吸困难。

⑥腹压增高性呼吸困难：由于腹腔的压力升高，压迫膈肌，使其运动受到限制，并影响腹壁的收缩，从而导致呼吸困难。主要见于胃扩张、瘤胃臌气、肠臌气、肠变位和腹腔积液等。严重时，病畜出现窒息现象。

二、上呼吸道的检查

上呼吸道的检查主要包括呼出气体的检查、鼻液的检查、副鼻窦的检查、喉囊的检查、喉和气管的检查以及上呼吸道杂音的检查。

（一）呼出气体的检查

检查呼出的气体，主要注意呼出气体的温度、是否有异味和两侧气体的强度是否一致。

1. 呼出气体的温度

健康家畜呼出的气体稍有温热感，当体温升高时，呼出的气体温度也升高，主要见于热性病。呼出气体温度降低时，可见于严重的脑病、中毒或休克。

2. 呼出气体的气味

健康家畜呼出的气体一般无特殊气味。当肺组织或呼吸道或其他部位有坏死性炎症变化时，不但鼻液恶臭，呼出的气体也带有强烈的腐败气味，当呼吸道和肺组织有化脓性病理变化时，如肺脓肿破溃，则鼻液和呼出的气体带有脓臭味，如果有呕吐物从鼻腔流出，则带有酸臭味。此外，患尿毒症时，呼出气体带有尿臭味；患酮血病时，可能有丙酮气味。当发现呼出气体有特殊臭味时，应注意气味是来自口腔，还是来自鼻腔。

3. 两侧气流的强度

健康家畜两侧鼻孔呼出的气流相等，当一侧鼻腔狭窄，一侧副鼻窦肿胀或大量积脓时，则患侧的呼出气流较小，并常伴有呼吸的狭窄音及不同程度的呼吸困难；若两侧鼻腔同时存在病变，则依病变的程度和范围不同，两侧鼻孔气流的强度也可不一致。检查时，可用双手置于鼻孔前感知，如为寒冷季节则可直接观察呼出的气流而判断。

（二）鼻液的检查

健康家畜一般无鼻液，冬天寒冷时，有些家畜可能有微量的浆液性鼻液，若有大量鼻液时，则为病理征象。如鼻腔、气管有分泌物，马常以喷鼻和咳嗽排出，牛则用舌舔去和咳嗽排出。检查鼻液时，应注意其数量、性状、一侧性或两侧性，有无混杂物及其性质。

1. 鼻液的量

鼻液量的多少，取决于疾病的发展时期、程度、病变的性质和范围。

（1）量多：主要见于呼吸道有广泛性炎症，如急性鼻炎、急性咽喉炎、肺脓肿破裂、肺坏疽、大叶性肺炎的溶解期、流感、肺结核、马腺疫、犬瘟热等。大量鼻液的产生，是呼吸道黏膜充血、水肿、黏液分泌增多，以及毛细血管通透性增高，浆液大量渗出所致。

（2）量少：见于慢性或局限性呼吸道炎症，如慢性鼻炎、慢性支气管炎、慢性鼻疽、慢性肺结核等。

（3）量不定：鼻液量时多时少，主要见于副鼻窦炎和喉囊炎。其特征是，病畜低头或运动时，有大量鼻液流出，而当自然站立时，仅有少量鼻液。另外也见于肺脓肿、肺坏疽和肺结核。

2. 鼻液的性状

鼻液形状的变化，主要根据病变的性质和炎症的种类而定，一般分为浆液性、黏液性、化脓性、腐败性和出血性鼻液。

（1）浆液性鼻液：鼻液无色透明，稀薄如水。主要见于畸形鼻卡他、马腺疫初期和流感等疾病。

（2）黏液性鼻液：呈蛋清样或粥状，有腥臭味，呈灰白色（因混有大量白细胞和脱落的上皮细胞），是卡他性炎症的特征。主要见于畸形上呼吸道感染和支气管炎等。

（3）脓性鼻液：黏稠浑浊，呈糊状、膏状或凝结成团状，具有脓臭味或恶臭味，是坏疽性炎症的特征。

3. 咳嗽的检查

咳嗽是动物的一种反射性保护动作，同时也是呼吸器官疾病过程中最常见的一种症状。

当喉、气管、支气管、肺、胸膜等部位发生炎症或受到刺激时，使呼吸中枢兴奋，在深吸气后声门关闭，继而以突然剧烈呼气，则气流猛烈冲开声门，形成一种爆发的声音，并将呼吸道中的异物或分泌物咳出，即为咳嗽。临床上主要检查咳嗽的性质、频度、强度等。可通过听诊（听取自然咳嗽）或人工诱咳来进行检查。

（1）马人工诱咳。

操作步骤：动物柱栏内保定。术者站于动物头部一侧，一只手抓住笼头，另一只手的拇指与中指捏压气管第一、第二软骨环或勺状软骨，轻轻加压的同时向上提举，同时观察动物的反应。

（2）牛人工诱咳。

操作步骤：动物柱栏内保定。术者用一塑料袋紧紧地套在牛的口鼻部，使牛暂时中断呼吸，去掉塑料袋，病牛在深吸气后，可出现咳嗽。或术者一手持湿润的毛巾遮盖鼻孔一段时间后，迅速放开。病牛在深吸气后，出现咳嗽。

健康动物通常不发生咳嗽，或仅发生一、两声咳嗽。在病理情况下，可发生干性咳嗽，其特征是咳嗽声清脆短促。痰或痰量甚少，一般是慢支、异物急性咽喉炎初期。其次是湿性咳嗽，特征是咳嗽声沌浊而长，痰液多而稀薄，多为支气管炎、小叶性肺炎；还会出现痛性咳嗽，其特征是咳嗽时有疼痛表现，可见于呼吸道异物、喉炎、胸膜炎、异物性肺炎；也有表现痉挛性咳嗽，其特征是频繁而连续不断的咳嗽，多见于重症的气喘病，慢性猪肺疫及猪后圆线虫病。

（三）上呼吸道的检查

1. 鼻部及鼻旁窦的检查方法

观察鼻部及鼻旁窦有无表在病变及形态改变，注意有无水疱，触诊或叩诊鼻旁窦有无敏感反应及叩诊音的改变。

其病理状态主要有鼻部的肿胀、膨隆和变形，多见于猪的传染性萎缩性鼻炎；鼻部的痒感，病畜常用爪、（啼）搔痒或在饲槽、树干、墙壁等处蹭之，长期蹭痒会使鼻部脱毛、出血或皮肤损伤，常见于鼻卡他、猪传染性萎缩性鼻炎、鼻腔寄生虫病、异物刺激等；若鼻旁窦敏感及叩诊呈浊音，则提示鼻窦炎，鼻窦积液或蓄脓。

2. 鼻腔及黏膜的检查

在光线明亮的地方或借助人工光源检查。一般检查方法有单手检查法、双手检查法和开鼻器检查法。检查时注意鼻黏膜的颜色、有无肿胀、结节、溃疡或瘢痕。病变时可见颜色异常，发红、发绀、苍白、黄染出血，多见于鼻卡他或马的鼻腔鼻疽；黏膜肿胀可见于流感、传染性鼻炎；黏膜有水疱提示口蹄疫、水疱病；黏膜溃疡提示鼻炎、鼻疽；黏膜有结节提示鼻疽。

3. 喉及气管的检查

主要采用视诊、触诊和听诊的方法进行。检查者站在家畜的前侧，一只手执笼头，另一只手从喉头和气管的两侧进行触压，判定其形态及肿胀的性状；也可在喉和气管的腹侧，自上而下听诊。健康家畜的喉和气管外观无变化，触诊无疼痛，听诊有类似"赫"的声音。

在病理情况下可见喉和气管区的肿胀，有时有热痛反应，并发咳嗽；听诊时有强烈的狭窄音、哨音、喘鸣音。对小动物和禽类还可作喉的内部直接视诊。检查者将动物头略为高举，用开口器打开口腔，用压舌板下压舌根，对光观察；检查鸡的喉部时，将头高举，在打开口腔的同时，用捏肉髯手的中指向上挤压喉头，则喉腔即可显露。注意观察黏膜的颜色，有无肿胀物和附着物。喉及气管炎性肿胀，多见于猪肺疫、牛羊的咽喉炭疽、家禽的传染性喉气管炎以及交合线虫病等。

（四）胸廓及胸壁的视诊和触诊

1. 胸廓的视诊

注意观察呼吸状态，胸廓的形状和对称性；胸壁有无损伤、变形；肋骨与肋软骨结合处有无肿胀或隆起；肋骨有无变化，肋间隙有无变宽或变窄、凸出或凹陷现象；胸前、胸下有无水肿等。

健康家畜呼吸平顺，胸廓两侧对称，脊柱平直，胸壁完整，肋间隙的宽度均匀。病理情况下可见胸廓向两侧扩大（桶状）、胸廓狭小（扁平）、单侧性扩大或塌陷、肋间隙变宽或变狭窄、胸下水肿或其他损伤。

2. 胸廓的触诊

胸廓触诊时应注意胸壁的敏感性，感知温湿度、肿胀物的性状并注意肋骨是否变形及骨折等。健康家畜触诊无疼痛。病理状态时触诊胸壁敏感、有摩擦感、热感或冷感；肋骨肿胀、变形或有骨折及不全骨折；尤其幼畜可呈串珠样肿胀，是佝偻病的特征；还要注意胸下水肿及各种外伤等。

3. 胸、肺部的叩诊

胸、肺部叩诊的目的在于了解肺的大小、敏感性，根据叩诊音诊断肺和胸膜的疾病。

（1）马肺叩诊区：近似直角三角形。

① 背界：由肩胛骨后角至髋结节划一与脊柱平行的直线（距背中线约一掌宽，10~12 cm），止于第16肋间隙。

② 前界：由肩胛骨后角向下划一垂线，止于心区。

③ 后界：由第17肋骨与脊柱交接处起斜向前下方引一弧线，经髋结节水平线与第16肋间隙的交点，坐骨结节水平线与第14肋间隙交点；肩关节水平线与第10肋间隙交点，止于第5肋间隙下端。

（2）牛肺叩诊区：比马肺叩诊区小。

① 背界：平行线与马同，但止于第11肋间隙。

② 前界：由肩胛骨后角沿肘肌向下划一类似"S"形的曲线，止于第4肋间隙下端。

③ 后界：由第12肋骨与脊柱交接处开始斜向前下方引一弧线，经髋结节水平线与第11肋间隙交点；肩关节水平线与第8肋间隙交点，止于第4肋间隙下端。

此外，在瘦牛的肩前1~3肋间隙尚有一狭窄的叩诊区（肩前叩诊区）。

（3）绵羊和山羊肺叩诊区与牛相同，但无肩前叩诊区。

（4）犬的叩诊区：

① 背界：自肩胛骨后角所划的距背中线 2～3 指宽与脊柱平行的线。

② 前界：为自肩胛骨后角并沿其后缘所引垂线，止于第 6 肋间。

③ 后界：依次由 5 点决定，上界与第 12 肋骨的交点，髋结节水平线与第 11 肋间交点，坐骨结节线与第 10 肋间交点，肩关节水平线与第 8 肋间交点，前界与第 6 肋间的交点。

4. 叩诊方法

大型动物宜采用锤板叩诊法，中小动物可用指指叩诊法。胸、肺叩诊除应遵循叩诊一般规则外，须注意选择大小适宜的叩诊板，沿肋间隙纵放，先由前至后，再自上而下进行叩诊。听取声音的同时还应注意观察动物有无咳嗽、呻吟、躲闪等反应性动作。

5. 正常肺区叩诊音

大家畜一般为清音，以肺的中 1/3 最为清楚；而上 1/3 与下 1/3 声音逐渐变弱。而肺的边缘则近似半浊音。健康小动物的肺区叩诊音近似鼓音。

6. 胸、肺叩诊的病理性质变化

（1）胸部叩诊可能出现疼痛性反应，表现为咳嗽、躲闪、回视或反抗，是胸膜炎的重要特征。

（2）肺叩诊区的扩大或缩小。

肺叩诊区扩大（2～3 cm），后界后移，急性、慢性肺气肿或胸腔积气。

肺叩诊区缩小（2～3 cm），如前界后移、下界上移是心肥大、心扩张、心包积液及牛创伤性心包炎等的表现；后界前移是肺萎缩、腹腔器官膨大或腹腔积液的表现。

出现浊音、半浊音、水平浊音、鼓音、过清音、破壶音、金属音。

（3）浊音、半浊音：广泛性的浊音区主要见于大叶性的肺炎和融合性肺炎。局限性浊音区常见于小叶性肺炎，是肺的小叶发生实变所致；水平浊音常见于胸腔积液。

（4）鼓音：由于健康组织被致密的病变所包围，使肺组织的弹力丧失，于是传音强化，叩诊呈鼓音。常见于大叶性肺炎的充血期和消散期及其炎性浸润周围的健康肺组织、肺空洞、气胸、胸腔积液和膈疝等。

（5）过清音：为清音和鼓音之间的一种过渡性声音，其音调近似鼓音，主要见于肺泡气肿。

（五）胸、肺的听诊

1. 听诊的方法

肺听诊区和叩诊区大致相同。听诊时，应先从呼吸音较强的部位即胸廓的中部开始，然后再依次听取肺区的上部、后部和下部。牛尚可听取肩前区。每个听诊点约间隔 3～4 cm，在每点上至少听取 2～3 次呼吸，且须注意听诊音与呼吸活动之间的联系。对可疑病变与对侧相应部位对比听诊判定。如呼吸音微弱，可给以轻微的运动后再行听诊，使其呼吸动作加强，以利听诊。注意呼吸音的强度、性质及病理性呼吸音的出现。

2. 正常呼吸音

（1）肺泡呼吸音

健康家畜可听到微弱的肺泡呼吸音，在吸气阶段较清楚，如"呋""呋"的声音。整个肺区均可听到，但以肺区中部最明显。动物中，马的肺泡音最弱；牛、羊较明显，水牛甚微弱；幼畜比成年家畜略强。

肺泡呼吸音的构成：

① 毛细支气管和肺泡入口之间空气出入的摩擦音。

② 空气进入紧张的肺泡而形成的旋涡运动，气流冲击肺泡壁产生的声音。

③ 肺泡收缩与舒张过程中，由于弹性变化而形成的声音。

（2）支气管呼吸音

支气管呼吸音是类似将舌抬高而呼出气时，所产生的"赫、赫"音，是空气经过声门裂隙时产生气流旋涡所致。除马属动物外，其他动物尚可听到支气管呼吸音，牛在第3~4肋间肩端线上下可听到混合呼吸音。绵羊、山羊和猪的支气管呼吸音大致与牛相同。犬在整个肺区都能听到明显的支气管呼吸音。

3. 病理呼吸音

（1）病理性肺泡呼吸音。

① 肺泡呼吸音增强：普遍性增强，特征为两侧和全肺的呼吸音均增强。见于细支气管炎、肺炎或肺充血的初期。局限性增强，见于大叶性肺炎、小叶性肺炎及渗出性胸膜炎等。

② 肺泡呼吸音减弱或消失：常见于肺组织的炎症、浸润、实变或其弹性减弱、丧失；进入肺泡的空气量减少；呼吸音传导障碍。

（2）病理性支气管呼吸音：常见于肺炎、广泛性肺结核、渗出性胸膜炎和胸水等。

（3）混合性呼吸音：发出"呋""赫"音。常见于小叶性肺炎、大叶性肺炎的初期和散在性的肺结核等。

（4）罗音：

按其性质可分为：

① 干罗音：是空气通过狭窄的支气管腔或气流冲击附着支气管内壁的黏稠分泌物时引起振动而产生的声音。似哨音、笛音。

② 广泛性干罗音：见于弥漫性支气管炎、支气管肺炎、慢性肺气肿及犊牛、绵羊的肺丝虫病等。

③ 局限性干罗音：常见于支气管炎、肺气肿、肺结核和间质性肺炎等。

④ 湿罗音：是气流通过带有稀薄的分泌物的支气管时，引起液体移动或水泡破裂而发生的声音，似水泡破裂音，以吸气末期为明显。常见于各型肺炎、支气管炎及肺结核等。

（5）捻发音：是一种极细微而均匀的劈啪音，类似在耳边捻一簇头发时所产生的声音。常见于大叶性肺炎的充血期与消散期、肺结核及肺充血和肺水肿的初期等。

（6）胸膜摩擦音：似沙沙声，粗糙而断续，紧压听诊器时明显增强，肘后位置明显，常见于胸膜炎。

（六）胸、肺的检查

1. 胸、肺的叩诊

（1）胸、肺的叩诊方法

胸、肺的叩诊方法一般分为大家畜叩诊法和小家畜叩诊法两种。大家畜常用叩诊器进行叩诊。叩诊时，一只手拿叩诊板，紧紧纵贴在肋间，另一只手拿叩诊锤，以手腕的活动，垂直地向叩诊板上连续急速地叩击两下，反复对照叩诊音的变化。小家畜多屈曲手指，在胸壁上直接叩击。

（2）肺的叩诊区

① 马的叩诊区：大体呈直角三角形。三角形的前界为肩胛后角沿肘肌向下至第5肋间所划的直线；上界为与脊柱平行的直线，距背线一掌宽；后界为向下向前经下列数点所划的弧线：由第17肋与脊柱交接处开始，经髋结节水平线与第16肋间交点、坐骨结节水平线与第14肋间的交点，肩关节水平线与第10肋间的交点而止于第5肋间。

② 牛的叩诊区：较马的显著小。上界与马同；上界为自肩胛后角沿肘肌向下所划的"S"形曲线，止于第4肋间；后界由第12肋骨上端开始，向前向下经髋结节水平线与第11肋间的交点，肩关节水平线与第8肋间的交点而止于第4肋间。

③ 羊的叩诊区：与牛同。

④ 猪的叩诊区：上界距脊柱约3～4指；后界由第11肋骨开始，向前向下经坐骨结节水平线与第9肋间的交点，肩关节水平线与第7肋间的交点而止于第4肋间。

（3）肺叩诊区的病理变化

肺叩诊区的病理变化主要表现为扩大或缩小，其变动范围与正常肺叩诊区相差2～3cm以上时，才可认为是病理现象。

① 肺叩诊区扩大：表现为肺的叩诊界后移或下移，心脏的绝对浊音区缩小或完全消失。提示的疾病主要为肺气肿、气胸。

② 肺叩诊区缩小：主要表现为肺的叩诊界后缘前移。引起的原因主要有两点，一是由腹内压增高引起，提示的疾病为急性胃扩张、瘤胃臌气、肠臌气、腹腔大量积液。另外，在正常的生理情况下，如怀孕后期，也可见肺的叩诊界缩小。二是由心脏疾患引起，提示的疾病主要有心肥大、心扩张、心包积液等。

（4）胸、肺的病理叩诊音

在病理情况下，胸肺叩诊音的性质可能发生显著变化，其性质和范围取决于病变的范围、大小和深浅。

① 浊音和半浊音：引起浊音与半浊音的原因有三，一是肺组织的含气量减少或浸润、实变；二是肺内有实体组织形成；三是胸膜粘连与增厚，或是胸壁肿胀。提示的疾病一般为肺炎、肺坏疽、肺结核、肺肿瘤、肺型鼻疽、肺棘球蚴、胸膜炎、胸膜结核、水肿等。由于疾病的发展时期不同，病变的大小和深度不同及肺泡内的含气量不同，叩诊时有时呈浊音，有时呈半浊音。由于病变的大小和范围不同，叩诊时可能表现为大片状浊音区和局灶性浊音区。

大片状浊音区多发生于肺中或下部的1/3，主要见于大叶性肺炎、传染性胸膜肺炎、牛肺疫、猪肺疫、牛出血性败血症等。局灶性浊音区又称点状浊音区，叩诊时表现为大小不等散在的浊音区或半浊音区，提示的疾病主要为各种原因引起的小叶性肺炎。

② 水平浊音：叩诊时浊音的上界呈水平线，且浊音区以体位的变动而改变为特征。主要是由胸腔积液达到一定量时形成的。提示的疾病为胸腔积水、胸膜炎和血胸。

③ 鼓音：引起鼓音的因素有以下四种：浸润肺组织周围的健康组织及肺泡内同时有气体和液体；肺内有空洞形成；胸腔积气、积液；膈破裂，充气的肠管进入胸腔。提示的疾病主要有各型肺炎，大叶性肺炎的充血期和消散期，肺坏疽、肺结核、肺脓肿等破溃后形成的空洞，气胸、渗出性胸膜炎和胸水、膈疝等。

④ 过清音：类似于扣打空盒的声音，因此又称为空盒音，是由于肺组织弹性降低，肺内气体过度充盈而引起。提示的疾病主要是肺气肿。

⑤ 破壶音：是一种类似于扣击破瓷壶所产生的音响，是由于空气受到压力后突然急剧地经过狭窄空隙所致。见于与支气管相通的大空洞，提示的疾病有肺坏疽、肺结核、肺脓肿等破溃后形成的空洞。

⑥ 金属音：类似于敲打金属板所产生的音响或钟鸣音，音调较高朗，是由于肺内有较大的空洞、位置浅表且四壁光滑时才能产生，另外也可见于气胸或心包积液达到一定紧张程度时。提示的疾病主要有肺空洞，胸膜炎合并气胸，心包积气等。

2. 胸、肺的听诊

（1）肺泡呼吸音

在病理情况下，除生理呼吸音的性质和强度发生改变外，常可发现各种各样的异常呼吸音，称为病理呼吸音。肺泡呼吸音的变化可分为增强、减弱或消失和断续性呼吸音。

① 肺泡呼吸音增强：可分为普遍性增强和局限性增强。普遍性增强见于发热性疾病，代谢增强，呼吸困难性疾病，常见的有细支气管炎、肺充血的初期、肺炎等。局限性增强又称代偿性增强，是由于健康无病变的组织代偿性呼吸机能亢进的结果。

② 肺泡呼吸音减弱或消失：特征是呼吸音变弱，听不清楚，甚至听不到。引起的原因有三点，一是肺组织的实变和弹性降低或消失，见于肺炎、结核、肺气肿等。二是进入呼吸道的气体减少，主要见于上呼吸道狭窄、肺膨胀不全、濒死期和胸部的剧烈疼痛性疾病。三是胸部的呼吸音传导不良性疾病。

③ 断续性呼吸音：又称齿轮呼吸音，特征是在吸气时呼吸音出现两个或两个以上的间断。是由于肺泡的炎症变化或部分支气管狭窄，空气不能均匀进入肺泡所致，提示的疾病主要有支气管炎、肺结核、肺硬变等。

（2）病理性支气管呼吸音

产生的病理基础为肺组织实变的范围大，支气管畅通无阻，病变的位置浅表或胸腔积液。支气管呼吸音的特征为呈较强的"赫—赫"声，吸气时短且弱，呼气时强而长，而且开始和结束均突然。提示的疾病为肺炎、广泛性肺结核、渗出性胸膜炎、胸水等。

（3）病理性混合呼吸音

产生的病理基础是病变的肺组织较深，且周围被正常的肺组织所覆盖，或是正常的和实变的肺组织掺杂存在。特征是吸气时表现为肺泡呼吸音，呼气时表现为支气管呼吸音，近似"夫—赫"的声音，常见于小叶性肺炎、大叶性肺炎的初期和散在性肺结核、胸腔积液。

（4）罗音

罗音是在气管或支气管内存在渗出物、分泌物、血液等液体，当呼吸时液体受气体的振动而产生的一种附加音。按罗音的性质分为干性罗音和湿性罗音。

① 干罗音：当支气管黏膜上有黏稠的分泌物、支气管黏膜肿胀、发炎或支气管痉挛时使其管径狭窄，空气通过狭窄的支气管腔或气流冲击管腔内壁上的黏稠分泌物时引起震动而产生的声音称为干罗音。其特征为：音调强，长而高朗，类似哨音、笛音、飞箭音或咝咝声等，表明病变主要在细支气管；亦可为强大粗糙而音调低的咕咕声、嗡嗡声等，表明病变在大支气管中。提示的疾病主要为支气管炎，广泛性罗音主要见于弥散性支气管炎，支气管肺炎，慢性肺气肿和牛羊的肺丝虫病等。局限性干罗音常见于支气管炎，肺气肿，肺结核和间质性肺炎等。

② 湿罗音：又称水泡音，是气流通过带有稀薄分泌物的支气管时引起气体移动或水泡破裂而发生的声音。声音类似于用细管向水内吹气所产生的声音。按支气管口径的不同，可将其分为大、中、小三种，大水泡音产生于大支气管，中小水泡音产生于中小支气管。湿罗音是支气管疾病的最常见的症状，也为肺部许多疾病的重要症状之一。支气管内的分泌物存在常为各种炎症的结果，提示的疾病主要有支气管炎、各型肺炎、肺结核等。

③ 广泛性罗音：常见于肺水肿；两侧肺下野的湿罗音，见于心力衰竭、肺淤血、肺出血和异物性肺炎。

（5）捻发音

它的病理基础为细支气管或肺泡被黏稠的分泌物粘合起来，但没有发生实变，当吸气时被突然分开而产生的声音。捻发音是一种细碎而均匀的劈啪声，类似于在耳边捻一簇头发的声音。其特点是声音短、细碎、断续、大小均匀而相等，出现在吸气之末或在吸气顶点最为清楚。捻发音提示的疾病主要有大叶性肺炎的充血期和消散期、肺结核、肺充血和肺水肿的初期、毛细支气管炎和肺膨胀不全等。

（6）空瓮音

由空洞内产生共鸣而形成。空瓮音类似于轻吹狭口的空瓶所发出的声音，其特点为较柔和而长，带有金属性。提示的疾病主要有肺脓肿、肺坏疽、肺结核及肺棘球蚴等破溃而形成的空洞。

（7）胸膜摩擦音

由于纤维素沉着在胸膜上，胸膜变得粗糙，随着呼吸运动，脏层与壁层相互摩擦而出现的声音，吸气与呼气均能听到，常见于胸膜炎、大叶性肺炎、牛和猪的肺疫等。

（8）拍水音

胸腔内有气体与液体同时存在，随呼吸运动、心搏动及动物的体位突然改变，震荡或冲击液体而产生的声音。吸气与呼气时均能听到，类似于震荡半瓶水而发出的声音。提示的疾病主要为渗出性胸膜炎、水胸和血胸。

第三节　心血管系统的检查

心脏血管系统是由心脏和血管组成的密闭管道系统。血液在这个管道系统内，在神经和内分泌激素的调节下周而复始地不断循环着，把营养物质和氧气带给全身的组织细胞，并且把细胞代谢的最终产物输出。心血管系统的检查包括心脏的检查和脉管的检查。

一、心脏的检查

1. 心搏动检查

（1）心搏动检查的部位

部位在左侧，马在 3~6 肋间，5 肋间胸廓下 1/3 的中央处最明显；牛羊在肩端线下 1/2 部的第 3~5 肋间，在第 4 肋间最明显（肘突内）；犬在第 4~6 肋间的胸廓下 1/3 处，第 5 肋间最明显。

（2）心搏动检查的方法

视诊和触诊同时进行。视诊时，仔细观察左侧肘后心区被毛及胸壁的振动情况；视诊一般看不清楚，所以多用触诊。触诊时，检查者一手（右手）放在动物的鬐甲部，用另一只手（左手）的手掌，紧贴在动物的左侧肘后心区，注意感知胸壁的振动，主要判定其频率及强度。健康的动物，随每次心室的收缩会引起左侧心区附近胸壁的轻微振动。触诊时，马在肘突后上方 2~3 cm 处的胸壁上；牛羊触诊可将左手插于肘头内侧；犬等小动物触诊时助手将左前肢上举或前提，检查者将左手掌置于心脏部即可或用两手掌抱住动物左右两胸侧，两手同时进行检查。

（3）心搏动的病理变化

心搏动的病理变化主要表现为心搏动减弱或增强。但应注意排除生理性的减弱（如过肥）或增强（如运动后、兴奋、惊恐或消瘦）。

① 心搏动增强：触诊时感到心搏动强而有力，并且区域扩大，甚至引起动物的全身震动，有时沿脊柱也可感到心搏动。当心搏动过强，伴随每次心动而引起动物的体壁发生振动称为心悸。多见于发热病的初期、伴有剧烈疼痛性疾病、轻度的贫血、心脏的代偿期及病理性心肥大。

② 心搏动减弱：触诊时感到心搏动力量减弱，并且区域缩小，甚至难以感之。多见于心脏的代偿障碍期、病理性原因引起的胸壁肥厚和胸壁与心脏之间介质状态的改变。

2. 心脏叩诊

（1）心脏叩诊的方法

被检动物取站立姿势，使其左前肢略向前举起或拉向前半步，以充分显露心区。对大动物，应用锤板叩诊法；小动物可用指指叩诊法。按常规叩诊方法，沿肩胛骨后角向下的垂线进行叩诊，直至心区，同时标记由清音转变为浊音的一点；再沿与前一垂线呈 45°左右的斜线，由心区向后上方叩诊并标记由浊音变为清音的一点；连接两点所形成的弧线，即为心脏浊音区的后上界。

（2）心脏浊音区划分

马在左侧呈近似的不等边三角形，其顶点相当于第 3 肋间距肩关节水平线向下 3~4 cm 处；由该点向后下方引一弧线并止于第 6 肋骨下端，为其后上界。在心区反复地用较强和较弱的叩诊进行检查，根据产生浊音的区域，可判定马的心脏绝对浊音区及相对浊音区。相对浊音区在绝对浊音区的后上方，呈带状，宽 3~4 cm。

牛则仅在左侧第 3~4 肋间呈相对浊音区，且其范围较小。

羊心脏的相对浊音区，位于左侧胸廓 1/3 的第 3~4 肋间或第 3~5 肋间处。

犬、猫心脏的绝对浊音区，位于左侧第 4~6 肋间，前缘达肋骨和肋软骨结合部，大致和胸骨平行，后缘受肝浊音的影响而无明显界限。

（3）叩诊时的病理变化

心脏叩诊浊音区的扩大常见于心肥大、心扩张及创伤性心包炎；心脏叩诊浊音区的缩小常见于肺气肿、气胸等；心区敏感，叩诊时回视、反抗，可见于胸膜炎或牛创伤性心包炎。

3. 心脏听诊

被检动物取站立姿势，使其左前肢向前伸出半步，以充分显露心区。一般用听诊器进行间接听诊，通常在左侧肘头后上方的心区部位听取，必要时再于右侧的心区听取。当需要辨别瓣膜口音的变化时，确定其最佳听取点。听诊时应遵循一般听诊的常规注意事项。

（1）正常心音。

第一心音：缩期心音，低而浊的长音，是房室瓣的关闭与振动的声音。第二心音：张期心音，高而短的声音，是动脉根部的半月瓣的关闭与振动的声音。区别第一与第二心音时，除根据上述心音的特点外，第一心音产生于心室收缩期中，与心搏动、动脉脉搏同时出现；第二心音产生于心室舒张期，与心搏动、动脉脉搏出现时间不一致。

（2）心脏听诊的方法与部位。

马牛心脏听诊部位及方法：左侧心区，3~6 肋间，胸壁下 1/3。先将动物柱栏内保定，助手将动物左前肢向前移半步。术者戴上听诊器站于动物左侧，右手按于动物胸背部作支点。左手持集音头，平放于心区听诊心音，眼的余光注意动物的头部（图 3-3）。

犬听诊部位及方法：左侧心区，3~6 肋间，胸壁下 1/3。助手先将动物站立保定，使其左前肢向前移半步，术者戴上听诊器半蹲于动物左侧，右手按于动物胸背部作支点。左手持集音头，平放于心区听诊心音（图 3-4）。

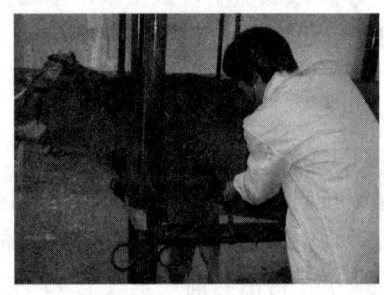
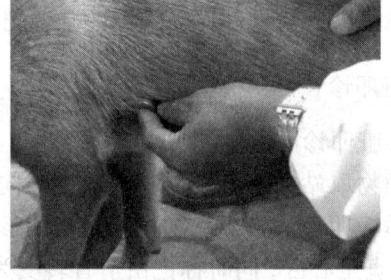

图 3-3 牛的心脏听诊　　　　图 3-4 犬的心脏听诊

（3）心音异常。

① 心音频率的改变：即窦性心动过速，表现均匀而快速的心律。通常马 > 60 次，成年牛 > 90 次，犊牛 > 120 次。常见于健康动物运动后、发热、心力衰竭。窦性心动过缓：即均匀而过慢的心律。通常马 < 25 次，成年乳牛 < 60 次。常见于黄疸、颅内压增高的疾病、洋地黄

中毒、盲肠便秘。

②心音强度的改变：影响心音强度的因素包括产生心音的强度（心缩力、瓣膜状态——弹性及位置高低、血液成分）和传导心音的介质（心包、胸腔、肺的心叶、胸壁）。临床上常见心音强度的变化有心音增强和心音减弱。

③心音性质的改变：包括心音混浊，即心音低浊，含混不清，两心音缺乏明显界限，多见于心肌变性或心脏瓣膜病变。金属样心音，即心音异常高朗、清脆而带有金属样音响，多见于破伤风、邻近心区的肺叶中有含气空洞、胸腔积气、肺空洞、创伤性心包炎等。

④心音分裂和重复：包括第一心音分裂或重复（一侧房室传导阻滞、一侧心肌严重变性）"特、噜、嗒"。第二心音分裂或重复"噜、嗒、啦"，多见于主动脉瓣关闭晚（肾炎、主动脉口狭窄）、肺动脉瓣关闭晚（肺充血、左房室口狭窄）。奔马调（三音律），多见于严重心肌炎、心衰。

⑤心音节律的改变：包括窦性（呼吸性）心律不齐、期前收缩（过早搏动）心肌损害，是危重病的标志；阵发性心动过速是心衰、危重病的预示；传导阻滞（心动间歇）是心肌损害的标志。

⑥心脏杂音：是指伴随心脏活动出现的正常心音以外持续时间较长的附加声音。有的如吹风样、锯木样，有的如哨音、皮革摩擦音，多为心脏瓣膜及心包疾病的诊断标志，可分为器质性杂音与机能性杂音，器质性杂音与机能性杂音的区别见表3-1。

表3-1 器质性杂音与机能性杂音的区别

鉴别要点	器质性杂音	非器质性杂音
出现时间	心收缩期或心舒张期	多发生在心收缩期
性质	多粗糙、尖锐如锯木声或搔抓声或箭鸣音	较柔和如吹风音或喷射音
持续时间	短促	较长，常为全收缩期
强度	杂音明显，较响亮（常在3级以上）	较易听到，不太响亮（罕有超过2级）
传导性	沿血流方向传导较远而广	局限，传导不远
稳定性	持久性杂音持续存在	暂时性杂音，杂音随病情好转、恢复而减弱、消失
最佳听取点	有固定的最佳听取点	往往无固定的最佳听取点
运动或应用	杂音往往增强	减弱或消失
强心剂后		（相对闭锁不全性杂音）或增强（贫血性杂音）

二、脉管的检查

1. 动脉脉搏的检查

大动物（马、牛）多检查颌外动脉或尾动脉；中小动物（猪、羊、犬等）则以股动脉为宜。脉管有一定的弹性，搏动的强度中等，脉管内的血量充盈适度；正常的脉搏节律，其强弱一致，间隔均等。

病理状态下的脉有强脉、弱脉、软脉、硬脉。强脉多见于发热性疾病；弱脉多见于衰竭、休克等；软脉多见于严重贫血；硬脉多见于破伤风等。脉搏节律不齐是心律不齐的反应。

2. 浅在静脉检查

检查浅在静脉的充盈度，主要观察浅在静脉（如颈静脉、胸外静脉）的充盈状态及颈静脉的波动。一般营养良好的动物，浅在静脉管不明显；较瘦或皮薄毛稀的动物则较为明显。正常情况下，马、牛颈静脉沟处可见有随心脏活动而出现的自颈基部后上部反流的波动，其反流波不超过颈部的下 1/3。

浅在静脉的病理表现有浅在静脉的过度充盈、隆起呈绳索状，多见于牛的创伤性心包炎。颈静脉波动高度超过颈下部的 1/3 处，达颈中部以上时是右心衰竭或淤滞的标志。

3. 判断心功能状况

（1）与循环相关的整体变化：有动物表现乏力、沉郁、多汗、喘气、黏膜发绀、静脉淤滞怒张、皮下水肿，这是一般性症候群。

（2）心血管变化：心跳加快；第一心音增强、第二心音减弱，有时只有第一音或一、二音均减弱；心音浑浊，心律不齐，出现心杂音等；脉搏细弱或不感于手、脉律不齐。

（3）循环淤滞：内脏器官淤血，常见于慢性腹泻、消化不良、前胃弛缓、肝脏淤血、肺淤血等。

（4）结合病史：如使役过度、传染病或中毒病史等。

（5）特殊检查：心功能试验、心电、超声、X射线。

第四节 泌尿生殖系统的临床检查

动物的泌尿系统与全身机能活动有着密切关系，是最重要的排泄器官。当动物出现肾区敏感、排尿障碍和尿液异常、肾性水肿和肾性高血压、严重炎症疾病、中毒性疾病、热性传染病、某些代谢病或一些疑难病例、强心补液过程中心脏功能不见好转反而恶化、无尿时一般要进行泌尿系统的检查。泌尿生殖系统的临床检查包括排尿动作的检查、泌尿器官的检查、尿液的感官检查、外生殖器及乳房的检查。

1. 排尿动作的检查

排尿动作检查主要检查排尿姿势、排尿次数及排尿量。正常时，各种动物依其品种和性别的不同采取固有的排尿姿势。排尿活动的异常可表现为：

（1）频尿：临床表现为排尿次数多、量少，甚至呈滴状。临床上多见于膀胱炎、尿道炎及膀胱结石。

（2）多尿：临床表现为排尿次数多、量多。临床上多见于糖尿病、肾脏疾病和使用了利尿剂。

（3）少尿：临床表现为排尿次数少、量少。临床上多见于热性病、急性肾炎、腹泻、呕吐、失血等。

（4）无尿：临床表现为排尿停止。可分为真性无尿（尿闭），在膀胱内无尿，常见于急性肾炎；假性无尿（尿潴留），膀胱内充满尿液，临床上多见于尿道结石、膀胱括约肌痉挛或膀胱破裂。

（5）尿失禁或尿淋漓：临床表现为无排尿动作和姿势尿闭就不自主流出。临床上多见于膀胱及其括约肌的麻痹或中枢神经系统疾病。

（6）排尿痛苦：临床表现为排尿时疼痛、呻吟或屡取排尿姿势而排尿谨慎、痛苦。临床上多见于膀胱炎、尿道炎或尿道结石与阻塞。

2. 泌尿器官的检查

泌尿器官的检查主要包括肾的检查、肾盂和输尿管的检查、膀胱的检查、尿道的检查。

（1）肾的检查

动物的肾脏一般虽可用视诊、触诊和叩诊等方法进行检查，但因其动物种属及性别的关系，有一定局限性，必要时配合尿液的实验室检查。

① 视诊：某些肾脏疾病（如急性肾炎、化脓性肾炎等）时，由于肾脏的敏感性增高，肾区疼痛明显，患病动物常表现出腰背僵硬、拱起，运步小心，后肢向前移动迟缓。此外，应特别注意肾性水肿，通常多发生于眼睑、腹下、阴囊及四肢下部。

② 触诊和叩诊：触诊为检查肾脏的重要方法。可进行外部触诊。外部触诊或叩诊时，注意观察动物有无压痛反应。肾脏的敏感度增高，则可能表现出不安、拱背、摇尾和躲避压迫等反应。小动物（如犬猫）检查肾脏时可通过体表进行腹部深部触诊。肾脏外部触诊时，可使犬猫取站立姿势，两手拇指放与腰部，其余手指由两侧肋弓后方与髋结节之间的腰椎横突下方，由左右两侧同时施压并前后滑动进行触诊。犬的左肾在左腰窝的前角可触知，右肾常不易触到。

最可靠的方法还是尿液的实验室检验。一般临床检查中，如发现排尿异常、排尿困难以及尿液的性状发生改变时，应详细询问病史，重视泌尿器官，特别是肾脏的检查。在病理情况下，肾脏的压痛，可见于急性肾炎、肾脏及其周围组织发生化脓性感染、肾脓肿等，在急性期压痛更为明显。如感到肾脏肿胀、增大、压之敏感，并有波动感，提示肾盂肾炎、肾盂积水、化脓性肾炎等。肾脏质地坚硬、体积增大、表面粗糙不平，可提示肾硬变、肾肿瘤、肾结核、肾石及肾盂结石。肾脏肿瘤时，触诊常呈菜花状。肾萎缩时，其体积显著缩小，多提示为先天性肾发育不全或萎缩性肾盂肾炎及慢性间质性肾炎。采集尿液，进行尿液化验可为肾脏病诊断提供重要线索。

（2）膀胱的检查

膀胱为储尿器官，上接输尿管，下和尿道相连，因此膀胱疾病除膀胱本身原发外，还可继发于肾脏、尿道及前列腺疾病等。

① 方法：检查膀胱时，两手放于腹下的两侧，慢慢向上方抬举，以感知膀胱的大小及敏感性。也可将右手食指伸入直肠，左手从腹下向上抬举，使膀胱靠近直肠，以便触摸有无敏感疼痛，有无膀胱结石等病变。尿液化验也是膀胱疾病检查的重要方法。当欲冲洗膀胱或采取尿液、尿道探诊时，可用细导尿管插入动物膀胱，然后进行冲洗、探查、采尿等工作。检

查时应注意其位置、大小、充满度、膀胱壁的厚度以及有无压痛等。

②病理状态：在病理情况下，膀胱疾患所引起的临床症状表现有尿频、尿痛、膀胱压痛、排尿困难、尿潴留和膀胱膨胀等。直肠触诊时，膀胱可能增大、空虚、有压痛，其中也可能含有结石块、瘤体物或血凝块等。膀胱增大的原因多继发于尿道结石、膀胱括约肌痉挛、膀胱麻痹、前列腺肥大、膀胱肿瘤以及尿道的瘢痕和狭窄等，有时也可由于直肠便秘压迫而引起，此时触诊膀胱高度膨胀。当膀胱麻痹时，在膀胱壁上施加压力，可有尿液被动地流出，随着压力停止，排尿也立即停止。膀胱空虚除肾源性无尿外，临床上常见于膀胱破裂。膀胱破裂多为外伤引起，或为膀胱壁坏死性炎症（如溃疡性破溃）所致。种种原因引起的尿潴留而使膀胱过度充满时，由于内压增高，受到直接或间接暴力的作用也可破裂。患病动物长期停止排尿，腹部逐渐增大，下腹侧向下、向外膨大，腹腔积尿。直肠检查时，膀胱完全空虚，膀胱呈现浮动感，腹腔穿刺时，可排出大量淡黄、微混浊、有尿臭气味的液体，或为浊红色混浊的液体；镜检此液体中有血细胞和膀胱上皮。严重病例，在膀胱破裂之前，有明显的腹痛症状，有时持续而剧烈，破裂后因尿液流入腹腔往往引起腹膜炎和尿毒症，有时皮肤可散发尿臭味。膀胱压痛见于急性膀胱炎、尿潴留或膀胱结石等。当膀胱结石时，在膀胱过度充满的情况下触诊，可触摸到坚硬如石的硬块物或沉积于膀胱底部的砂石状尿石。犬猫的膀胱位于耻骨联合前方的腹腔底部，在膀胱充满时，可能达到脐部，检查时可由腹壁外进行触诊，感觉如球形而有弹性的光滑物体。在膀胱的检查中，较好的方法是膀胱镜检查，借此可以直接观察到膀胱黏膜的状态及膀胱内部的病变，也可根据窥察输尿管口的情况，判定血尿或脓尿的来源。此外也可用X射线造影术进行检查。

（3）尿道检查

对尿道可通过外部触诊、直肠内触诊和导尿管探诊进行检查。雌性动物的尿道，开口于阴道前庭的下壁，检查时可用阴道开张器。此外，可用金属制、橡皮制或塑料制导尿管进行探诊。雄性动物的尿道，位于骨盆腔内的部分，连同贮精囊和前列腺可由直肠内触诊；位于骨盆及会阴以外的部分，可行外部触诊。雄性动物的尿道，可用触诊和导尿管探诊。

尿道的病理状态最常见的是尿道炎、尿道结石、尿道损伤、尿道狭窄、尿道被脓块、血块或渗出物阻塞，有时尚可见到尿道坏死。雌性动物很少发生尿道结石和狭窄，却多发生尿道外口和尿道的炎症性变化。尿道炎有急性和慢性。急性者表现为尿频和尿痛，同时尿道外口肿胀，且常有黏液或脓性分泌物，并可能出现血尿乃至脓尿。慢性者多无明显症状，仅有少量黏性分泌物。尿道结石，多见于雄性动物，触诊时感到膨大、坚硬，压触时疼痛明显。有的病例，在结石上施以重压时，患病动物表现剧痛，后躯发抖、反抗，停止触压，发抖现象也随之消失。阴毛上有白色黏液或被粘着成块者多为尿道炎的象征。尿道狭窄多因尿道损伤而形成瘢痕所致，也可能是不完全结石阻塞的结果。临床表现为排尿困难、尿流变细或呈滴沥状，严重狭窄可引起慢性尿潴留。应用导尿管探诊，如遇有梗阻，即可确定。

3. 外生殖器官检查

（1）公畜外生殖器官的检查

公畜生殖器官包括阴囊、睾丸、精索、附睾、阴茎和一些副腺体（前列腺、贮精囊和尿道球腺）。临床检查中凡是有外生殖器官局部肿胀、排尿障碍、尿血，尿道口有异常分泌物、疼痛等症状时，均应考虑有生殖器官疾病的可能。这些症状除发生于生殖器官本身的疾病外，也可由泌尿器官或其他器官的疾病引起。检查公畜外生殖器官时应注意阴囊、睾丸和阴茎的大小、形状、尿道口炎症、肿胀、分泌物或新生物等。

① 睾丸和阴囊。

阴囊内有睾丸、附睾、精索和输精管。检查时应注意睾丸的大小、形状、硬度以及有无隐睾、压痛、结节和肿物等。由于阴囊低垂，皮薄而皱缩，组织疏松，最易发生阴囊及阴鞘水肿，临床表现为阴囊呈椭圆形肿大、表面光滑、膨胀，有囊性感，局部无压痛，压之留有指痕。如积液明显，可行阴囊阴鞘穿刺，一般积液为黄色透明液体，如为血性液体可提示由外伤、肿瘤及阴囊水肿引起。如阴囊肿大，触诊感到冰冷、指压留痕，常见于犬丝虫引起的水肿。严重时水肿可蔓延到腹下或股内侧，有时甚至引起排尿障碍，触诊有热有痛，多见于阴囊局部炎症、睾丸炎、去势后阴囊积血、渗出、浸润及感染、阴囊脓肿，精索硬肿，阴鞘和阴茎的损伤、肿瘤等。此外，阴囊和阴鞘水肿也可发生于某些全身性疾病，如贫血、心脏及肾脏疾病等。发生阴囊疝时，可见阴囊显著增大，有明显的腹痛症状，有时持续而剧烈，触诊阴囊有软坠感，同时阴囊皮肤温度降低，有冰凉感。发现阴囊肿大，如为鉴别阴囊疝和鞘膜积液，应将患畜横卧保定再行检查，阴囊肿物可纳还，而鞘膜积液和脓肿则无改变。

检查睾丸时应注意睾丸的大小、形状、温度及疼痛等。雄性动物的睾丸炎多与附睾炎同时发生。在急性期，睾丸明显肿大、疼痛，阴囊肿大，触诊时局部压痛明显、增温，患病动物精神沉郁、食欲减退、体温增高，后肢多呈外展姿势，出现运步障碍。如发热不退或睾丸肿胀和疼痛不减时，应考虑有睾丸化脓性炎症的可能。此时全身症状更为明显，阴囊逐渐增大，皮肤张紧发亮，阴囊及阴鞘水肿，且可出现渐进性软化病灶，以致破溃。必要时可行睾丸穿刺以助诊断。

② 阴茎及龟头的检查。

在雄性动物，阴茎损伤、阴茎麻痹、龟头局部肿胀及肿瘤较为多见。特别是公犬猫阴茎较长，易发生损伤，受伤后可局部发炎、肿胀或溃烂，可见尿道流血，排尿障碍，受伤部位疼痛和尿潴留等症状，严重者可发生阴茎、阴囊、腹下水肿和尿外渗，造成组织感染、化脓和坏死。如用导尿管检查则不能插入膀胱，或仅导出少量血样液体，提示有尿道损伤的可能。阴茎外伤时，阴茎肿大并表现疼痛不安。阴茎根部的海绵体表面有时发生脓肿或龟头肿胀时，局部红肿、发亮，有的发生糜烂，甚至坏死，有大量渗出液外溢，尿道可流出脓性分泌物。雄性动物的外生殖器肿瘤多见犬，且常发生于阴鞘、阴茎和龟头部，阴茎及龟头部肿瘤多呈不规则的肿块和菜花状，常溃烂出血，有恶臭分泌物。

（2）母畜外生殖器及乳房的检查

① 外生殖器的检查。

检查方法：动物柱栏内保定、外阴部消毒、术者站在动物正后方，用阴道开张器扩张阴道。借助于人工光源仔细观察阴道黏膜的状态。

病理变化：注意观察外阴部的分泌物及其外部有无病变，可借助阴道扩张器检查。如阴道黏膜潮红、肿胀、溃疡，多为阴道炎；子宫颈口潮红、肿胀、分泌物流出，多为子宫内膜炎。

② 乳房的检查。

对乳腺疾病的诊断具有很重要的意义。在动物一般临床检查中，尤其是哺乳期母畜除注意全身状态外，应重点检查乳房。检查方法主要用视诊、触诊，并注意乳汁的性状。

视诊：注意乳房大小、形状，乳房和乳头的皮肤颜色，有无发红、橘皮样变、外伤、隆起、结节及脓疱等。乳房皮肤上出现疹疱、脓疱及结节多为痘疹、口蹄疫等症状。

触诊：可确定乳房皮肤的厚薄、温度、软硬度及乳房淋巴结的状态，有无脓肿及其硬结部位的大小和疼痛程度。检查乳房温度时，应将手贴于相对称的部位，进行比较。检查乳房皮肤厚薄和软硬时，应将皮肤捏成皱襞或由轻到重施压感觉之。触诊乳房实质及硬结病灶时，须在挤奶后进行。注意肿胀的部位、大小、硬度、压痛及局部温度，有无波动或囊性感。乳房炎时，炎症部位肿胀、发硬，皮肤呈紫红色，有热痛反应，有时乳房淋巴结也肿大，挤奶不畅。炎症可发生于整个乳房，有时，仅限于乳腺的一叶，或仅局限于一叶的某部分。因此，检查应遍及整个乳房。如脓性乳房炎发生表在脓肿时，可在乳房表面出现丘状突起。发生乳房结核时，乳房淋巴结显著肿大，形成硬结，触诊常无热痛。

乳汁感观检查：除隐性型病例外，多数乳房炎患畜，乳汁性状都有变化。检查时，可将各乳区的乳汁分别挤入手心或盛于器皿内进行观察，注意乳汁颜色、稠度和性状。如乳汁浓稠内含絮状物或纤维蛋白性凝块，或脓汁、带血，可为乳房炎的重要指征。必要时进行乳汁的化学分析和显微镜检查。

第五节　神经系统的检查

神经系统在机体生命活动中，起着主导作用，它调节机体与外界环境的平衡，保护机体内部各器官相互联系与协调，使机体成为统一的整体。因此，神经系统疾病，必然会出现一系列神经症状。其他系统、器官疾病也都要侵害神经系统，出现这样或那样的神经机能障碍。临床上神经系统疾病的症状虽然较复杂，但不论中枢神经或外周神经机能障碍，其表现不外乎意识障碍，感觉障碍与反射障碍等。根据这些障碍情况，可推断其发病部位及病性。神经系统检查方法与其他系统不同，主要是用呼唤、针刺、触摸被毛、搬动肢体、光照眼球及强迫运动等检查病畜有无异常。其他视诊、触诊及叩诊检查是次要的，但在一定脑病经过中也有诊断意义。必要时可选择地进行脑脊液穿刺诊断、实验室检查、X 光、脑电波等辅助诊断。

一、精神状态的检查

家畜精神状态的检查是指动物对于刺激是否具有反应以及如何反应。家畜的意识障碍，提示中枢神经系统机能发生改变。其检查的方法有问诊和观察和检查动物的面部表情、眼、耳、尾、四肢及皮肌的动作，身体姿势、运动时的反应。健康动物姿态自然，动作敏捷而协调，反应灵活。病理状态分精神兴奋和精神抑制。

1. 精神兴奋

精神兴奋是中枢神经机能亢进的结果。动物临床表现不安、易惊、轻微刺激可产生强烈反应，甚至挣扎脱缰，前冲、后撞，暴眼凝视，乃至攻击人、畜，有时癫狂、抽搐、摔倒而骚动不安。兴奋发作，常伴有心率增快、节律不齐，呼吸粗厉、快速等症状。依其兴奋程度分为恐怖、异常敏感、不安、躁狂和狂乱。多提示脑膜充血、炎症，颅内压升高，代谢障碍，以及各种中毒病。可见于日射病、热射病、流脑、酮病、狂犬病、马骡锥虫病等。

2. 精神抑制

精神抑制是中枢神经系统机能障碍的另一种表现形式，是大脑皮层和皮层下网状结构占优势的表现。根据程度不同可分为昏迷、昏睡、精神沉郁3种。

（1）昏迷：是高度抑制的现象，动物对外界刺激全无反应，角膜反射、瞳孔反射消失，卧地不起，全身肌肉松弛，呼吸、心跳节律不齐。见于各种热射病、脑水肿、脑损伤、贫血、出血、脑炎、流脑、细菌或病毒感染及中毒如酒精、吗啡中毒等，营养代谢疾病如酮病、低血糖、生产瘫痪等。

（2）昏睡：是中度抑制的现象。动物陷入睡眠状态，对外界刺激反应迟钝，只在强烈的刺激（如针刺）才能使之觉醒，但很快又陷入沉睡状态。见于脑膜脑炎、脑室积水及中毒病后期等。

（3）精神沉郁：是最轻度的抑制现象。病畜对周围事物注意力降低，离群呆立，低头耷耳，眼睛半闭，但对外界刺激尚能迅速发生反应。可见于各种热性病、缺氧等多种疾病过程中。

二、头颅和脊柱的检查

由于脑和脊髓位于颅腔及脊柱管内，不可能进行直接检查，故只得利用头颅和脊柱检查以推断脑、脊髓可能发生的变化。临床上多用视诊、触诊、叩诊检查头颅和脊柱。临床上常见的病理状态有：

（1）局部隆突：触诊头颅，动物呈敏感反应，用力按压，局部向内陷。可见于局部外伤、脑肿瘤、脑包虫以及副鼻窦蓄脓。

（2）异常增大：多见于先天性脑室积水、骨软症和佝偻病。

（3）骨骼变形：多因骨质疏松、软化、肥厚所致。常提示某些骨质代谢疾病，如骨软症、佝偻病、纤维性骨营养不良等。

（4）头局部增温：除局部外伤、炎症所致外，常提示热射病、脑充血、脑膜和脑的炎症，如猪乙脑、马传染性脑脊髓炎、牛结核性脑膜炎、恶性卡他热等。

（5）颅叩诊浊音或半浊音：见于脑肿瘤、多头蚴病和骨软症等。

（6）头颅部压疼：见于外伤、炎症、肿瘤及多头蚴病。

（7）头盖部变软：提示为多头蚴病或颅壁肿瘤，但也见于副鼻窦炎或积脓。

（8）脊柱僵硬：表现快速运动或转圈运动时不灵活，常见于破伤风、腰肌风湿、猪肾虫病或慢性骨质增生等。

（9）颈部脊柱向后弯曲（角弓反张）：见于脊髓疾病和某些中毒。

（10）脊柱局部肿胀、疼痛：常为外伤结果，如骨折。

（11）脊柱下弯：主要见于骨软症，是骨质疏松变软的结果，如佝偻病。

（12）脊柱侧弯：常见于脊髓炎、脊髓脱臼。

（13）颈部脊柱下弯侧弯，甚至造成身体翻转：见于鸡维生素B1缺乏症和新城疫。

三、感觉障碍的检查

感觉障碍的检查包括视觉、听觉、嗅觉及皮肤感觉的检查。某些神经系统疾病，可破坏感觉器官与中枢神经系统之间的正常联系，导致相应感觉机能障碍。动物的感觉机能是由感觉神经来完成，在兽医临床上，将感觉机能分为浅感觉、深感觉和特殊感觉三类。

（1）浅感觉：是指皮肤和黏膜感觉。包括触觉、痛觉、温觉和电的感觉等。但兽医临床上温觉、电感觉等有一定局限性，故少用。感觉障碍由于病变部位不同，有末梢性、脊髓性和脑性之分。感觉性减退及缺乏是指感觉能力降低或感觉程度减弱。由感觉神经末梢、传导径路或感觉中枢障碍所致。局限性感觉减退或缺失，为支配该区域内的末梢感觉神经受侵害的结果；全身性皮肤感觉减退或缺失，常见于各种不同疾病所引起的精神抑制和昏迷。

（2）深感觉：是指位于皮下深处的肌肉、关节、骨、腱和韧带等，将关于肢体的位置、状态和运动等情况的冲动传到大脑，产生深部感觉，即所谓本体感觉，借以调节身体在空间的位置、方向等。因此，临床上根据动物肢体在空间的位置改变情况，可以检查其本体感觉有无障碍或疼痛反应等。深感觉障碍多同时伴有意识障碍，提示大脑或脊髓被侵害，例如慢性脑室积水、脑炎、脊髓损伤、严重肝脏疾病和中毒等。

（3）感觉过敏：即轻微刺激或抚触就可引起强烈反应。除起因于局部炎症外，一般由于感觉神经或其传导径被损伤所致。多提示脊髓膜炎、脊髓背根损伤、视丘损伤或末梢神经发炎、受压等。但脊髓实质、脑干或大脑皮层患病时均不引起感觉过敏。另外，也可见于牛的神经型酮血症、牛低磷血症的代谢障碍。

（4）特殊感觉：是由特殊的感觉器官所感受，如视觉、听觉、嗅觉、味觉、皮肤感觉等。

（5）视觉：动物视力减弱甚至完全消失即所谓的目盲，除因为某些眼病所致外，也可因视神经异常所引起。见于山道年、野萱草根等中毒。动物视觉增强，表现为畏光，除发生于结膜炎、角膜炎等眼科疾病外，罕见于颅内压升高、脑膜炎、日射病、热射病、牛恶性卡它热、牛瘟等。视觉异常的动物，有时出现"捕蝇样动作"，如狂犬病、脑炎、眼炎初期等。

（6）听觉：听觉迟钝或完全缺失，除因耳病所致外，也见于延脑或大脑皮层颞叶受损伤时。某些品种特别是白毛的犬和猫有时为遗传性，是由其螺旋器发育缺陷所致，有人认为是一氧化碳中毒的后遗症。听觉过敏可见于脑和脑膜疾病，有时见于反刍兽酮病等。

（7）嗅觉：动物中以犬、猫的嗅觉最灵敏，临床检查上也最重要。尤其是警犬和猎犬常因嗅觉障碍失去其经济价值。嗅神经、嗅球、嗅纹和大脑皮层是构成嗅觉装置的神经部分。当这些神经或鼻黏膜疾病时则引起嗅觉迟钝甚至嗅觉缺失，如马传染性脊髓炎、犬瘟热或猫传染性胃肠炎（猫瘟热）。

（8）皮肤感觉检查：可检查动物皮肤的触觉、痛觉、温热觉等。一般在检查前应先遮住动物的眼睛，再用手指尖轻轻接触被毛，观察所接触的被毛、皮肤有无反应。健康动物可表现出被毛颤动及皮肤收缩，当进行痛觉检查时，出现回头、竖耳、躲闪、鸣叫、四肢骚动等现象。动物皮肤感觉检查的病理状态包括：

① 感觉减弱：一般为患脊髓及脑干疾病，中枢受抑制。

② 感觉增强：一般为局部炎症、脊髓炎。

③ 感觉异常：如经常反复啃咬某一部位，如皮肤病、伪狂犬病（鼻孔周围痒）。

四、反射机能的检查

反射机能的检查包括皮肤反射、黏膜反射及深部反射的检查。

1. 皮肤反射

（1）鬐甲反射：轻触鬐甲部被毛或皮肤，则皮肤收缩抖动。

（2）腹壁反射：轻触腹壁，腹肌收缩。

（3）肛门反射：轻触肛门皮肤，肛门外括约肌收缩。

（4）蹄冠反射：用针轻触蹄冠，动物立即提肢或回缩。

2. 黏膜反射

（1）喷嚏反射：刺激鼻黏膜则引起喷嚏。

（2）角膜反射：用羽毛或纸片轻触角膜，则立即闭眼。

3. 深部反射

（1）膝反射：动物横卧，使上侧后肢肌肉保持松弛状态，当击叩髌骨韧带时，由于股四头肌牵缩，而下腿伸展。

（2）跟腱反射：动物横卧，叩击跟腱，则引起附关节伸展与球关节屈曲。

病理状态下，如动物反射减弱或消失，是反射弧的传导径路受损所致，临床上多见于脑积水、多头蚴病等。如反射亢进，临床上多见于脊髓膜炎、破伤风、有机磷中毒等。

五、运动机能的检查

动物的协调运动，是在大脑皮层的控制下，由运动中枢的传导径及外周神经原等部分共同完成。运动中枢和传导径由椎体系、椎体外系、小脑系三部分组成。临床上家畜出现各种形式的运动障碍除运动器官受损伤外，常因一定部位的脑组织受损伤而运动中枢和传导径的功能障碍所引起。主要包括盲目运动、强迫运动、共济失调、痉挛、麻痹（瘫痪）。

1. 盲目运动

盲目运动是指不受意识支配和外界环境影响而出现的强制发生的有规律的运动。患畜不注意周围事物，对外界刺激缺乏反应，或不断前进，或头顶障碍物不动。此因脑部炎症、大脑皮层额叶或小脑等局部病变或机能障碍所致。如狂犬病、伪狂犬等。常见的盲目运动有以下几种：

（1）暴进暴退。

患畜将头高举或下沉，以常步或速步踉跄地向前狂进，甚至落入沟塘内而不躲避，称为暴进，见于纹状体或视丘损伤或视神经中枢被侵害而视野缩小时。患畜头颈后仰，颈肌痉挛而连续后退，后退时常颠颤，甚至倒地，则称为暴退，见于摘除小脑、颈肌痉挛而后弓反张，如流脑。

（2）滚转运动。

病畜向一侧冲挤、倾倒、强制卧于一侧，或循身体长轴一侧打滚称为滚转运动。多伴有头部扭转和脊柱向打滚方向弯曲。常提示迷路、听神经、小脑脚周围的病变，使一侧前庭神经受损，迷路紧张性消失，以至身体一侧肌肉松弛所致。但要注意马腹痛性疾病也有此症状。

（3）回转运动。

病畜按同一方向作圆圈运动，圆圈的直径不变者称圆圈运动或马场运动，以一肢为中心，其余三肢围绕此肢而在原地转圈者称时针运动。当一侧的向心兴奋传导中断，以至对侧运动反应占优势时，便引起这种运动。

2. 共济失调

动物各个肌肉收缩力正常，但在运动时肌群动作相互不协调，则导致动物体位和各种运动异常。病畜站立时，呈现体位平衡失调，如站立不稳、四肢叉开、依墙靠壁似醉酒状；病畜运动时，步态失调、后躯摇摆、行走如醉、高抬肢体似涉水状。见于小脑和前庭神经疾患、马传染性脑脊髓炎、中毒病、某些寄生虫病（如脑脊髓丝虫病）等。按病变性质可分为静止性失调与运动性失调。

（1）运动性失调。

运动性失调是站立时可能不明显，而在运动时出现的共济失调。临床表现为后躯跟跄、步样不稳、四肢高抬、着地用力。见于大脑皮层、小脑、前庭或脊髓的传导路径受损伤时，由于深部感觉障碍，外部随意运动的信息向中枢传导受阻引起。又可分为：

① 脊髓性失调：其特征是运动时躯体左右摇摆，但头不歪斜，静止不失调，是脊髓背侧根损伤的结果。

② 大脑性失调：其特征是病畜虽能直线行进，但体躯向健侧偏斜，甚至转弯时跌倒。见于大脑皮层的额叶或颞叶受损伤时。

③ 前庭性失调：其特征是病畜头向患侧歪斜，步样不稳，常伴有眼球震颤，遮眼时失调严重，不仅静止时失调，而且运动时也失调。主要见于迷路、前庭神经或前庭核受损伤。常见于家禽维生素B族缺乏症、慢性鸡新城疫等。

④ 小脑性失调：多发生于大家畜，不仅静止时失调，而且运动时也失调。其特征是运动时头向患侧歪斜，体躯摇晃，只有当整个身躯依靠墙壁上，失调才消失。这种失调，不伴有眼球震颤，不因遮眼而加重，这在脑病过程中，当小脑受到损害时引起。当一侧性小脑损伤时，患侧前、后肢失调明显。

（2）静止性失调。

静止性失调是动物在站立状态下出现共济失调，而不能保持体位平衡。临床表现头部摇晃，体躯左右摇摆或偏向一侧，四肢肌肉软弱、战栗、关节屈曲，向前、后、左、右摇摆。常四肢分开而广踏。运步时，步态跟跄不稳，易倒向一侧。常提示小脑、小脑脚、前庭神经或迷路受损害。

3. 痉挛

痉挛是指横纹肌不随意的急剧收缩，按肌肉收缩形式不同有阵发性痉挛、强制性痉挛和癫痫。

（1）阵发性痉挛：是个别肌肉或肌组织发生短而快的不随意收缩，呈现间歇性。见于脑炎、脑脊髓炎、膈肌痉挛、中毒和低血钙症等。单个肌纤维束阵发性收缩而不波及全身的痉挛，称为纤维性痉挛（战栗）；波及全身的强烈阵发性痉挛，称为惊厥（抽搐）。

（2）强直性痉挛：肌肉长时间均等地持续性收缩。见于脑炎、脑脊髓炎、破伤风、有机磷农药中毒等。

（3）癫痫：大脑皮层性的全身性阵发性痉挛，伴有意识丧失、大小便失禁，称为癫痫。常见于脑炎、脑肿瘤、尿毒症、仔猪维生素A缺乏症、仔猪副伤寒、仔猪水肿病等。

（4）麻痹（瘫痪）：指动物的随意运动减弱或消失。根据发生部位不同可分为单瘫（麻痹只侵及某一肌群或某一肢体）、偏瘫（麻痹侵及躯体的半侧）、截瘫（躯体两侧对称部分，如两后肢发生麻痹）、中枢性麻痹（临床特征为腱反射增加，皮肤反射减弱和肌肉紧张性增强，肌肉萎缩不明显，常见于狂犬病、马的流行性脑炎、某些中毒病等）、末梢性麻痹（临床特征为肌肉显著萎缩，其紧张性减弱、软弱而松弛，皮肤和腱反射减弱，常伴有面神经麻痹、坐骨神经麻痹、桡神经麻痹等）。

4. 植物性神经机能

（1）交感神经异常兴奋：可表现心搏动亢进、外周血管收缩、血压升高、口腔干燥、肠蠕动减弱、瞳孔散大、出汗增加（马、牛）和高血糖等症状。

（2）副交感神经紧张性亢进：可呈现与前者相拮抗的症状。即心动徐缓、外周血管紧张性降低、血压下降、腺体分泌机能亢进、口内过湿、胃肠蠕动增强、瞳孔缩小、低血糖等。

（3）交感、副交感神经均亢进：交感神经和副交感神经两者同时紧张性亢进时，动物出现恐怖感、精神抑制、眩晕、心搏动亢进、呼吸加快或呼吸困难、排粪与排尿障碍、子宫痉挛、发情减退等现象。

第六节　禽病的临床检查要点

一、病史调查

采用问诊的方法，向家禽的饲养管理人员了解调查家禽的有关发病情况。其内容主要包括禽群的基本情况、发病的经过（发病日龄、病程、发病率、死亡率）、症状（特别是一些特殊的症状）、诊断史、治疗史（用什么药、用量、服法、疗程）、免疫接种情况（接种了何种疫苗、日龄、剂量、途径等）、饮水、喂何种饲料、发病前后有否换料等。具体调查事项如下：

（1）养禽场的历史：饲养家禽的种类，饲养量和来源等。

（2）养禽场的地理位置：附近是否有养禽场、畜禽加工厂或市场，是否易受冷空气和热应激的影响，排水系统如何是否容易积水等。

（3）养禽场内各种建筑物的布局是否合理：育雏区、种鸡区、孵化房、对外服务部的位置及彼此间的距离，开放式或密闭式鸡舍，如何通风、保温和降温，卫生状况如何，采用何种照明方式。

（4）是平养、离地网养或笼养：平养垫料是否潮湿，如何供料、供水，粪便、垫料如何清理等。

（5）自配饲料或从饲料厂购进：质量如何，饲料是否有霉变结块等。

（6）饮水的来源和卫生标准：水源是否充足，是否缺水、断水。

（7）育雏：是采用多层笼还是单层平养，是地下保温还是地上保温，热源来源（煤气、煤、柴或炭），种苗来源、运输过程中是否有失误，何时饮水和开食，何时断喙。

（8）禽群的生产记录：包括饮水、食料量、死亡数和淘汰数，一月龄的育成率，肉鸡成活率，平均体重、肉料比、蛋鸡的育成率、体重、均匀度及与标准曲线的比较，母禽开产周龄、产蛋率、蛋重及与标准曲线的比较等。

（9）种鸡采用哪种产蛋箱：卫生状况如何，集蛋方法及次数，种蛋的保存温度、湿度、是否消毒，种蛋的大小、形状，蛋壳颜色、光滑度，有无畸形蛋，蛋白、蛋黄和气室等是否有异常等。

（10）孵化房：孵化房的位置，孵房内温度和湿度是否恒定，孵化机的种类和性能如何，孵化记录，受精率，入孵蛋及受精蛋的孵化率，啄壳和出壳的时间，一日龄幼雏的合检率等。

（11）养禽场的禽病史：曾发生过什么疾病，由何部门作过何种诊断，采用过什么防治措施，效果如何？

（12）本次发病家禽的情况：发病家禽的种类，群（栏舍）数，主要症状及病理变化，作过何种诊断和治疗，效果如何？

（13）免疫接种情况：按计划应接种的疫苗种类和时间，实际完成情况，是否有漏接；疫苗的来源、厂家、批号，有效期及外观质量如何；疫苗在转运和保存过程中是否有失误，疫苗的选择是否合适；疫苗稀释量、稀释液种类及稀释方法是否正确，稀释后在多长时间内用完；采用那种接种途径，是否有漏接错接，免疫效果如何，是否进行免疫监测，有什么原因可引起免疫失败等。

（14）药物使用情况：本场曾使用过何种药物，剂量和用药时间，是逐只喂药还是群体投药，经饮水、饲料或注射给药，用药效果如何，过去是否曾使用过类似的药物，过去使用该种药物时，禽群是否有不正常的反应。

（15）禽群饲养管理情况：是否有放牧，牧地是否放养过病的禽群，是否施放过农药等。

（16）禽场（群）情况：近期内是否还有什么其他与疾病有关的异常情况等。

二、一般检查

对禽病，尤其是重大疫病的诊断，最好都应到生产现场对禽群进行临床的检查。如仅从送检人员的介绍和对送检病死禽的检测作出诊断，有时可能会误诊，因为送检人员介绍病禽的症状和病变不一定准确和全面，而送检的病死禽不一定有代表性。对禽群的临床检查包括群体检查和个体检查。应在在安静状态下了解正常情况下禽群的表现。在动态情况下寻求个别特殊的禽只，检查外观、羽毛、可视黏膜（天然孔附近）、皮肤、关节、眼鼻、泄殖腔、呼吸音等。

（1）群体检查。

群体检查的目的主要在于掌握禽群的基本状况。在进入禽舍后，可以轻轻地敲击铁桶等物品发出突然的响声，此时如全群精神状况良好，则所有禽只会停止采食、饮水和走动，凝视片刻，而病禽则对声响毫无反应，闭目昏睡。这时看看无反应或反应迟钝的病鸡占多少比例，可以粗略了解疾病的严重程度。也可以拿一条小棍子，在禽舍内边走边慢慢驱赶禽只，健康的禽只在你靠近之前早已走得远远的，而病禽则走动笨拙或根本无反应。还可以在早晨添加饲料和饮水时观察禽群的状况，健康的禽群在添加饲料时都拥挤到食槽边争食饲料，而病禽对饲料毫无兴趣，呆立不动或啄食一下，停很久再啄一下。在了解禽群大体状况后，还要对禽群作进一步仔细的观察，看看是否有以下异常：

① 禽群的营养和发育状况：包括体质强弱、大小均匀度；鸡冠鲜红或紫蓝、苍白，冠上是否长有水泡，痘痂或冠癣；羽毛的颜色、光泽、丰满整洁程度，是否有局部或全身的脱毛或无毛，肛门附近羽毛是否有粪污等。

② 有无神经功能不正常的病禽：例如全身震颤，头颈扭曲，盲目前冲或后退，转圈运动，高度兴奋，不停走动，跛行，麻痹瘫痪，呆立昏睡，卧地不起等。

③ 眼鼻是否有分泌物：分泌物是浆液性、黏液性或脓性；是否有眼结膜水肿，上下眼睑粘连，脸面肿胀；有无咳嗽、异常呼吸音、口角有无黏液、血液或过多饲料粘着。

④ 食料量和饮水量：嗉囊是否异常饱胀；粪便呈圆条状或呈水样，粪便中是否有饲料颗粒，黏液和血液，粪便颜色，是否有异常恶臭味。

⑤ 禽群发病数，死亡数：死亡多在下午、夜间或全日均匀，从发病到死亡的时间为几小时或毫无前兆症状而突然死亡等。

（2）个体检查。

对有病禽群的个体进行检查有两种方式：一种是对一定数量的病禽逐只进行检查；另一种是随机拦截一小群逐只进行检查，分别记录检查结果，然后做统计，看看有某种症状病禽的总数和所占比例，这对疾病的初步诊断很有好处。个体检查包括以下几方面：

① 体温的检查：给家禽测定体温时，可测翼下温度或泄殖腔温度。测泄殖腔温度时将体温表插入泄殖腔内约 1/3，手持体温表测定，停留 3 min 以上再取出来观察结果。

② 皮肤的弹性、颜色：是否正常否，是否有紫蓝色或红色斑块，是否有脓肿、坏疽、气肿、水肿、斑疹、水疱。

③ 眼结膜：是否苍白、潮红或黄色，眼结膜下有无干酪样物，眼球是否正常；用手指压齐鼻孔，有无黏性或脓性分泌物；用手指触摸嗉囊内容物是否过分饱满坚实，是否有过多的水分或气体；翻开泄殖腔注意有无充血、出血、水肿、坏死，肛门是否被白色粪便所粘结。

④ 口腔：打开口腔，注意口腔黏膜的颜色，有无发疹、脓疱、假膜、溃疡、异物；口腔是否有过多的黏液，黏液上是否混有血液。一手打开口腔，另一只手用手指将喉头向上顶可见到喉头和气管，注意喉气管有无明显的充血、出血，喉头周围是否有干酪样物附着。

（3）一些常见症状提示可能发生的禽病。

在临床检查时，应不断地将已发现的症状与能出现这一症状的禽病联系起来，一种疾病的好几种症状都在病畜中出现时，就预示有可能发生这种疾病。在一般情况下，常会有几种病的主要症状都出现在被检查的禽群中，此时就有必要作进一步鉴别诊断。其中典型症状最相符的疾病就比较接近我们的诊断结果。

三、病理解剖学检查

由于家禽个体相对较小而且多为群养，有利于病理解剖学检验。为了诊断的准确性，病理解剖应有一定的数量，一般应解剖 5～10 只病死鸡，必要时也可选择一些处于不同病程的病鸡进行解剖，然后对病理变化进行统计、分析和比较。

（1）大体解剖。

肉眼诊断在临床上特别重要，往往可以发现诊断依据。

（2）显微或组织切片检查。

例如大肠杆菌病、禽出败可通过显微镜观察到较为特征性的细菌；脑脊髓炎大体看来很少病变，但通过组织切片检查可观察到脑传导细胞形成包涵体。

（3）体表检查。

在未剖开死鸡前先检查其外观，冠、肉髯和面部是否有痘斑或皮疹，口、鼻、眼有无分泌物或排泄物，泄殖腔是否有粪污或被白色粪便所阻塞，脚部皮肤是否粗糙，脚底是否有趾瘤等。继而将被检禽放在搪瓷盘上，此时应注意腹部皮下的颜色，维生素 E 和硒缺乏时皮下呈紫蓝色，死亡已久引起尸绿时腹部皮肤呈绿色，应注意区别。

（4）剖检顺序及观察内容。

① 先用消毒药水将羽毛浸湿，将腹壁连接两侧腿部的皮肤剪开。

② 用剪刀继续向前剪至胸部，另在泄殖孔腹侧作一横的切线，使与腹部两侧切线相连接，用手在泄殖孔腹侧切口处将皮肤拉起，用力向上向前拉，使胸腹部皮肤与肌肉完全分离。

③ 此时可检查皮下是否有出血、胸部肌肉的黏度、肌纤维颜色，是否有出血点或坏死斑点等。

④ 在泄殖腔腹侧将腹壁横向剪开，再沿肋软骨交接处向前剪，然后一只手压住鸡腿，另一只手握住龙骨后缘向上拉，使整个胸骨向前翻转，露出胸腔和腹腔。

⑤ 此时应先看气囊膜有无混浊、增厚或被覆渗出物等；其次注意胸、腹腔内的液体是否增多，体腔内的器官表面是否有冻胶样或干酪样渗出物等。

⑥ 剪开心包囊，注意心包囊是否混浊或有纤维素性渗出物粘附，心包液是否增多，心包囊与心外膜是否粘连等；随后顺次将心脏、肝摘出，将腺胃和肌胃、胰、脾及肠管一起摘出，再取出肺和肾脏，然后对上述器官逐一进行仔细的检查。

⑦ 用剪刀将下颌骨剪开并向下剪开食道和嗉囊，另将喉头、气管、气管叉和支气管剪开检查。

⑧ 最后剪开头皮，取出颅顶骨，小心取下大脑和小脑检查。

第四章 实验室检验

第一节 血液检验

一、血液标本的采集

血液标本分为全血、血浆和血清等。全血由血细胞和血浆组成，主要用于临床血液学检验，如血细胞计数、分类和形态学检查。血浆为全血除去血细胞的部分，用于血浆生理性和病理性化学成分的测定，适用于临床生化检验。血清是离体后的血液自然凝固后析出的液体部分，除纤维蛋白原等凝血因子在凝血时消耗外，其他成分与血浆基本相同，适用于多数临床化学和临床免疫学检查。

（一）采血方法

根据检验项目、采血量的多少以及动物的特点，可以选用末梢采血、静脉采血和心脏采血。

1. 末梢采血

适用于采血量少、血液不加抗凝剂而且直接在现场检验的项目。如涂血片，血红蛋白测定、血细胞计数等。马、牛可在耳尖部，猪、羊、兔等在耳背边缘小静脉，鸡则在冠或肉髯。

方法：先保定好动物，局部剪毛，用酒精消毒，充分干燥后，用消毒针头刺入约 0.5 cm 或刺破小静脉，让血液自然流出。擦去第一滴血（因其混有组织液影响计数），用吸管直接吸取第二滴血做检验，但在血液寄生虫检查时，第一滴血的检出率较高。穿刺后，如血流停止，应重新穿刺，不可用力挤压。鸡血比其他家畜血更易凝固，吸血时操作要快速敏捷。

2. 静脉采血

静脉采血适用于采血量较多或在现场不便检查的项目。如血沉测定、红细胞压积容量测定及全面的血常规检查等。除制备血清外，静脉血均应置于盛有抗凝剂的容器中，混匀后以备检查。

马、牛、羊的采血一般多在颈静脉。保定好动物后，先在穿刺部位（颈静脉沟上 1/3 与中 1/3 交界处）剪毛消毒，然后左手拇指压紧颈静脉近心端使之怒张，右手拇指和食指捏紧消毒、食指腹顶着针头，迅速、垂直地刺进皮肤并进入颈静脉，慢慢向外调整针的深度。待血流出时，用盛抗凝剂的容器沿容器壁导入血液，并轻轻晃动，以防血液凝固。奶牛还可在乳静脉采血。

猪可在耳静脉或断尾采血。如果小猪在耳静脉采血困难，必要时可在前腔静脉采血。使猪仰卧保定，把两前肢向后方拉直，同时将头向下压，使头颈伸展，充分暴露胸前窝。常规消毒后,手执注射器,针尖斜向对侧后内方与地面呈 60°,向右侧或左侧胸前窝刺入,边刺边回抽,进针 2~4 cm 深即可抽出血液。拔出注射器,除去针头,将血液慢慢注入抗凝剂容器中。

禽可在内侧的翅静脉采血。先拔去羽毛,消毒后用小针头刺入静脉,让血液自然流入加有抗凝剂的容器中即可。犬、猫及肉食兽可在四肢的静脉采血。如在隐静脉采血时,局部剪毛消毒,助手在跗关节的上部握住股部以固定后腿并使血管怒张,用注射器刺入即可抽出血液。

3. 心脏采血

禽和实验小动物需要血量较多时可用本法。如鸡的心脏采血,右侧卧保定,左胸部向上,用 10 mL 注射器接上 5 cm 长的 20 号针头,在胸骨脊前端与背部下凹处连线的中点,垂直或稍向前内方刺入 2~3 cm,可采得心血,成年鸡每次可抽 5~10 mL。兔的心脏采血,在固定板上仰卧保定,局部剪毛消毒,用左手后 4 个手指按紧兔的右侧胸壁,拇指感触兔左侧胸壁心脏搏动最强处,右手持注射器垂直刺入,边刺边回抽,如刺中右心室可得暗红色的静脉血,刺中左心室则抽出鲜红色的动脉血。成年兔每次可抽血 10~20 mL。

(二) 血样的抗凝及处理

1. 血样的抗凝

除需分离血清外,自静脉或心脏采出的血液均应加入抗凝剂,以防血样凝固。临床常用的抗凝剂除肝素(具有抗凝血酶的作用)外,多数是以脱钙原理而使血液不能凝固。常用的抗凝剂有下列几种:

(1) 双草酸盐合剂:草酸铵 1.2 g,草酸钾 0.8 g,蒸馏水 100 mL。取此液 0.5 mL(分装于小瓶中,在 60℃以下的烘箱中烘干),可使 5 mL 血液不凝固。由于草酸钾使红细胞皱缩,草酸铵则使红细胞膨胀,二者按比例混合,可使红细胞大小不致改变,适用于血液检验尤其是红细胞压积容量测定。但由于其具有一定毒性并可使血小板聚集,因此不宜作输血及血小板计数的抗凝剂。

(2) 乙二胺四乙酸二钠(简称 EDTA 二钠):常用 10%水溶液,按每 5 mL 血液加入 1~2 滴使用,也可以将其水溶液 2 滴置小瓶中,在 60℃以下烘干备用。此剂抗凝作用强,能保持血细胞的形态,可防止血小板聚集,最适于血液学尤其是血液有形成分的检验,但输血时不能用。

(3) 枸橼酸钠:配成 3.8%溶液,每 0.5 mL 可使 5 mL 血液不凝固,主要用于输血和血沉测定。不适用于血液化学检验。

(4) 肝素:配成 1%水溶液放冰箱内保存,用 0.1 mL 可抗凝 5 mL 血液,用此液湿润注射器筒,采血 5 mL 可不致凝固。此剂抗凝作用强,适用于血液有机和无机成分的分析,缺点是价格贵,抗凝时间短,其抗凝血作白细胞分类计数时,血细胞着色不佳。

2. 血样的处理

血涂片应先予以固定。如果要分离血浆,可把抗凝血以 2 000~3 000 r/min 离心 5~10 min,或在室温下静置沉淀,上层液体即为血浆。需要分离血清时,将装有凝固血样(未加抗凝剂)的试管放室温或 37℃水浴 0.5 h,用竹签将血凝块从管壁慢慢剥离并继续保温,促使血清析出,再经电动离心后,尽快把血清分离到另外的试管中,一般不要迟于血凝后 45 min,以减少细胞内、外成分的变动。血样最好立即进行检验，否则，必须密封后放入冰箱内保存。用抗凝血作有关化验项目的最长保存时限为白细胞计数 23 h，红细胞计数 24 h，红细胞压积容量测定是 24 h，血红蛋白测定是 23 d，血沉测定是 23 h，血小板计数约 1 h。

二、血常规检验

（一）红细胞沉降速度测定

血液加入抗凝剂后，吸入特制的测定管中，在一定时间内红细胞下沉的毫米数称为红细胞沉降速度（Erythrocyte Sedimentation Rate，ESR），简称血沉。

1. 原理

抗凝血中的红细胞沉降速度的快慢是一个复杂的物理化学和胶体化学过程，其原理至今仍未完全阐明。一般认为，与血中电荷的含量有关。红细胞与血浆白蛋白带负电荷，而血浆球蛋白、纤维蛋白原和胆固醇却带正电荷，在正常时保持着正、负电荷相对的稳定性，红细胞不易形成串钱状，其沉降速度在正常范围内。在疾病过程中，上述任何一方的数目或含量改变，直接影响正负电荷相对稳定性。假如正电荷增多，则负电荷相对减少，红细胞互相吸附，形成串钱状而血沉加快。反之，红细胞互相排斥，则血沉变慢。

2. 测定方法

测定血沉的方法很多，有六五型血沉管法、魏氏法、潘氏法、温氏法、微量法等。我国兽医临床上主要应用前两种方法。

（1）六五型血沉管法：适用于马、骡、驴血沉的测定。六五型血沉管内径为 0.9 cm，全长 1 720 cm，管壁有 100 个刻度，自上而下标有 0100，容量为 10 mL。另一侧自下而上标有 20125 刻度，用于换算血红蛋白含量。测定时，于血沉管内加入 10%EDTA 二钠 4 滴（或草酸钾粉末 0.02 ~ 0.04 g），由颈静脉采血，加入血沉管至刻度"0"处，用胶皮塞或拇指堵住管口，轻轻颠倒血沉管 8 ~ 10 次，使血液与抗凝剂充分混合后，在室温下垂直立于试管架上，经 15 min、30 min、45 min、60 min 各观察一次，分别记录血沉管上红细胞柱高度的刻度数值，即为各段时间的血沉值。

（2）魏（Westergren）氏法：魏氏血沉管全长 30 cm，内径 2.5 mm，管壁有 200 个刻度，每一刻度距离为 1 mm，自上而下标有 0 ~ 200，其容量为 1 mL，附有特制的血沉架。操作时，先取 3.8%枸橼酸钠溶液 1 mL，加入小试管内，然后静脉采血 4 mL，混匀。用魏氏管吸此抗凝血至"0"刻度处，然后在室温下将血沉管垂直放于血沉架上，其观察时间与上法相同。也可用 5 mL 注射器吸取灭菌的 3.8%枸橼酸钠溶液 1 mL，再采血 4 mL，混匀后，从魏氏管下部将抗凝血注至"0"刻度处，立于血沉架上，进行观察。

3. 注意事项

（1）血沉管必须垂直静立，否则会使血沉加快。但由于黄牛、奶牛、羊的血沉极为缓慢，为尽快测出结果，可将血沉架倾斜 60°放置。

(2) 温度高低能影响血沉速度。温度越高，血沉越快，反之，可使其减慢，故血沉测定以室温20℃左右为宜。冷藏的血液，应先把血温回升至室温后再做检查。

(3) 采血后应在3 h内测完，如放置时间延长，血沉减慢。魏氏法中血液与抗凝剂的比例为4∶1，应准确，如比例增加，血沉减慢，反之血沉则加快。

4. 正常参考值

各种方法测得的血沉值不同，故在报告测定结果时应注明所用方法。

5. 临床意义

血沉测定是一项非特异性的试验，仅能说明体内存在病理过程，并不能单独据此来确诊疾病。如前所述，影响血沉的因素，主要是红细胞数和血浆蛋白质的含量和组成，因此，其临床意义主要涉及以下方面：

(1) 血沉加快：常见于各种贫血及白血病时（由于红细胞数减少，血沉加快），目前仍把它作为普检马传染性贫血的重要指标之一，亦见于急性全身性感染、各种炎症、组织损伤及坏死时（由于血浆球蛋白或纤维蛋白原相对或绝对增高，均可使血沉加快）、恶性肿瘤（由于上述两方面的原因）。

(2) 血沉减慢：主要见于各种原因所致的脱水而血液浓缩时以及某些引起纤维蛋白原含量严重减低的肝脏疾患。

（二）血红蛋白含量测定

血红蛋白（Hemoglbin，简称Hb）含量测定是指测定血液中各种血红蛋白的总质量浓度，用g/L表示。测定的方法很多，最常用的是沙利（Sahli）氏目视比色法，虽然精确度有一定误差，但方法简便快速，目前仍被兽医临床广泛应用；

1. 原理

红细胞遇酸溶解，释出血红蛋白，并被酸化成褐色的酸性血红素，稀释后与标准色柱比色，即可测定每100 mL血液中血红蛋白的克数或百分数。

2. 器械和试剂

(1) 器械：沙利氏血红蛋白计一套（内有测定管一支，装有标准褐色玻璃比色板的比色座一个，刻有10 mm^{3}和20 mm^{3}容积的吸血管一支），在测定管上有两种刻度，从下往上，一侧有2~24的刻度，表示100 mL血液中所含血红蛋白克数，另一侧有20~160的刻度，表示100 mL血液中血红蛋白的百分数。国产的血红蛋白计是以每100 mL血液含14.5 g血红蛋白为100%为标准。

(2) 所需试剂：0.1 mol/L盐酸（亦可用1%盐酸代替）。取浓盐酸8.5 mL于1 000 mL容量瓶中，然后加蒸馏水至刻度。

3. 方法

于测定管内加入0.1 mol/L盐酸至刻度"2"处。用吸血管吸抗凝血（或耳尖血）至刻度

20 mm 处，擦净管外壁的血迹，将血液吹入测定管的盐酸液中，再吸取上清的盐酸液至刻度处反复洗涤数次，轻轻摇动测定管（或用玻棒搅拌），使血液与盐酸混合，静置 10 min。慢慢沿测定管壁逐滴加入蒸馏水（或 0.1 mol/L 盐酸），边加边混匀边观察，直至液体颜色与标准色柱一致时为止。读取测定管内液体凹面的刻度数，即为 100 mL 血液中血红蛋白的克数或百分数。

4. 注意事项

要注意保持血红蛋白计原套用具，不要随意掉换。抗凝血剂要摇匀，吸血要准。不要向测定管中用力吹吸，以防产生气泡，万一产生了气泡，可用小玻棒沾少量 95%酒精，然后接触气泡，即可消除。静置时间以 10 min 为准，否则结果可能偏高或偏低。为使结果更为准确，在读数后再加蒸馏水 1 滴，然后读数，如液体色泽变淡，以前一次的读数为准，如液体色泽不变淡，则以后一次的读数为准。

（三）红细胞压积容量测定

将一定量的抗凝血液注入特制的测定管中，用一定速度和时间离心沉淀，使红细胞压缩到最小容积，读取沉积红细胞占全血的百分比，这种测定方法称为红细胞压积容量（Paekcd Cell Volume，PCV）简称压容测定。红细胞压积容量是鉴别各种贫血不可缺少的一项指标。多用温氏法测定。

1. 原理

血液中加入可以保持红细胞体积大小不变的抗凝剂，混合均匀，用特制吸管取抗凝剂全血随即注入温氏测定管中，电动离心，使红细胞压缩到最小体积，然后读取红细胞在单位体积内所占的百分比。

2. 器械和抗凝剂

（1）器械：包括温氏（Wintrobe）压积测定管，为 ll cm 长、内径 2.5 mm、平底厚壁玻管。管壁上 100 mm 刻度。右侧刻度由上到下为 10～0，供压容测定用，左侧刻度由上到下为 0～10，供血沉测定用。长毛细滴管或长针头，其长度比温氏管稍长。要求水平电动离心机转速为 3 000～4 000 r/min。

（2）抗凝剂：一般用能保持红细胞大小形态不变的双草酸盐合剂或 10%EDTA 二钠溶液，置瓶内烘干备用。

3. 方法

（1）用长毛细滴管或长针头吸取已混匀的抗凝血，先插入温氏管底，然后边注入血边提起滴管（滴管口不要离开液面，以免产生气泡），直至血液到刻度 10 处。

（2）将温氏管置离心机内，以 3 000 r/min，对马血离心 30 min，对牛、羊、猪等血离心 60 min。

（3）离心后，管内血柱分 4 层，最上层为血浆，第二层灰白色为白细胞和血小板，第三层红黑色薄层为含还原血红蛋白的红细胞层，最下层为含氧合血红蛋白的红细胞层。读取红细胞层所达到的 mm 数,即为每 100 mL 血液中红细胞压积容量百分率(如离心机是倾斜式的,细胞沉淀为斜面。则以高、低面刻度读数之和除 2 来计算出压容)。

4. 临床意义

(1)压容增高:常见于各种原因所致的脱水造成红细胞相对性增多时。例如急性胃肠炎、肠阻塞、剧烈呕吐以及渗出性胸膜炎等。由于压容增高数值与脱水程度成正比,故临床上常根据其增高的程度,作为估计脱水程度,确定补液量和观察补液效果的指标。如马的压容达 40%为轻度脱水,40%~50%为中度脱水,50%以上为重度脱水。另外,压容每超出正常值最高限的一个小格(1 mm),在一日之内应补液约 800~1 000 mL,如果病畜仍在继续脱水或摄入水困难,还应酌情增补液体。压容增高亦见于红细胞绝对性增多。

(2)压容降低:见于各种原因引起的贫血。在某些类型的贫血,压容与红细胞数、血红蛋白含量降低的程度并不成一定比例。因此,根据这三项数值,可以计算出红细胞平均指数,作为贫血形态学分类的客观指标,有助于贫血的诊断和治疗。

(四)红细胞计数(RBC)

将血液适当稀释后,计算单位体积血液内所含红细胞数目,称为红细胞计数(Red blood cell count,简称 RBC count)。其计数方法有显微镜计数法、光电比浊法、电子计数仪计数法等,目前临床多采用在试管内稀释血液后的显微镜计数法。

1. 原理

用适当的稀释液将血液作 200 倍稀释,滴入特制的计数室后在显微镜下计数,经过换算即可求得每 mm^3 血液内的红细胞数。经稀释液作用虽仍保留白细胞,但对红细胞计数影响不大,因为一般情况下红细胞与白细胞之比约为 1 000∶1。

2. 器械和稀释液

(1)器械:血细胞计数板,常用的是改良纽巴氏计算板;血盖片,为血细胞计数专用玻片,厚度 0.4 mm,质地较硬;沙利氏吸血管,2 mL 刻度吸管,小试管、显微镜。

(2)稀释液:稀释液主要有 0.85%氯化钠溶液或赫姆(Hayem)氏液(由氯化钠 1.0 g,结晶硫酸钠 5.0 g,氯化汞 0~5 g,蒸馏水加至 200 mL,溶解后过滤备用)。

3. 方法

(1)试管稀释法

用 2 mL 刻度吸管吸取红细胞稀释液 2 mL 置于小试管中,擦去管外余血,轻轻吹入试管内稀释液底部,再吸上清液冲洗吸管 3 次,然后立即摇匀。把血盖片覆盖于计算室上,用小玻棒蘸取已混匀的红细胞悬液一滴,轻轻接触两者结合处,使悬液自然流入计算室内。静置 3 min 后即可计数。

在镜下计数时,先用低倍(10×)物镜找到计算室中央的大方格(红细胞计数区),然后转用高倍(40×)物镜,计数中央大方格内四角的 4 个和中央的一个中方格,共计 5 个中方格（80个小方格）内的全部红细胞数（或用对角线的方法数 5 个中方格）。为避免重复和遗漏，计数时要按一定的顺序进行。并且对压在方格左边和上边线上的红细胞均计在本格内，压在右边和下边线上的红细胞则不计在内，此即谓"数上不数下，数左不数右"的计数原则。

（2）吸管稀释法

用特制红细胞吸管吸血至 0.5 刻度处，再吸取稀释液至 101 刻度，即血液呈 200 倍稀释。然后按上述方法在计算室上充液、观察并换算。

（3）换算法

如缺乏显微镜等条件或大批普查时，对马的红细胞数可利用六五型血沉管来粗略换算。通常是以静置 1 h 的红细胞柱高的刻度数（不是血沉值）减 2 乘以系数 18.4 万，也可以静置 24 h 红细胞柱高的刻度数乘以 21.6 万，即得每立方毫米血液内的红细胞数。

4. 注意事项

血细胞计数都有一定的误差，其原因主要是仪器本身和技术操作上的缺陷，以及血细胞在计算室中分布的固有误差。为获得正确结果，应注意如下几方面的事项：

（1）所有器材应清洁、干燥、符合标准、无损坏。试剂、血液符合检验要求。

（2）吸血前混匀血液，吸稀释液和吸血要准，血柱中应无气泡、无血块，同时不要吸得过多。管外壁血迹要擦净。充液前混匀检液，检液中应无沉淀，充液要均匀，不多、不少、无气泡。充液后不再振动计算板。

（3）镜检计数要严格按顺序和原则进行（计数时误差一个细胞，计算时则要误差一万个细胞），至少要计数五个中方格内的红细胞数，并且各中方格之间的红细胞最高数与最低数之差不应超过 20 个。

（4）操作要快，最好重复检验 2~3 次，以验证准确性。

（5）白血病时，白细胞总数显著增高，同时红细胞总数又显著下降，则要将计数结果减去病畜每 mm^3 血液内的白细胞数才是红细胞数或直接在镜下鉴别并剔除白细胞。

（6）沙利氏吸血管每次用完后，先在清水中吸吹数次，然后在蒸馏水、酒精、乙醚中，按次序分别吸吹数次，干后备用。计算板用蒸馏水冲洗后，用绒布轻轻擦干，切不可用粗布擦拭，也不能用乙醚、酒精等有机溶剂冲洗。

5. 临床意义

红细胞数与血红蛋白含量的病理变化通常是平行一致的，表现为增多或减少，因而其临床意义基本相同。只是在某些类型贫血时，两者的减少程度可能不相一致，需要计算红细胞平均指数才能准确鉴别。

（1）红细胞数增多和血红蛋白含量增多。

临床上绝大多数为相对性增多，而绝对性增多较少见。

① 相对性增多：是由于机体脱水，造成血液浓缩的缘故。如剧烈腹泻、呕吐、大出汗、多尿、大面积烧伤、渗出液和漏出液大量形成、饮水不足等。

② 绝对性增多：由于各种生理或病理性因素（如缺氧）刺激骨髓使造血机能增强，导致

红细胞绝对数增多,见于高原地区的动物和严重的慢性心肺病以及真性红细胞增多症。

(2)红细胞数减少和血红蛋白含量减少。

主要是由于红细胞损失过多或生成不足两方面的原因,见于各种类型的贫血。这两项指标的改变是确定贫血程度以及观察疗效的主要依据,但要进一步确定贫血原因和类型,还应配合其他血液检查(如红细胞压积容量测定和血片染色观察等)和临床症状综合分析。贫血的分类通常有形态学分类和病因学分类两种方法,二者互相结合则有助于贫血的诊断和治疗。现按病因学分类法简述如下:

① 失血性贫血:由于红细胞损失过多所致,见于内脏破裂、手术和创伤、伴有胃肠或内脏器官出血的疾病(如雏鸡球虫病、夹竹桃中毒等)以及马血斑病、水牛过劳性血尿等。

② 溶血性贫血:主要是红细胞破坏过多所致。见于血原虫病(如梨形虫病、边虫病)、病原微生物感染(如钩端螺旋体病、牛羊的细菌性血红蛋白尿病、马传染性贫血)、溶血性毒物中毒(如蓖麻籽、铅、砷、蛇毒中毒等)、免疫溶血(如异型输血、新生幼畜溶血病)。

③ 营养不良性贫血:由于造血物质(如蛋白质、铁、铜、钴、B族维生素等)不足所致。见于仔猪缺铁性贫血、衰竭症、慢性消耗性疾病(如寄生虫病、结核病、慢性胃肠卡他等)。

④ 再生障碍性贫血:由于骨髓造血机能抑制所致,此时颗粒白细胞和血小板也同时减少。见于某些药物中毒(如磺胺类、氯霉素、重金属盐等)、物理因素作用(如X线辐射)以及生物性因素(如马传染性贫血病毒、蕨类植物毒等)的影响。

(五)白细胞计数(WBC)

计算每立方毫米血液内白细胞的总数,称为白细胞计数,简称 WBC。目前兽医临床仍以试管稀释后经显微镜计数的方法为主。

1. 原理

用稀酸溶液破坏红细胞,保留白细胞,再行计数。

2. 器械与稀释液

(1)器械:除白细胞吸管外,其他与红细胞计数相同。

(2)稀释液:1%~3%冰醋酸溶液,内加数滴结晶紫使呈淡紫色,以便与红细胞稀释液相区别,并可使白细胞核略为着色。

3. 方法

(1)试管稀释法:操作过程大体上与红细胞计数相同。在小试管内加入白细胞稀释液 0.4 mL(实际应为 0.38 mL)吸血 20 mm^3,立即吹入稀释液中,混匀。用小玻棒蘸取已混匀的检液一滴充填入计算室内,静置 3 min 后计数。

用低倍镜将计算室四角 4 个大方格内的全部白细胞按顺序计数,对压线细胞的取舍原则同红细胞计数。最后,可按下列公式计算:

$$W \times 50 = 白细胞数/立方毫米血液$$

式中,W 为四个大方格内的白细胞总数

（2）吸管稀释法：用特制白细胞吸管吸血至 0.5 刻度处，再吸取稀释液至 11 刻度，即血液稀释 20 倍。充液、计数及换算方法与试管稀释法相同。

4. 注意事项

为了取得准确结果，要严格按照红细胞计数的注意事项进行操作。并且每个大方格内白细胞的差数不应超过 8 个。初学者易把尘埃异物与白细胞混淆。须知白细胞在低倍镜下呈圆形，淡紫色，边缘清楚，其大小、形状、颜色、光泽较为规则、一致，而其他异物却无此特点。必要时可用高倍镜观察有无细胞结构，加以区别。如血液内含有大量有核红细胞时，因其不受稀酸破坏，容易混淆，易使计数的白细胞数增高，遇此情况，必须校正。

5. 临床意义

（1）白细胞增多：在大多数急性细菌性感染，尤其是金黄色溶血性葡萄球菌、链球菌、肺炎双球菌等感染时，白细胞数明显升高。当组织器官发生急性炎症，如肺炎、胃肠炎、子宫炎、乳房炎、创伤性心包炎等，特别是化脓性炎症，可引起白细胞明显增多。在严重的组织损伤，急性大出血，急性溶血；某些中毒（酸中毒、敌敌畏中毒、尿毒症等）以及注射异体蛋白（血清、疫苗等）后，白细胞数均可增多。白血病时，白细胞数持久性、进行性增多。

（2）白细胞减少：见于病毒性感染时，如猪瘟、流行性感冒、马传染性贫血等；伴有再生障碍性贫血的疾病；此外，在严重感染、高度衰竭以及内毒素性休克时，可见白细胞数减少。

（六）白细胞分类计数（DBC）

通过显微镜观察染色血片，计算血液中各类白细胞的百分率，称为白细胞分类计数（简称 DBC）。利用白细胞总数和各类白细胞的百分率，即可计算出每立方毫米血液中各类白细胞的绝对值。白细胞分类计数对疾病的诊断、预后及疗效观察具有重要意义。

1. 器械和染色液

（1）器械：载玻片（要求清洁、干燥、中性、无油脂）。因此使用前必须适当处理。如是新玻片，因常有游离碱质，可先用肥皂水洗刷，流水冲洗，然后浸泡于 1%～2%盐酸或醋酸溶液中，约 1 h 后再用流水冲洗，晾干后浸于 95%酒精内备用。如为旧玻片，则先放入加洗衣粉的水中煮沸 20 min，洗刷干净，再用流水反复冲洗，晾干后浸于 35%酒精内备用。使用时，用镊子取出载玻片擦干。切勿使手指与玻片表面接触，以保持玻片的清洁。

（2）染色盆、染色架、显微镜及镜油等。

（3）染色液：染料的基本成分可分成两种，酸性染料伊红（阴离子染料）和碱性染料亚甲蓝或其氧化物天青（阳离子染料）。

① 瑞氏（Wright）染液：瑞氏染料 1.0 g、甲醇（分析纯）600 mL。

② 姬姆萨氏（Giemsa）染液：姬氏染料 0.5 g、中性甘油 33.0 mL、甲醇（中性）33.0 mL。

③ 磷酸盐缓冲液（pH6.8）：磷酸二氢钾 5.47 g、磷酸氢二钠 3.8 g、蒸馏水加至 1 000 mL，混合溶解后即可应用。

2. 方法

（1）涂片

用左手的拇指与中指夹持一张载玻片，先以细玻棒取血一小滴（最好是未加抗凝剂的新鲜血）置载玻片的一端，然后右手持另一张边缘平滑的推片（最好此载玻片稍窄或磨去两角），倾斜 30°～45°角，由血滴的前方向后接触血滴，待血液扩散成线状后，立即以均等的速度轻而平稳地向前推进，直至血液推尽为止。涂片时，血滴越大，角度越大，推片速度越快，则血膜越厚，反之则血膜越薄。白细胞分类计数的血片宜稍厚，进行红细胞形态及血原虫检查的血片宜稍薄。

一张良好的血片，要求厚薄适宜，血液分布均匀，边缘整齐，能明显分出头、体、尾三部分，两侧留有空隙（以写明畜别、编号、日期）。血膜分布不匀，主要是由于推片不齐、用力不匀、玻片不洁所致。推好的血片可在空气中挥动，使其迅速干燥，以防细胞皱缩变形，并尽快固定染色。

（2）染色

染色方法有以下几种：

① 瑞氏染色法：用蜡笔在血膜两端画线，以防染液外溢。将血片平置于染色架上，滴加瑞氏染液，并计其滴数，以盖满血膜为度。约 1 min 后，再滴加等量的磷酸盐缓冲液，轻摇玻片或吹气，使之混匀。约 5～10 min 后，用蒸馏水直接冲洗（切勿先倾去染液再冲洗，否则沉淀物附于血膜上而不易除去），干燥后可供镜检。

② 姬姆萨氏染色法：将血片用甲醇数滴固定 3～5 min 后，再直立于盛有姬氏应用液的染色缸中，经染色 30～60 min，取出血片，用蒸馏水冲洗，干燥后即可镜检。

③ 瑞-姬氏复合染色法：姬氏染色对细胞核及血原虫效果较好，对胞浆及颗粒的染色则不如瑞氏染色法。采用复合染色，如掌握得法，可兼取二者的长处。用瑞氏染液染色 1～2 min，再用姬氏应用液复染 8～10 min 即可。

（3）分类计数

先用低倍镜全面观察血片上细胞分布情况及染色质量，然后选择染色良好、细胞分布均匀的部分，用油镜进行分类。由于比重大的细胞（粒细胞，单核细胞等）多分布在血片的边缘和尾部，比重小的细胞（如小淋巴细胞等）则多分布在血片的头部和中间。为减少这种细胞分布的固有误差并避免重复计数，血片必须按一定方向曲折移动而分类计数，并且分类计数的白细胞总数至少要达 100 个（如果计数 200～300 个白细胞，当然其百分率更为准确）。记录时，可用白细胞分类计数器，或设计一个表格，用画"正"字的方法加以记录。报告时，一般按百分率，必要时按绝对值。

3. 临床意义

白细胞总数的变化，能反映机体防御机能的一般状态，因而具有一般的诊断意义；而白细胞分类计数则能进一步反映机体防御机能的特殊状态，在诊断上具有深刻的意义。所以在分析临床意义时，必须把二者结合起来，全面考虑。某种白细胞的绝对值及其百分比均增加，称为某种白细胞的绝对性增多。如果其绝对值正常，而百分比增加是由于另一类白细胞的百分比减少所致，则称为某种白细胞的相对性增多。在分析病情时必须注意这一点。

（1）嗜中性白细胞：属非特异性免疫细胞，是急性炎症初期的主要细胞成分。临床上，白细胞总数增高和降低常常与嗜中性白细胞增减直接相关。嗜中性白细胞增多与白细胞总数增多的诊断意义基本一致（除去某些类型的白血病之外）。嗜中性白细胞减少与白细胞总数减少的诊断意义基本一致。在病理条件下，嗜中性白细胞还表现出核形的改变。核形标志着白细胞的成熟情况，如外周血液中未成熟的嗜中性白细胞增多，即杆状核、幼年核细胞甚至髓细胞的比例升高，称为核左移。如血液内分叶核细胞比例升高，而且核的分叶数也增多（多为4~5叶及以上），则称为核右移。

核左移反映了感染的程度和机体的反应能力，核左移同时伴有白细胞总数升高，称为再生性左移，表示骨髓造血机能加强，机体处于积极防御状态；核左移显著而白细胞总数并不升高甚至减少，称为退行性左移，表示感染极为严重，骨髓造血机能衰竭，机体抗病力降低，是预后不良的指征。但牛对细菌感染的反应较弱，因而在感染初期往往白细胞总数无明显升高，主要表现在核左移及嗜中性白细胞的中毒性变化方面，这一点值得注意。核右移乃骨髓造血机能衰退的标志，多由于机体高度衰竭而引起，对此预后宜慎重。

在分类计数时，尚要注意嗜中性白细胞的形态有无异常。例如，成熟的嗜中性白细胞的胞浆成为嗜碱性而变成灰蓝色，或胞浆内有大小不等的点状、梨状、云雾状的嗜碱性物质（蓝色）；胞浆中出现不着色的空泡或蓝黑色、大小不等、分布不均的颗粒。这些中毒性变化与感染的程度密切相关，感染越严重，则变化越明显。

（2）嗜酸性粒细胞：一般认为与过敏反应有密切关系。嗜酸性粒细胞增多见于过敏性疾病（如荨麻疹，注射异种蛋白等）、寄生虫病（如肝片吸虫病、球虫病、旋毛虫病等）、皮肤病（如湿疹）、应激反应的抗休克期及感染性疾病的恢复期。嗜酸性粒细胞减少见于感染性疾病或严重热性病的初期乃至极期、骨髓机能高度受害、应用皮质类固醇药物及应激反应的休克期。嗜酸性粒细胞长时间消失，表明预后不良，但消失后又重新出现，则表示病情好转。

（3）淋巴细胞：属特异性的免疫细胞，参与体液免疫和细胞免疫。淋巴细胞增多主要见于慢性传染病（如结核病、鼻疽、布氏杆菌病等）、淋巴性白血病、急性感染性疾病和急性中毒的恢复期以及嗜中性白细胞减少时的相对性淋巴细胞增多症。淋巴细胞减少主要见于放射线照射、内源性皮质类固醇释放（如感染，肿瘤，肝、肾、胰等机能衰竭）、休克和创伤以及淋巴细胞相对减少。

（4）单核细胞：对病原体（尤其是一些能形成肉芽肿性炎症反应的病原体）、组织坏死碎片和死亡的细胞等大分子颗粒有较强的吞噬能力，往往是炎区后期的主要细胞成分。同时参与特异性免疫过程。单核细胞增多主要见于慢性感染（如霉菌、原虫、结核杆菌、布氏杆菌等）及慢性病理过程（如化脓、坏死、营养障碍，内出血等），也可见于李氏杆菌病、禽传染性滑膜炎。单核细胞减少主要见于高度嗜中性白细胞增多症（如败血症时）及严重贫血。一般认为其长时间消失则预后不良。

（5）嗜碱性粒细胞：在一些慢性变态反应性疾病、高脂血症、伴有IgE长期刺激的疾病（如犬慢性恶丝虫病）、白血病的一个时期会出现嗜碱性粒细胞增多。

（七）红细胞形态观察

健康家畜的红细胞呈双凹盘状、圆形、无核，家禽的红细胞则呈椭圆形，有核。瑞氏染色后呈橘红色，中央稍淡。在病理情况下，红细胞形态改变表现在以下几个方面：

（1）红细胞大小改变。红细胞直径相差悬殊（大小相差一倍以上），称为红细胞大小不均症，见于贫血（尤其是营养不良性贫血）而骨髓造血机能增强时。大红细胞增多、中央淡染区消失是由于缺乏钴、叶酸、维生素 B_{12} 等红细胞成熟因子。小红细胞增多且中央淡染区扩大，见于缺铁性贫血。

（2）红细胞形状改变。即红细胞呈梨形、镰形、星形、半月形等不规则的形态，见于重度贫血而骨髓造血机能异常时。红细胞直径缩小、厚度增加成为球形，且染色较深，称球形红细胞，见于自身免疫溶血性贫血。红细胞扁而薄，其边缘部分或中心部位有血红蛋白着色，二者之间有一色素地带，形似射击之靶，称靶形红细胞，多见于各种低色素性贫血。

（3）红细胞改变。低色素性或淡染性红细胞，表现为中央淡染区扩大，是由于血红蛋白量明显减少，多与小红细胞同时出现，见于缺铁性贫血。高色素性或浓染性红细胞，指中央淡染区消失。整个红细胞浓染，是由于其胞体大、直径增厚所致，多与大红细胞同时出现。见于缺乏叶酸、维生素 B_2 等物质时。

（4）红细胞中的异常结构。如发现含有蓝黑色、大小不一颗粒的红细胞，是由于红细胞在成熟过程中受毒物的影响所致，见于重金属盐类中毒（尤其是铅中毒）。在红细胞内出现紫红色点状小体，可能是核萎缩形成的残余物，见于重度贫血或脾切除后。在红细胞内发现染成紫红色、呈细线圈状或"8"字形，可能是核膜的残余，见于铅中毒或溶血性贫血时。如发现海恩兹氏小体（必须用新配制的亚甲蓝液进行活体染色才易发现。即血片自然干燥后，直接用0.5%亚甲蓝生理盐水染色，盖上盖玻片，立即检查）。在显微镜下，成熟红细胞染色模糊，而此种小体则为蓝黑色小点，在一个红细胞内存在一个或多个，通常位于边缘，也有从边缘向外凸出的，有折光性。此种小体是变性珠蛋白的沉淀物，见于硒缺乏病，牛羊的甘蓝中毒和洋葱中毒、慢性铜中毒及马的硫化二苯胺中毒等。

第二节 尿液检验

动物泌尿器官本身或有些其他器官的疾病都可引起尿液成分和性状的变化，因此，尿液检验在临床诊断、治疗和预后判断上都具有重要意义。尿液检验主要包括尿液物理性质、化学性质和尿沉渣检验。

一、尿液的采集与分析

正确地收集尿液和分析尿液，可以提供许多关于泌尿系统的有价值信息或可以反映一些系统性的紊乱。

（一）采尿原则

尿液可以在排尿、压迫膀胱、导尿或膀胱穿刺后采到。通常最好在早上采尿样，因为这是一天中尿样浓度最高的时候。尿样在送往实验室时，要用干净的且没有化学污染的容器。采集到的尿样应该尽快分析，如果不能在 30 min 内分析时，应冷藏保存或加入防腐剂保存。

（二）采尿方法

1. 自然排尿

用自然排尿采尿时，中段尿液是最好的，因为开始的尿流会机械性地把尿道口和阴道或阴茎和包皮中的污物冲洗出来。从笼子或地上采到的尿样较差，但如果考虑了污染因素，还是十分有效的。但是污染物与细胞、蛋白或细菌有关时，必须用另一种采尿方法来证明尿样的异常。自然排尿是评价血尿时选择的采尿方法，因为其他的方法会在采尿时导致出血而增加红细胞的量。

2. 压迫膀胱采尿

原则上不建议采用压迫膀胱采尿。如果泌尿系统存在外伤，压迫膀胱时会使尿液样品中的红细胞和蛋白质增加。如果动物发生尿道阻塞、膀胱最近有大的外伤或做过膀胱切开术，不能用压迫膀胱来采尿。过大的压力会使膀胱破裂，而膀胱自身有病时则更容易破裂。强行压迫膀胱采尿会引起尿液从膀胱逆流回输尿管，增加其受感染的危险。在评价用该方法采得的尿液时，必须考虑尿道口、阴道或阴茎和包皮的污染情况。

3. 导尿管导尿

尽量避免用导尿来采集常规的尿样。如果使用该方法采尿，导尿应该尽可能在无菌的条件下进行。雌性的尿道口可以直接看到，导尿可借助阴道反射镜、耳镜或人的肛镜进行操作。导尿的优点是可以避免阴道、阴茎包皮和会阴大部分污染物的污染，但不干净的尿道口会污染尿液。在导尿时把细菌带入膀胱，可能造成健康犬猫的下泌尿道发生感染。在那些原先存在尿道感染的病例中，医源性细菌感染的危险更大。送导尿管时用力过大可能导致患病的尿道或膀胱破裂。操作错误也可导致正常的尿道和膀胱破裂。导尿时，存在的伤口会使样品中的红细胞、蛋白质和上皮细胞增加。

4. 膀胱穿刺

膀胱穿刺可以避免尿道口、阴道、阴茎包皮和会阴污染物的污染。最近进行过膀胱切开术和严重的膀胱外伤，不能用该方法进行常规的尿样采集。膀胱穿刺可以使尿样中的非尿道污染减少到最小。它主要的缺点是针孔造成的外伤可能引起医源性的血尿和膀胱穿刺部位尿液进入腹腔。

二、尿液物理性质的检验

尿液物理性质检验包括尿的颜色、透明度、气味、尿量和尿密度 5 项。

（一）颜色

正常动物的尿色为淡黄色、黄色到深黄色，颜色的变化与尿量及尿液所含尿色素和尿胆素的多少有关。尿液的异常颜色主要有以下几种：

（1）无色或淡黄：一般为比重低的稀薄尿液，见于动物大量饮水、肾病末期、尿崩症、肾上腺皮质功能亢进、子宫积脓、过量饮水和一些伴有糖尿的疾病。

（2）暗黄色或褐黄色：一般为比重高的浓缩尿液，见于饮水减少或脱水、急性肾炎、热性疾病、胆红素尿（带黄色泡沫）和尿胆素原尿。

（3）红色、葡萄酒色或褐色：常见于血尿、血红蛋白尿、肌红蛋白尿、卟啉尿或药物尿。血尿一般为红色云雾状，离心后上清液清亮，沉渣为红细胞。排尿开始即排红色尿，多为尿道下部或生殖道出血；排尿结束前排红色尿多为膀胱出血。血红蛋白尿和肌红蛋白尿为半透明的红褐色，离心后无红细胞沉淀，长期储存可变成褐色或褐黑色。卟啉尿为红色、粉红褐色到红褐色，服用大黄、芦荟、刚果红、硫化二苯胺等，尿液变为红色。

（4）绿色尿：见于用亚甲蓝防腐的尿、胆绿色素尿和吖啶黄素尿。

（5）乳白色尿：见于尿中含有乳糜、脓细胞、大量磷酸盐和尿酸盐时。

（二）透明度

健康动物新鲜尿液是清亮的，放置时间稍长有结晶盐形成沉淀而变得浑浊。但正常马属动物的新鲜尿液中，因含有大量碳酸钙结晶和黏液，故浑浊不透明。对有些犬猫而言，云雾状尿液可能是正常的。

临床意义：马属动物的新鲜尿液变得清亮，见于精料过多、过劳、纤维性骨营养不良等。马属动物患纤维性骨营养不良时，持续口服南京石粉，则尿呈白色浑浊。马属动物以外的所有动物，新鲜尿液变得浑浊，是由于尿中含有矿物质结晶、细胞、血液、黏液、细菌、管型和精子等，见于肾脏和尿道疾病。有时也不一定是病理性浑浊，可用显微镜检验尿沉渣而予以鉴别。

对于犬猫，尿液云雾状或模糊的外观异常可见于有过多的红细胞、白细胞、上皮细胞、细菌或真菌、精子、前列腺液、黏液、结晶。尿液絮状的外观异常见于白细胞聚集、上皮细胞聚集、小结石或沙粒等。

（三）气味

各种动物的新鲜尿液，因含有不同的挥发性有机盐，而具有各自特殊的气味。尿液放置时间长了，由于细菌脲酶作用而使尿素分解生成氨，具有刺鼻的氨味。

临床意义：在病理情况下，如膀胱炎或尿道阻塞，当膀胱潴留时，尿液可具有刺鼻氨味；当膀胱和尿道有化脓性炎症、溃疡或坏死时，尿液可有蛋白质腐败的尸臭味；酮尿病、糖尿病时，尿液有酮体臭味。

（四）尿量

各种动物每昼夜的排尿量变化很大，影响尿量的因素包括动物品种、体重、年龄、食物中含水量和含盐量、饮水量、运动量、发汗及大肠水分吸收情况、外界环境温度等。

检验方法：最好的检验动物尿量方法是使用代谢笼，搜集24 h尿量。牛尿比重小于1.015，尿肌酐小于50 mg/dL时，则为多尿和尿量增多。

临床意义：病理性多尿和尿量增多，见于急性肾病的利尿期、慢性弥漫性肾病、慢性弥漫性肾炎、糖尿病、肝脏衰竭、肾上腺皮质功能亢进、高钙血症（通过皮质激素抑制抗利尿素分泌）、猫甲状旁腺机能亢进、尿崩症、原发性肾性糖尿、精神性烦渴、慢性弥漫性肾盂肾炎、子宫积脓、水肿液吸收等。病理性少尿和尿量减少，见于急性肾病、脱水、休克、慢性肾炎末期和尿道阻塞等。

（五）尿密度

尿密度为单位容积尿液中含固体物质的多少。健康动物每天排出固体物质比较恒定，因此，尿量对密度影响较大，一般是尿量大时其密度小，尿量小时其密度大。

1. 检验方法

尿密度检验有检验其渗透压和比重两种方法。尿渗透压检验和血浆渗透压检验一样，都用渗透压计；尿比重检验用尿比重计或临床折射仪。用测定人尿比重的试纸测定动物的尿液是不准确的，因为动物如犬猫尿液比重范围比人大得多。大多数的折射计都符合人的1.035的比重标准，如果要测超出这个范围的比重，就在尿中加等量的蒸馏水稀释再测定比重。然后把小数点后的数字乘以2，就是真实的比重。如果使用一个专门设计用于犬、猫和马的兽用折射计，就不再用蒸馏水稀释，因为它的范围之大足以适于这些动物。

正常动物的尿比重为1.001～1.065，猫可高达1.08。比重大于1.025（犬大于1.030，猫大于1.035），就表明肾脏浓缩能力正常。具有正常浓缩尿液能力的动物，排出的尿液比重比肾小球滤液（等渗尿）比重（1.008～1.012）高。动物机体脱水超过体重3%时，就会引起抗利尿激素（ADH）的释放，使尿液变浓缩。

尿比重持续低于1.012时，表示存在有弥漫性肾病、尿崩症或肾脏对ADH不能产生反应。尿比重持续低于1.008时表示有三分之二以上的肾单位丧失尿浓缩作用。新生动物（除犊牛外）肾脏都缺乏足够的尿液浓缩能力。

正常犬、猫和人的尿比重分别为1.001～1.065、1.001～1.080和1.001～1.035，但通常大多分别为1.015～1.045、1.035～1.060和1.015～1.025，而其尿渗透压（mosm/L），分别为50～2 500、50～3 000和50～1 500。母牛尿渗透压为860～1 920。

尿比重受尿液中溶液粒子数量、分子量和溶质分子大小的影响。1g/dL葡萄糖可使比重上升大约0.004。1 g/dL蛋白质可使比重上升大约0.003。

尿密度检验时，采用渗透压值要比采用尿比重值更准确。大约尿渗透压值（mosm）=40×尿比重的末二位数。

2. 临床意义

病理性尿比重降低的原因与病理性尿量增多的原因基本相同，但原发性肾性糖尿和糖尿病时，尿量增多，尿比重也升高。在慢性弥漫性肾脏疾病时，尿比重可稳定在等渗尿比重

（1.008～1.012）比重。病理性尿比重增高的原因与病理性尿量减少的原因也基本相同，但急性弥漫性肾炎时，尿量减少，尿比重也降低。

三、尿液化学性质的检验

不像血液生化一样，尿液生化很少进行精确的测定，这是因为关于正常尿液成分的重要信息是肾的排出率，而不是尿液中的浓度，因为浓度取决于同时排出的尿量多少。实际上，真正有效的方法是测定 24 h 的排泄总量。要采集 24 h 的尿液，这在人不难，但在动物不实用，所以很少用于临床。一种折中的方法是用现场采集的尿液中所测定物质与肌酐的比率来表示其浓度，肌酐在尿液中的排泄量是较稳定的。由于上述种种原因，临床尿液分析通常是对尿液中出现的物质进行定性分析。正常情况下，这些物质是不存在的，精确的测定尿液浓度是没必要的。

尿液化学性质检验包括尿液酸碱反应、尿蛋白质、尿糖、尿酮体、尿潜血（红蛋白和肌红蛋白）、尿胆红素、尿胆素原和尿亚硝酸盐的检验八项。

（一）尿液的酸碱反应

1. 检验方法

酸碱反应可用试带法（三联或五联试带或 pH 试纸等）或指示剂法。

2. 注意事项

被检尿液一定要新鲜，因为放置时间过长，可导致尿中 CO_2 丢失和细菌分解尿素而释放出氨，使尿液变碱性。尿液 pH 的变化，将影响到尿液中结晶形成的类型。

3. 临床意义

尿液酸碱变化的临床意义主要表现在以下几方面：
（1）酸性尿液。
生理性酸性尿液主要见于食肉动物、吃奶仔畜、过量饲喂蛋白质和饥饿等。病理性酸性尿液主要见于各种热性病、酸中毒（糖尿病、尿毒症等）。内服酸性盐类药物，如酸性磷酸盐、氯化铵、氯化钠，可以造成人为的酸性尿液。
（2）碱性尿液。
生理性碱性尿液见于食草动物。病理性碱性尿液见于膀胱炎和膀胱尿液潴留（细菌分解尿素成氨）、碱中毒等。用碱性盐类药物（如碳酸氢钠、枸橼酸钠、乳酸钠等），可以造成人为的碱性尿液。

（二）尿中蛋白质的检验

1. 检验方法

检验尿液中蛋白质可用半定量或定量试带法、酸沉淀法或定量双缩脲比色法。

半定量试带法是用检验试带和已知标准彩图进行肉眼对比，从而获得大概的含量；半定量试带法可检出 1⁺到 4⁺，它们分别为 30、100、300、1 000 mg/dL 蛋白质。

定量试带法是把检验试带插入自动尿分析仪中，可自动打印出所检样品的含量。

正常尿液中所含的少量蛋白（2~8 mg/dL）无法检验出来。在强碱性尿液时，用试带法检验可出现假阳性反应，用加酸沉淀法检验，能消除假阳性反应。使用定量双缩脲比色法，能检出动物 24 h 尿样品中的蛋白质。

2. 临床意义

尿液中蛋白质含量增多有生理性增多和病理性增多两种。

（1）生理性增多。

生理性增多常为暂时性的和较轻的，由肾血管收缩引起，见于过度肌肉活动、食入过量蛋白质、母畜发情、妊娠、情绪激动、初生仔畜（生后 40 h）等。

（2）病理性增多。

病理性增多分为肾前性尿蛋白增多、肾性尿蛋白增多和肾后性尿蛋白增多 3 种情况。

① 肾前性尿蛋白增多：由非肾性疾病引起，见于热性病、心脏病、中枢神经系统疾病、休克、新生物等。血液中的高浓度低分子量的蛋白，都能通过肾小球而引起蛋白尿。尿中蛋白在尿加热到 45~60℃时便沉淀析出，再继续加热时，又溶解在尿中，临床上见于多发性骨髓瘤、巨球蛋白血症、白血病、原发性全身性淀粉样变性。

② 肾性尿蛋白增多：是由肾小球通透性增强、肾小管再吸收能力降低和肾源性出血等引起。但尿蛋白的多少，并不能完全反映肾脏疾病的原因和疾病的严重程度。严重的蛋白尿是指每天从尿中排出多于 4 g 蛋白，见于肾病综合征、严重肾小球肾炎、肾硬化、肾淀粉样变性、全身性红斑狼疮、肾静脉栓塞以及一些药物和化学物质（如酚、磺胺、砷、铅、汞等）对肾脏的严重损伤。中度的蛋白尿是指每天从尿中排出 0.5~4 g 蛋白，见于慢性肾小球肾炎、糖尿病性肾病、多发性骨髓瘤、中毒性肾病、炎症、恶性肿瘤等。轻度的蛋白尿是指每天从尿中排出少于 0.5 g 蛋白，见于慢性肾小球肾炎、多囊肾病、肾小管病、急性肾小球肾炎痊愈期、肾小球肾炎的潜伏期或不活动期。

③ 肾后性尿蛋白增多：肾后泌尿和生殖器官的出血和渗出物加入到尿液中引起，见于输尿管炎、膀胱炎、尿道炎、尿石症、生殖道肿瘤、前列腺炎、阴道炎、包皮分泌等。

（三）尿中糖的检验

1. 检验方法

检验尿中葡萄糖常用试带法、班氏定性法（还原法）等。试带法是试带内含有葡萄糖氧化酶，目前基本上有两种类型，一种是只对葡萄糖敏感，可检出尿含 100 mg/dL 浓度的葡萄糖；另一种可检验尿中任何糖类，但尿中糖含量必须达 250 mg/dL 才能检出。正常动物尿中只含微量糖，一般不能检出。尿糖增多主要是指尿中葡萄糖，也可出现乳糖、半乳糖、果糖和戊糖等其他糖类物质增多。检测冷冻的尿液样品会导致假阴性的结果，在检测前必须把它们加热到室温。

2. 临床意义

尿糖增多有生理性和病理性两种。

（1）生理性增多。

生理性增多多见于动物高度兴奋和食入过量葡萄糖或果糖，以及食入大量富含碳水化合物饲料时。在这些情况下，尿中可出现葡萄糖。猫在剧烈应激之后，可能会产生暂时性的高糖血症和糖尿。

（2）病理性增多。

病理性增多见于高糖血症，当动物的血糖达到 180 mg/dL（9.992 mmol/L）或更高时（牛的阈值为 100 mg/dL，即 5.551 mmol/L），由于超过肾小管的重吸收能力，便引起糖尿。发生高糖血症的疾病有糖尿病、肾上腺皮质功能亢进、高血糖素病、垂体机能亢进、牛生产瘫痪、牛神经性疾病、甲状腺功能亢进、胰腺炎、羊肠毒血症、运输搐搦等。发生血糖水平正常的糖尿，见于原发性肾小管重吸收不良。至于其他类型的肾病，很少发生糖尿。静脉注射含糖的液体可能会产生高糖血症和糖尿。

（四）尿中酮体的检验

酮体主要包括乙酰乙酸、β-羟丁酸和丙酮。正常情况下，动物体内脂肪代谢后，最终生成 CO_2 和水，所以正常动物血液中酮体仅有 1.5~2 mg，尿中几乎不存在。但在缺乏碳水化合物的情况下，糖的分解代谢降低，草酰乙酸的产生减少，使体内酮体增高，并从尿中排出形成酮尿。

1. 检验方法

实验室检验尿中酮体，原则上只检验酮体中的一种，如果同时检验尿中三种酮体，一是麻烦，二是不敏感和不准确。常用检验尿中酮体方法有试带法、片剂法、硝普钠法和哈特氏法。

试带法是用饱和硝基氢氰酸钠缓冲液制成试带，它只与新鲜尿中乙酰乙酸起反应。试带法可检出尿中乙酰乙酸含量为微量（5 mg/dL）、少量（10 mg/dL）、中量（40 mg/dL）、大量（80~160 mg/dL）五个级别。

片剂法能检尿、血清、血浆和全血中的丙酮和乙酰乙酸，检验操作必须按说明进行，不然容易发生错误。

硝普钠法主要检验尿中丙酮。

哈特氏法只能检验尿中 β-羟丁酸。

2. 临床意义

尿中检出酮体，见于妊娠后期和泌乳高峰期的母牛，还见于酮病、母羊妊娠毒血症、仔猪低糖血症、糖尿病、任何引起动物不吃食的原因或疾病、肝脏机能损伤、酸中毒、使用过量雌激素及饲喂高脂肪低糖性食物等。

正常时，血浆中的酮是很低的，但当动物患酮病时，酮体容易在尿中出现，实际上，它在尿中的浓度比血中更高。因此，尿检是检测酮病的最容易的方法之一。

（五）尿潜血、血红蛋白和肌红蛋白

正常动物尿中不含红细胞、血红蛋白和肌红蛋白。尿液中不能用肉眼直接观察出来的红细胞或血红蛋白叫做潜血；尿中混有一定量红细胞，称为血尿；含有一定量血红蛋白时，称为血红蛋白尿；含有一定量的肌红蛋白时，称为肌红蛋白尿。

1. 检验方法

检验尿中潜血、血红蛋白和肌红蛋白常用方法有试带法、片剂法和邻联甲苯胺法。红细胞、血红蛋白和肌红蛋白能使过氧化物分解释放出氧原子，使色原变色。

试带法是把试带插入尿中，取出后 40 s，观察颜色变化，从而确定尿中血红蛋白含量。尿中血红蛋白含量能检出的级别有非溶血性微量、溶血性微量、少量（+）、中等量（++）和大量（+++）。试带法一般检验能力为 0.015~0.060 mg/dL 游离血红蛋白，或每微升尿中含 5~20 个完整红细胞。尿中含有大量维生素 C 时，可抑制或延缓其阳性反应。非溶血性微量是指尿中含有完整红细胞超过 5 个/μL，在试带上出现蓝色斑点。

2. 临床意义

潜血、血红蛋白和肌红蛋白实验室检验阳性的临床意义如下：

（1）血尿：离心后尿液不见红染，尿沉渣镜检有红细胞，称为血尿。临床上见于肾脏疾病（急性肾炎、肾病、肾脓肿、肾肿瘤、肾梗死、肾结石、肾盂肾炎）、输尿管炎、膀胱炎和结石、尿道炎和外伤、前列腺炎、寄生虫病（肾虫病、犬恶丝虫病）和中毒（铜，苯和汞中毒）等。

（2）血红蛋白尿：由血管或尿中大量红细胞溶解所产生。尿液离心后仍显红色，尿沉渣镜检看不到红细胞。临床上见于产后血红蛋白尿症、细菌性血红蛋白尿、焦虫病，新生幼畜溶血病、血型不符的输血、自身免疫溶血性贫血、犊牛饥渴后饮入大量冷水，感光过敏及某些中毒病（磺胺、铜、汞、蕨、洋葱中毒等）。

（3）肌红蛋白尿：由肌细胞溶解所产生，尿呈棕色或黑色，无贫血症状，见于马肌红蛋白尿病、动物蛇毒中毒、幼畜白肌病等。

（六）尿中胆红素的测定

大多数健康动物尿中无胆红素。犬因肾阈值低，大约 60% 的正常犬尿中含有可检测出的胆红素。在血清胆红素升高之前就可以检出胆红素尿。在正常的猫尿中没有胆红素。

1. 检验方法

检验尿胆红素有试带法、片剂法和哈里逊氏点法等。

试带法是试带上的二氯苯胺重氮盐与胆红素生成棕色到紫色偶氮化合物，其级别为少量（+或 0.3 mg/dL）、中量（++或 0.5 mg/dL）和大量（+++或 1.0 mg/dL）。

片剂法更灵敏，可检出尿胆红素 0.05~0.1 mg/dL。

2. 注意事项

检验尿胆红素试剂只与直接胆红素反应，不与间接胆红素反应，因此检验一定要用不离心的新鲜尿液，否则胆红素可能已被氧化成胆绿素或水解成间接胆红素而无法检测。

3. 临床意义

尿胆红素检验阳性，可以分为肝前性、肝性和肝后性的三种。肝前性的临床上见于溶血性疾病（焦虫病、自身免疫溶血性贫血）。肝性主要见于肝脏疾病（肝炎、肝坏死、肝硬化、肝肿瘤）、钩端螺旋体病及铜、磷和铊等中毒。肝后性主要见于胆管阻塞（结石、肿瘤、寄生虫）。

肝脏疾病时，常见高胆红素尿先于高胆红素血症，溶血性疾病一般无尿胆红素，只有当肝脏受到损伤时，才出现胆红素尿。

四、尿沉渣的检验

1. 检验方法

用新鲜无污染的尿液 10~15 mL，放入离心管，以 1 500~2 000 r/min 速度离心 5 min，倒去上清液，剩少量尿液，然后混合，用吸管吸少量放在载玻片上，盖上盖玻片，在显微镜较暗视野下观察。开始先用低倍镜观察管型和其他尿沉渣中有形成分的全貌，然后换成高倍镜来辨认细胞、结晶等其他成分。连续观察 10~15 个低倍或高倍视野，以求出平均和每个视野所见某一成分的数量，如透明管型 1~2 个/低倍视野（LPF），白细胞 2~3 个/高倍视野（HPF）等。

通常无需染色，即可进行尿沉渣检验。如果需要染色，有多种染色液可供选用。一般染色用 Sternheimer-Malbin 染色液，欲染细胞成分可用瑞氏染色液，欲染脂肪可用苏丹Ⅲ，欲染细菌可用革兰氏染色液。

Sternheimer-Malbin 染色法为 0.2 mL 尿沉渣加入一滴染液，混合后吸到载玻片上，用盖玻片覆盖，3 min 后镜检。此时，红细胞染成淡紫色，多核形白细胞核染成橙红色，透明管型染成粉红色或淡紫色，细胞管型染成深紫色。

动物尿沉渣中如果见到少量红细胞或白细胞（1~2 个/HPF）、几个上皮细胞（成年母畜尿中含有大量鳞状上皮细胞）及偶尔见到透明管型，都视为正常尿液。

2. 尿沉渣检验的临床意义

（1）上皮细胞

① 鳞状（扁平）上皮细胞：个体最大、不规则、边缘有棱角，胞核小。它来自尿道、阴道和包皮上皮。在排出的尿和导出的尿的高倍视野中，含有少量的鳞状上皮细胞是正常的。发情时尿中鳞状上皮细胞会大幅度增加。这种细胞的出现一般无诊断意义。

② 移行上皮细胞：大小界于鳞状上皮细胞和肾上皮细胞之间，形状有圆形、纺锤形或尾形，常见几个细胞集聚在一起，尤其是在人工导尿的尿沉渣中。有时正常的犬猫尿液的每个高倍视野中可见到这种细胞。它来自近端尿道、膀胱、输尿管和肾盂上皮。尿沉渣中这类上皮增多，可见于肾盂肾炎，也可见于机械性的摩擦（尿石病或导尿）、肿瘤或化学刺激（用环磷酰胺治疗）。

③ 肾（小圆）上皮细胞：个体小而圆，比白细胞稍大，常因变性使其结构不清楚，难与白细胞相区别。它来自肾小管上皮。肾上皮细胞在尿沉渣中增多，临床上常见于急性肾炎。

（2）红细胞

尿沉渣中红细胞呈圆形、橘黄色、有轻度折光，内部无任何结构。在浓缩尿中常发生皱缩，在稀薄尿中（比重小于1.008）胞浆溶解，变成影细胞。在正常的犬猫尿液中可见少量的红细胞。

当评价红细胞增多时，一定要考虑采尿时引起的外伤程度。大约的正常范围是排出的尿中每个高倍视野中平均有0~8个红细胞；导出的尿中每个高倍视野中平均有0~5个红细胞；穿刺的尿中每个高倍视野中平均有0~3个红细胞，而受伤时的值一般超过50个。

在高倍视野下尿沉渣中红细胞数量达4~5个/HPF，表明泌尿道有出血，出血可能为炎性或外伤性的。

（3）白细胞

尿沉渣中白细胞呈圆形、核分叶，胞浆内有颗粒，比肾上皮细胞小。白细胞在陈旧尿中变性，在低渗尿或碱性尿中溶解或轮廓不清楚。

像红细胞一样，正常的犬猫尿液中存在有少量的白细胞。大约的正常范围是排出的尿中每个高倍视野中平均有0~8个白细胞；导出的尿中每个高倍视野中平均有0~5个白细胞；穿刺的尿中每个高倍视野中平均有0~3个白细胞。

在高倍视野下尿沉渣中白细胞多于5~8/HPF，表明泌尿生殖道有炎症。尿中白细胞增多常伴有细菌尿，但细菌尿不一定伴有脓尿。只有在脓尿时，尿沉渣中才能发观脓细胞。

（4）管型

管型是尿中粘蛋白和血浆蛋白在远曲小管的酸性条件下形成的一伸长管状物。管型在碱性尿液中将被溶解。远曲小管形成的管型可间断性地排入尿中，同一病畜的尿沉渣检验，有时可看到管型，有时则看不到，因此，即使尿沉渣中未发现管型，也不能排除肾脏疾病。在严重的慢性肾病时，可检出多种管型。

正常犬猫尿液中仅有少量的管型。在低倍视野中平均有0~2个透明管型；平均有0~1个颗粒管型；没有其他类型的管型。管型一般有下列几种：

① 透明管型：是一种无色均质半透明管型，在视野很暗时也很难看清楚，其绝大部分由粘蛋白组成。在正常动物尿中可出现，但多见于动物过劳时或肾脏存在中等程度刺激时的尿液沉渣中。在发热、剧烈运动和用利尿药治疗时，即使肾脏正常也可能出现。在这些情况下，透明管型的出现是暂时性的。

② 颗粒管型：分粗颗粒管型和细颗粒管型，由粘蛋白、血浆蛋白和破碎的肾小管上皮细胞颗粒组成，乃是最常见的一种管型。管型中的颗粒可能是来源于肾小球疾病中的血清蛋白或肾小管变性的细胞破裂产物。在多数情况下，过量的颗粒管型意味着肾小管变性加速，但也可能是肾小球损伤。多见于肾炎和肾病。

③ 上皮细胞管型：类似透明管型，但管型内含有成列的肾小管上皮细胞，可能和其他细胞形成混合管型，意味着有严重的肾小管细胞损伤。见于急性肾炎和肾病。

④ 蜡样管型：类似透明管型，无颗粒，一般短而粗，有折光性，两端不整齐，有折断状分节，它从变质细胞和颗粒管型演化而来，是颗粒管型变性的最后阶段。大多数与慢性肾脏疾病有关，可见于能引起肾内细胞管型或颗粒管型形成增加的所有疾病。

⑤ 脂肪管型：由上皮细胞变性破碎后产生的脂肪滴形成，猫肾小管上皮细胞内含有大量脂肪，所以在猫尿中多发现此类管型。管型中脂肪滴用苏丹Ⅲ染色，呈枯黄色至红色。见于肾病和慢性肾小管病变。

⑥ 红细胞管型：管型内含有红细胞，见于肾脏出血或炎症。在犬猫的尿样中不常见。急

性间质性肾炎；很少发现有单纯的红细胞管型，但可以和其他细胞混合在一起。

⑦ 白细胞管型：管型内含有白细胞，也可能和其他的细胞形成混合管型。见于肾炎、肾化脓和肾盂肾炎。肾盂肾炎时最常见。

⑧ 类柱状管型：外观与透明管型相似，但二端或一端尖细，其临床意义类似透明管型。

（5）黏液

黏液为均质物质，常呈细长、弯曲、缠绕的线状，在视野背景调暗时才能看到，粘附在其他物体上时看得更清楚。马肾盂和近端输尿管有黏液分泌腺，因此马尿中有黏液是正常现象，其他动物尿中有黏液，表明尿道受刺激或生殖道分泌物混入了尿液。

（6）脂肪滴

脂肪滴是一种折光性强、大小不一的物体，由于它总浮在表面，镜检时总不能和其他沉渣在一个焦点上同时见到。用苏丹Ⅲ可染成橘黄色至红色。正常猫尿中含有脂肪滴，其他动物则没有，如有发现，要么由于人工导尿所致，要么存在甲状腺机能降低、糖尿病等。

（7）微生物

① 细菌：尿中单个或成串的杆菌，一般可以辨认；单个球菌类似于微小结晶或碎片，在尿中呈布朗氏运动（液体分子运动），即使在高倍显微镜下也无法辨认，但成串的球菌容易辨认。尿沉渣进行瑞氏或革兰氏染色时，细菌较容易辨认。如果尿样收集适当，正常尿液中无细菌。如果在膀胱穿刺或无菌导尿的尿样中发现含有大量的细菌，尤其在尿沉渣中同时还含有大量白细胞和红细胞，可诊断为膀胱炎和肾盂肾炎。采集排尿中段尿样含有大量细菌时，除膀胱炎和肾盂肾炎外，还表明有尿道炎、子宫炎、阴道炎和前列腺炎。

② 真菌：尿沉渣中有时可看到分节的真菌菌丝或出芽的酵母菌，这是尿污染造成的，临床上无意义。

（8）寄生虫

尿沉渣中能检验到有齿冠尾线虫（猪肾虫）、膨结线虫（犬和狼大型肾脏寄生虫）、皱襞毛细线虫（犬、猫和狐的膀胱寄生虫）等寄生虫的虫卵，有时可检验到犬恶丝虫的微丝蚴。

（9）精子

经常在未去势公犬和公猫尿中见到，容易辨认，但无任何临床意义。

（10）结晶物

尿中结晶物的形成与尿pH、结晶物的溶解性和浓度有关。正常酸性尿中含有尿酸、无定形尿酸盐，有时还含有草酸钙和马尿酸；正常碱性尿中含有磷酸铵镁（三价磷酸盐）、无定型磷酸盐、碳酸钙（多见于马尿中），有时还含有尿酸铵。一般尿中出现的结晶物很少有临床意义，但有些结晶物的出现具有一定的临床意义。

① 在碱性尿中易形成结晶的有鸟粪石（可能是正常的或与尿结石的生成有关）、无定型的磷酸盐（可能是正常的或与尿结石的生成有关）磷酸钙和碳酸钙（与尿结石生成有关）。

② 在酸性尿中易形成结晶的有尿酸盐（尿石症或与代谢缺陷有关）、胱胺酸盐（尿石症或与代谢缺陷有关）、草酸钙（典型的类型，可能是正常的或与尿石的生成有关，也可能为长时间摄入酸化食物或乙烯乙二醇中毒）。

③ 犬的胆红素结晶可能是正常的，特别是母犬，但也可能意味肝脏疾病或溶血。但猫的胆红素结晶都是不正常的。

④ 磺胺嘧啶结晶，见于应用过量磺胺嘧啶药物治疗所致。

第三节 粪便检验

粪便检验是兽医临床上了解消化系统病理变化的一种辅助方法。除了在消化系统临床检查中所论述的粪便感官检查之外，还需进行粪便的化学检验及显微镜检查。正常粪便由消化后未被吸收的食物残渣、消化道分泌物、大量细菌、无机盐和水分等组成。粪便检查的主要目的是了解消化道及与消化道相通的肝、胆、胰等器官有无炎症、出血、寄生虫感染等疾病以及了解胰腺和肝胆系统的消化与吸收功能状况。临床上粪便的一般性状检查只能粗略推断病因，显微镜检查对各种原因引起的腹泻、肠道寄生虫病的诊断必不可少，粪便隐血试验对消化道出血性疾病的诊断及鉴别诊断具有重要价值。粪便检查主要有显微镜检查（包括细胞检查、饲料残渣检查、寄生虫及寄生虫卵检查、细菌检查等）和化学检查（包括隐血试验检查、胆色素检查、粪便酸碱度测定）。

一、标本的采集与处理

1. 标本的采集

采用自然排出的粪便；无粪便排出而又必须检查时用采便管采集标本。

2. 标本采集注意事项

（1）标本容器带盖、干净、干燥、无渗漏、无吸水性
（2）标本的采集量常规性检查约 5 g 粪便，集卵检查和血吸虫毛蚴孵化约 30 g 粪便。
（3）标本的采集部位：含黏液、脓血等异常成分、从粪便表面不同部位、深处及粪端多处取材。
（4）标本的送检时间：随送随检，1 h 内检查完毕。测阿米巴滋养体时应立即检查。
（5）检查蛲虫卵时晚 12 时或清晨排便前自肛门周围皱裂处拭取，立即镜检。
（6）检查寄生虫虫体及虫卵计数时应采集 24 h 粪便。

3. 粪便标本的处理

（1）标本容器为纸类或塑料等材料置于焚化炉内进行焚化处理。
（2）标本容器为玻璃、瓷器等材料浸入 5%甲酚皂溶液 24 h 或 0.1%过氧乙酸 12 h，处理后的粪便倒入厕所。

用过的载玻片浸入 0.5%过氧乙酸消毒过夜，煮沸消毒，清洗干净备用。

二、粪便的显微镜检查方法

在粪便的不同部位采取少许粪块，置于载玻片上，加少量生理盐水，用牙签混合并涂成

薄层（以能透过书报字迹为宜），涂片后覆以盖玻片镜检，仔细寻找细胞、寄生虫卵、细菌、原虫，并观察各种食物残渣以了解消化吸收功能。如查阿米巴包囊时加做碘液法。

1. 粪便中的细胞成分

① 红细胞：正常粪便中无红细胞，肠道下段炎症或出血时可出现，如痢疾、溃疡性结肠炎、结肠直肠癌等。

② 吞噬细胞：直径为中性粒细胞的3倍以上，圆形、卵圆形或不规则形，核形多不规则，胞浆常含有吞噬颗粒及细胞碎屑，多见于细菌性痢疾和直肠炎症。

③ 肠黏膜上皮细胞：为柱状上皮细胞，呈卵圆形或短柱状，两端圆钝。正常粪便中不易见到。结肠炎症时，上皮细胞增多，常夹杂于白细胞之间，伪膜性肠炎时粪便的黏膜小块中多见，胶冻样分泌物中大量存在。

④ 白细胞：主要是中性粒细胞，正常粪便中不见或偶见。肠道炎症时增多。结肠炎症时如细菌性痢疾，可见大量白细胞、脓细胞、小吞噬细胞。过敏性肠炎、肠道寄生虫病（如钩虫病）时，粪便中可见较多嗜酸性粒细胞。

⑤ 肿瘤细胞：消化道肿瘤，可能发现成堆的癌细胞。

2. 粪便中的饲料残渣成分

（1）淀粉颗粒：为大小不等的圆形或椭圆形呈特殊轮状结构的颗粒，滴加碘液后染成蓝色。见于腹泻、慢性胰腺炎、胰腺功能不全等。

（2）脂肪小滴：健康动物粪便中很少见到脂肪小滴，粪便中脂肪含量增多表示脂肪吸收不全，常见于肠炎、肝脏及胰腺疾病等。镜检见大小不一、圆形、折光性强的脂肪小滴，经苏丹Ⅲ染色呈橘红色或淡黄色。

（3）肌肉纤维：肉食动物粪便中可见少许淡黄色条状、片状的横纹肌纤维片，但在一张盖玻片下不应多于10个，当加入伊红后可染成红色。肠蠕动亢进、腹泻、胰腺外分泌功能减退时增多。

（4）粪便中还可见到大量的植物纤维及完全未消化的饲料。

3. 粪便中的细菌成分

健康动物粪便中菌群较多，检查细菌的粪便应用棉拭子插入肛门蘸取，或扑杀动物后由肠管采取。临床上长期使用广谱抗生素、免疫抑制剂及患慢性消耗性疾病及伪膜性肠炎时，可导致肠道菌群失调。在细菌性肠炎时，通过粪便涂片和细菌培养可初步确定病原。

4. 粪便中的寄生虫

在清洁的载玻片上滴1~2滴生理盐水或清水，用牙签挑取少许粪便加入，混匀，除去较大或过多的粪渣后均匀涂成一薄层，覆以盖玻片，置显微镜下观察，一般每份样品应检查三张涂片。

（1）寄生虫-沉淀法：是利用一般虫卵相对密度均大于1（水相对密度）的原理，以除去粪便中较水轻的杂质和水溶性成分的方法，使虫卵检查时粪渣较少，背景清晰。其方法是在烧杯中加清水40 mL，取粪便4 g放入烧杯中，充分搅拌后用铜筛过滤，将滤液离心1~3 min，倒去上清液，取沉淀物镜检。也可在沉渣中加入饱和盐水，搅拌后再离心 1~2 min，用吸管向离心管内加饱和盐水使液面稍突出于管口，经 5~15 min 后，用玻片轻贴液面蘸取粪液，迅速翻转，加盖玻片进行显微镜检查。此法检出率较高。

（2）寄生虫漂浮法：利用一些虫卵比重小于饱和盐水的原理，使虫卵浮集于饱和盐水的表面，以提高虫卵检出率的方法。适用于比重较轻的线虫和绦虫卵。方法是取 2 g 粪便放入烧杯中，加入 10 倍的饱和盐水，充分搅拌后用铜筛过滤，将滤液分装于试管中并使液面稍突出于管口，经 5~15 min 后用载玻片蘸取粪液镜检。也可将滤液静置 20 min，用直径 0.8~1.0 cm 的有柄铁丝圈接触滤液表面，则在铁丝圈内形成一层薄膜，然后将这层薄膜滴在载玻片上，置显微镜检查。

三、粪便的化学检测法

1. 隐血试验

胃肠道少量的出血，红细胞被消化破坏，以致粪便外观无异常改变，显微镜下也不能证实，这种肉眼及显微镜均无法检测的微量血液称为隐血或潜血。粪便隐血检查对消化道少量出血的诊断有重要价值。

（1）方法：邻联甲苯胺法、联苯胺法等。

（2）阳性结果：见于出血性胃肠炎、牛创伤性网胃炎、真胃溃疡、犬钩虫病、消化道恶性肿瘤、溃疡性结肠炎等。

（3）假阳性反应：采食动物血粉、肉类及大量青绿饲料时可出现假阳性反应，因为青草中含有过氧化氢酶。草食动物的粪便应加热，以破坏酶的活性，防止干扰检验结果，肉食动物应禁食肉类食物 3 d。

2. 胆色素检查

粪便中无胆红素，在哺乳幼畜因正常肠道菌群尚未建立或成年家畜大量应用抗生素之后，或因腹泻等肠蠕动加速，使胆红素未被或来不及被肠道细菌还原时，粪便呈深黄色，胆红素定性试验呈阳性。如胆红素部分被氧化为胆绿素，则粪便呈黄绿色。

胆红素在回肠末端和结肠被细菌分解为尿胆原（粪胆原），尿胆原除部分被肠道重吸收进入肠肝循环外，大部分在结肠停留时被氧化为尿胆素（粪胆素），随粪便排出体外。由于粪胆素的存在使粪便呈棕黄色。胆道梗阻时粪胆素减少，粪便淡黄或呈白陶土色，氯化汞粪胆素试验为阴性反应。溶血性疾病由于粪胆素含量增多，粪色加深。肝细胞性黄疸粪胆素可减少，也可增多，视肝内梗阻情况而定。若留粪便作粪胆原定量检查则更有助于诊断。

3. 粪便酸碱度测定

一般是用 pH 试纸测定粪便的 pH。粪便酸碱度与饲料成分及肠内容物的发酵或腐败过程有关。

（1）方法。

① 广泛 pH 试纸法。取试纸一小条，放在粪便的表面，等到纸条被粪便的水分湿润后，

取下纸条与 pH 标准色板进行比较，记下与它相似的 pH 数字，然后把粪球或粪块打开，用同样的方法检验粪便内部的酸碱反应。

② 溴麝香草酚蓝法。取粪球表面和粪球内的粪块（大小如玉米粒）各一块，分别放在一张洁净载玻片的两端，玻片下面衬放一块白纸，在每块小粪块上，各加 1~2 滴 0.04%溴麝香草酚蓝溶液，1 min 后观察反应并记录结果。

（2）判断。

① 广泛 pH 试纸法。pH 等于 7 为中性反应，pH 低于 7 为酸性反应，低于 7 越多，表明酸度越大，反之，高于 7 越大，表明碱度越大。

② 溴麝香草酚蓝法。呈现绿色的为中性反应，呈现黄色的为酸性反应，呈现蓝色的为碱性反应。

（3）临床意义。

草食兽的正常粪便，都呈现弱碱性反应，但马的粪球内部常为弱酸性。如果粪便变为酸性反应，表明胃肠内的糖类发酵产酸，常见于胃肠卡他。如果粪便变为较强的碱性反应，说明蛋白质腐败分解过程旺盛，胃肠内产生了炎性渗出物，多见于胃肠炎。

4. 粪便潜血的检验

粪中不能用肉眼看出来的血液叫做潜血。整个消化系统不论哪一部分出血，都可以使粪便含有潜血。这项检验对于消化系统的出血性疾病的诊断、治疗及预后都有意义。肉食动物应禁食 3 天肉类食物方可进行这项检验。

（1）原理及试剂：与尿液潜血检验同。

（2）方法：用竹签或竹制镊子在粪的不同部位各取一小块，于干净载玻片上涂成直径约 1 cm 大小的涂片（粪干时，可加少量蒸馏水，混合涂布）。将玻片在酒精灯上缓缓通过数次，以破坏粪中的酶类，待冷后，滴加 1%联苯胺冰醋酸液和过氧化氢液各 1 mL，将玻片轻轻摇晃数次，1 min 内观察结果。

（3）判断：正常无潜血的粪便不呈现颜色反应。呈现蓝色反应为阳性，蓝色出现越早，表明粪便内的潜血也越多，见表 4-1。

表 4-1 粪便潜血检验判定

符号	蓝色开始出现的时间/s	符号	蓝色开始出现的时间/s
±	60	++	15
+	30	+++	3

（4）临床意义：胃肠道任何部位出血，粪便潜血检验都可呈现阳性，见于出血性胃肠炎、胃溃疡、牛创伤性网胃炎、马肠系膜动脉栓塞、羊的血矛线虫及犬钩虫等。

第五章　X射线检查与超声波检查

第一节　X射线检查

一、X射线诊断概述

X射线诊断是使用X射线检查患畜,观察动物体内组织器官的解剖形态、生理功能和病理变化、骨骼与关节、心、肺、胃、肠、肝、胆、肾、膀胱和子宫等;不仅看到其静止的解剖形态,尚可观察其运动状态和功能。

1895年伦琴发现X射线,临床医学放射学很快成为独立的学科。兽医学早在1896年已应用X射线,但直到20世纪30年代前后,才开始形成放射学科,50年代以来,有了较大的发展。近年来小动物的放射学已达到了较高的水平,大动物的诊断范围,亦由四肢的下段发展到四肢的上段和头、颈、躯干及胸、腹部。

设备与技术的改进:20世纪30年代由静止阳极管发展到旋转阳极管,制成了150~175 kV和1 000~3 000 mA的超大型X射线机,X射线管焦点面积缩小到0.1 mm×0.1 mm或0.05 mm×0.05 mm。照片的清晰度提高了,可连续快速摄影,检查微细病灶。随着X射线电视、电影和录像技术的出现,使透视可以在明室进行,也能保留永久纪录。

X射线摄影器材和造影技术的改进:采用静电摄影(用可以反复使用的半导体硒板,代替X射线软片,无需冲洗。经X射线照射后产生静电潜影,用带电粉末喷雾显像,转印在纸上可永久保存)、稀土增感屏(用稀土元素制成新型的增感屏,比常规钨酸钙增感屏的感光速度提高4~6倍,曝光时间缩短,放射量减少)。

二、X射线的特性及X射线机设备

(一)X射线的产生

X射线是由高速运行的自由电子群,撞击到一定物质后被突然阻止而产生的。基本设备是X射线管和高电压装置。X射线管的阴极电子受阳极高电压的吸引而高速运动,撞击到阳极靶面而受阻时,大部分(99.8%)的动能转变为热,仅一小部分(0.2%)转变为电磁波辐射X射线。

(二)X射线的特性

X射线波长极短,以光速直线传播,波长范围0.000 6~50 nm,诊断用X射线的波长0.008~0.031 nm(40~150 kV)。

(1)穿透作用:穿透某些可见光不能穿透的物质。穿透的程度与被穿透物质的原子序数及厚度有关，原子序数高或厚度大的物质则不易穿透。管电压越高，X射线的波长越短，穿透力也越强。

（2）荧光作用：X射线照在荧光物质上，如照在铂氰化钡、硫化锌镉和钨酸钙等物质上，则发出荧光。

（3）摄影（感光）作用：具有光化学效应，使胶片的溴化银感光放出银离子，经化学显影定影后，银离子变成黑色金属银沉淀，未感光部分露出透明胶片本色，形成黑白图像。

（4）电离作用：被照物质的原子分解为正负离子，对机体造成损害。

（5）生物学作用：以其电离作用为起点，引起活组织细胞和体液发生一系列理化性质改变，如组织细胞受到抑制、损害、生理机能破坏、基因组成改变等。

（三）X射线机的基本构造

任何X射线机不论其结构简单或复杂，都是由X射线管、变压器和控制器三部分组成的，还有相关的附属机械和装置。

（1）X射线管：X射线管的规格型号有很多，小型机通常为单焦点静止阳极管；中型机为双焦点静止阳极管；大型和超大型机则为双焦点旋转阳极管。

① 阴极：一条长螺旋形灯丝，双焦点X射线管装有两条灯丝，能发射电子，形成电子群。

② 阳极：一块钨靶，镶在铜柱上，能耐高温，高速电子撞击后产生X射线。电子的撞击面称为焦点面，产生的热借铜柱传导出去或在阳极端连接一个防护的铜质阳极罩，其顶面有椭圆入射孔，供电子束入射于靶面，其侧面有圆孔，为X射线的射出孔（窗）。

③ 管壁：由特种硬质玻璃制成，用以固定阴极和阳极，并维持管内的真空（图5-1）。

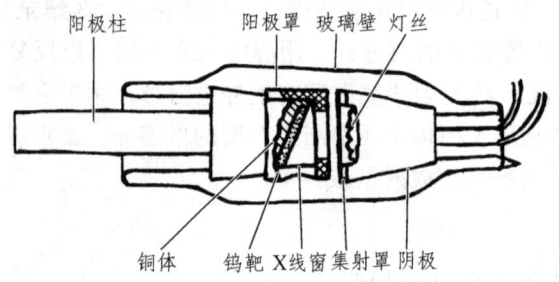

图5-1 X射线管——静止阳极管

大型X射线机，使用旋转阳极X射线管。是一个钨制或合金圆盘，连接在电动机转子的轴上。曝光时阳极高速旋转，电子撞击的焦点面是整个圆盘的周围，能耐受高热（图5-2）。

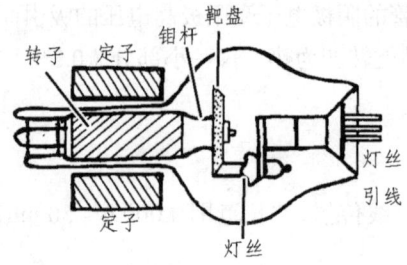

图5-2 旋转阳极X射线管

（2）变压器：X射线机必有一个或两个X射线管灯丝变压器和一个高压变压器或配有自耦变压器，整流管灯丝变压器等。

（3）控制器：开动一台X射线机，调节X射线的质量。包括各种按钮、仪表、调节器、计时器、交换器、保险丝、指示灯等，集中装在控制台或操纵台的箱内。

（四）X射线机的类型

诊断X射线机一般分为小型、中型和大型三类。100 mA以下的为小型X射线机，400 mA以下的为中型，500 mA以上的为大型，1 000 mA者为超大型X射线机。或按机器活动性分为携带式、移动式和固定式三类。携带式X射线机多为10~15 mA，60~75 kV；移动式多为30~50 mA，85~90 kV；但国外也有100~300 mA，100~125 kV的中型移动式X射线机。固定式X射线机的功率各异。

（五）X射线机的使用方法

（1）操纵机器以前，先看控制台面上各种仪表、调节器、开关等是否处于零位。

（2）接通电源，调电源电压于标准位；机器预热15~30 min。

（3）选择技术指标。如摄影方式、透视或摄影的条件选择。毫安、千伏和时间的选择顺序：首选毫安值，然后选千伏值，再选曝光时间秒。

（4）曝光时操纵脚闸或手开关的动作要迅速，用力均衡适当。避免不必要的曝光。摄影曝光过程中，不得调节任何调节旋钮。曝光过程中注意观察控制台面上各种指示仪表的动作情况。

（5）机器使用完毕，各调节器置最低位；关闭机器电源，最后断开电源闸。

三、X射线的防护

（1）X射线对人体的损害。造血系统、生殖器官和眼球等对X射线敏感，皮肤、肌肉、骨骼、结缔组织等较迟钝。表现为白细胞的减少、凝血酶降低、贫血，甚至发生出血性症候群。不孕或生殖机能异常。眼球干涩感、视力疲乏和衰退，或白内障、失明。全身反应有倦怠、睡眠不佳、头痛、健忘、癌症等。

（2）防护措施。包括从X射线管放射出来的放射线（原发射线）和照射到其他物质后的继发射线（散射线）。防护时采用屏蔽、缩短照射时间、远离X射线源等。在屏蔽方面，铅则是制造防护设备的最好材料，也可用其他材料，例如水泥混凝土、砖墙等。表5-1为管电压与建筑材料的厚度要求。

具体防护措施可综合为以下几点：

① 从放射窗发出的直射线放射量最大，效应最强，工作人员应避免其直接照射并尽可能缩小和控制其照射范围。透视时X射线直接照射到荧光屏上，用足够铅当量的铅玻璃遮盖荧光屏。

② 对散射线的防护，要充分使用各种防护设备，如铅橡皮围裙、铅橡皮手套、铅屏风等。透视时使用活动光门，摄影时使用聚光筒。

5-1 管电压与建筑材料的厚度要求

管电压/kV	铅当量	混凝土/mm	含钡混凝土/mm	砖/mm
65	1.0	60	13	120~150
75	1.0	80	15	175
100	1.5	120	28	200
150	2.5	210	58	300
200	4.4	220	100	400
300	9.0	240	140	425

③提高和熟练透视技术，缩短透视观察时间，不作非必要的延长观察。摄影曝光时，在距放射源较远处操作。

④X射线室应有适当的面积和高度。X射线室四壁与天花板建筑结构，要根据X射线机的千伏数考虑防护材料的铅当量。

⑤坚持日常防护检查。每1~2年全面体检，每半年血液检查。

四、X射线检查技术与诊断方法

（一）X射线影像形成的原理和密度

1. X射线影像形成的原理

它具有穿透能力、荧光作用和摄影作用。动物组织本身存在有密度和厚度的差别。密度高的组织吸收X射线多，厚的部分吸收X射线也多。因此，到达荧光屏或X射线胶片上的X射线量有差异，在荧光屏或X射线胶片上就形成明亮/黑白对比的影像。

2. X射线影像的密度、对比度与清晰度

密度：照片黑色的深浅度，即光线能透到X射线胶片的程度，由被检物质的密度决定。照片的密度与曝光的程度有关。

对比度：不同密度或厚度的组织，在其所形成的照片影像中出现密度差异，如骨骼和肌肉，黑白分明、境界清楚。

清晰度：被检部组织在照片上微细结构与外形轮廓的清晰程度。如精细的骨小梁和锐利的边缘轮廓。

3. 天然对比与人工对比

（1）天然对比。

动物体各种组织器官，彼此的密度与比重不同，吸收X射线的程度有差异，所透过的X射线在荧光屏上形成的影像，有明暗之分，在照片上有黑白之别，形成不同的对比叫天然对比。动物体可大致分为骨骼、软组织（包括体液和软骨）、脂肪和气体四类。表5-2为组织种类与X射线吸收比例的关系。

表 5-2 组织种类与 X 射线吸收比例的关系

组织种类	比重（水的比重 1.0）	吸收比例（以 60 kV 的 X 射线计算）
骨骼	1.9	5.0
软组织（包括体液）	1.01～1.06	1.01～1.10
脂肪	0.92	0.5
气体	0.001 3	0.001

① 骨骼。在 X 射线照片上感光少，显示为白色阴影，在荧光屏上产生荧光弱，显示为黑暗的阴影。

② 软组织及体液。软组织包括皮肤、肌肉、结缔组织与软骨、腺体与脏器等。体液包括血液、淋巴液、脑脊液、尿液等。它们之间不存在明显的对比。在 X 射线照片上呈灰白色，在荧光屏上呈暗灰色。

③ 脂肪组织。脂肪虽然也属软组织，并且有与软组织基本相同的元素组成，但因密度与比重较小，在 X 射线照片上显现密度稍低的灰黑色阴影。

④ 气体。分子排列非常稀疏、密度低，吸收 X 射线少，与其他组织对比明显，其阴影在照片上为黑色，在荧光屏上为明亮。

此外，物体的厚度也影响 X 射线的吸收，与对比度有关。

（2）人工对比。

动物体胸廓、心、肺之间，骨骼与肌肉之间具有一定的天然对比，但其他部位的软组织和器官之间的天然对比不明显，必须用人工的方法。在管腔内或器官的周围注入对比剂（造影剂），造成人为的对比差异，故称人工对比。如在消化道内投入硫酸钡，在膀胱内注入气体。人工对比的成功应用，扩大了 X 射线诊断的应用范围。

（二）透视检查法

1. 透视与摄影的比较

在 X 射线透过动物体照射到荧光屏上，则显现荧光影像，通过观察荧光影像而进行诊断的方法，称 X 射线透视法。

（1）优点：方法简单易行，不需要复杂的设备器材，成本费用低，且能迅速得出检查结果；能从不同方位和角度观察病变，获得更全面和完整的印象，不仅能观察到组织器官形态上的改变，还可看到器官的运动情况。

（2）缺点：不能保留永久性记录，而且荧光影像不甚清晰，病变性质不易准确判断，微细的变化容易忽略，对组织厚度大的部位，对比度低，不清楚。

目前由于发展了影像增强器，有了 X 射线电视、电影和录像装置，上述的常规概念已发生了变化。

2. 透视检查的器材设备

（1）荧光屏：由荧光纸与铅玻璃组成。荧光纸是一块涂以硫化锌镉的淡黄色纸板，在 X 射线照射下能产生荧光。铅玻璃为无色透明玻璃，能阻挡 X 射线。

（2）活动光门：活动光栏，装在机头或管头的放射窗上，能随意调节照射野的大小。

(3) 暗室：以往的透视检查需具备暗室条件。用 X 射线电视装置透视，无需暗室。

(4) 暗适应眼镜：通常使用深红色眼镜。

3. 透视方法

(1) 透视检查的条件。

管电流 2~3 mA，最高时也不能超过 5 mA，管电压按被检动物种类及被检部位厚度而定，小动物 50~70 kV，大动物 65~85 kV 等。距离一般为 50~100 cm。曝光时间由脚踏开关控制，通常踏下脚踏开关持续曝光 3~5 s，再放松脚踏间歇 2~3 s，断续地进行。

(2) 透视检查的程序。

先了解透视目的及临床初步意见，再保定动物，然后把荧光屏贴近动物体，对准被检部位，并与 X 射线中心垂直透视检查。先适当开大光门，对被检部作一全面观察，再缩小光门，分区进行观察。一旦发现有可疑病变，则缩小光门，做重点深入观察。最后把光门开大复核一次，并与对称部位作比较，记录检查结果。

4. 透视注意事项

(1) 透视检查前眼睛要暗适应。

(2) 穿戴铅橡皮围裙及手套。

(3) 养成全面系统检查的习惯。

(4) 光门不要开得太大，照射野应小于荧光屏。

(5) 透视时间愈短愈好。

(6) 如透视时间过长，要避免机头或管头过热。

(7) 确保操作人员、设备及动物的安全。

(三) 摄影检查法

X 射线透过动物体后照射到胶片上，使胶片感光成像，经过暗室冲洗获得照片，通过观察照片影像进行诊断的方法，称 X 光摄影检查法。医学上已发展了多种特殊 X 射线摄影技术，如体层摄影、放大摄影、荧光缩影、高千伏摄影、电影荧光摄影及电视录像、硒静电 X 光摄影及各种特殊造影等。

1. X 射线摄影检查的器材设备

(1) X 射线胶片。胶片两面都涂有碘溴化银。X 射线胶片有多种规格，如 27.9 cm×35.6 cm。其感光速度有慢、中、快三种。

(2) 增感屏：增感屏是两块面上涂有荧光物质的纸板或塑料板，分为低速、中速和高速三种，以钨酸钙中速屏较普遍。稀土增感屏和氟氯化钡铕增感屏是新型的增感屏，可使感光速度提高 4~6 倍。

(3) 片盒（暗盒）：暗盒是装载 X 射线胶片进行摄影的扁盒，盒面是铝板或塑料。暗盒的规格与胶片相同。

(4) 聚光筒：也称遮线筒、遮光筒，为圆锥形或圆筒形的金属筒，由铅或其他重金属或含铅的塑料制成。

（5）测厚尺：测厚尺是木制或铝制卡尺。
（6）滤线器：是由很多薄铅条和能透过 X 射线的物质如塑料、木条或铝条相间构成的铅栅。
（7）铅号码：铅号码包括铅制的数字、年、月、日、左、右、性别、畜种等。
（8）摄影架：是装载和固定暗盒进行摄影的装置，有多种式样。

2. 影响 X 射线照片质量的因素

（1）影响照片清晰度：包括焦点大小、距离远近、被检物的方向及射线角度等，影响清晰度。
（2）投照部位与胶片距离：投照部位应接近或紧贴胶片。
（3）X 射线投影角度：一般的投照应使 X 射线的中心线束通过被检部位的中央，垂直于胶片的中心。
（4）投照部位：要固定，曝光瞬间要绝对固定。
（5）其他因素：如增感屏与胶片的性能、增感屏与胶片的贴近程度、被检部位的厚薄、遮线筒与滤线器使用与否，都与照片的清晰度有关。

3. X 射线摄影的步骤及注意事项

先确定被检查的部位，确定投照的方向（如前后或后前位、背腹或腹背位、左或右侧位等）。准备胶片、X 射线编号登记、被检部测定。然后选择管电压、管电流、曝光时间、遮光筒的大小及焦点胶片距等。再放置暗盒，对准 X 光中心线，最后进行曝光。注意胶片的大小要与被检部的大小一致，曝光应在动物呼吸间歇或安静的瞬间进行。

（四）暗室技术

1. 暗室设备

包括安全红灯、裁刀、温度计、洗片夹（也称洗片架，由不锈钢制成，其规格与 X 射线胶片或暗盒相同）、洗片箱（也称洗片筒或桶）冲片池、定时钟（即定时闹钟）、升温恒温器、观片灯。

2. 其他用品设备

天平、漏斗、量杯、量筒、玻瓶、搅棒、锅、盆、剪刀等。

3. 显影剂与定影剂

（1）显影剂：显影作用是指胶片经过 X 射线曝光照射后，其中已感光的溴化银形成潜影，经过显影剂的还原作用，使银离子还原为黑色的金属银，成为可见的影像。显影剂的组成包括：还原剂有米吐尔（化学名是对甲基氨基酚）坚安（化学名是对苯二酚）菲尼酮（化学名是1-苯—3-羟基二氢钾二氮茂）。

① 保护剂：无水亚硫酸钠。
② 促进剂：无水碳酸钠。
③ 防灰剂：溴化钾和苯骈三氮唑。

例如：上海牌 X 射线胶片显影剂配方

50 ℃温水	800 mL
无水碳酸钠	40 g
对甲基氨基酚	3.5 g
溴化钾	3.5 g
无水亚硫酸钠	60 g
对苯二酚	9 g
加水至	1 000 mL

在 20℃的显影液中，显影时间 4～6 min，每 1 000 mL 药液可显影 38.94 cm×49.56 cm 胶片 5 张，或用至显影能力衰老为止。标准显影温度为 20℃。在夏暑高温季节，若无降温设备，可在上述显影配方中最后添加硫酸钠 100 g。为使显影均匀，胶片可先浸入清水中，随即取出，滴去水滴后再放显影。

（2）定影剂：定影作用是指通过化学作用，将胶片中未感光的溴化银溶解移去，使胶片变为透明，黑色的银留下。定影剂的组成包括定影药：硫代硫酸钠（海波）、溶解溴化银；保护剂：亚硫酸钠，醋酸及硼酸也有保护作用。酸化停影剂：醋酸；坚膜剂：钾矾（硫酸钾铝）。

例如：上海牌 X 射线胶片定影剂配方

50 ℃温水	600 mL
硼酸	7.5 g
硫代硫酸钠	240 g
钾矾	15 g
无水亚硫酸钠	15 g
醋酸（28%）	48 mL
水加至	1 000 mL
定影	10～15 min

4. 冲洗操作

（1）显影：先测量显影液温度（应为 18～20 ℃）。胶片浸入显影液中上、下往返移动数次，随则把盖子盖好，定时（通常为 5 min）。拿起洗片架，把多余的药液滴回箱内。

（2）洗影：把显影完毕的胶片放入盛满清水的洗影箱内漂洗片刻（约 10～20 s）

（3）定影：把洗影后的胶片放入定影箱内的定影液中，定影的标准温度为 20 ℃～25 ℃，定影的时间一般为 10～15 min，但不应超过 30 min。

（4）冲影：定影完毕的胶片，放入流动的清水池中冲洗 0.5～1 h。

（5）干燥：冲影完毕的胶片可放入电热干片箱中快速干燥。

5. 暗室工作的注意事项

（1）暗室应清洁、整齐。显影药或定影药不允许沾染到工作台或其他设备和器具上。胶片的裁切和装卸过程中操作者的手要清洁、干燥。

（2）暗室内保证完全黑暗。工作过程不能有任何可见光线漏入室内（包括手机）。工作完毕后则应打开门窗，保持室内空气流通和干燥。

（3）在显影箱内不要同时放入过多的胶片，不要相互粘连。用盆洗法平冲时，要使全片同时浸入药液中，勿使部分露出液面。也不宜几张胶片同时显影，致使彼此重叠相连。

（4）显影液和定影液平时要加盖保存，以防氧化。已超期或性能衰老者，则应更换新药。如显影液变深棕色，显影能力减弱；定影液变得混浊，长时间定影也不能满意定影者，则可弃去。

6. 照片缺陷的原因分析

（1）照片灰翳。可能为显影剂过期、过稀，显影剂温度过高或过低，显影时间过长，胶片过期，胶片曾受X光照射，曝光后的胶片漏光，红灯过亮或红灯下时间过长，曝光不足等。

（2）照片发黄。可能为显影时间过长，显影液衰老，定影不足，定影液衰老和冲影不足等。

（3）树枝状黑影。装卸胶片过程中发生摩擦，产生静电感光。

（4）灰黑斑影。胶片与增感屏或保护纸因受潮湿粘着，进行剥离时引起静电感光；胶片互相贴靠或贴到池壁上。

（5）新月状黑影、星状阴影。手指持片不慎使胶片屈折所致。

（6）黑或白色指纹影。在显影前手指沾有显影液的呈黑色；沾有定影液的呈白色指纹。

（7）圆形白点。显影时胶片表面附有气泡或显影前有定影液溅在胶片上。

（8）大片白色区或白条影。显影时胶片表面互相粘贴或与显影箱壁粘贴；盆洗法显影时胶片摆动不均匀，与冲盆壁的条状凸起长时间粘贴。

（9）胶片周边黑色。暗盒周边处漏光。如呈灰黑色条状阴影多因投照曝光过度或显影液温度过高。

（10）胶片药膜皱缩或脱落。因显影温度过高或定影液过于陈旧衰老。

（11）胶片清晰度与对比度降低。胶片与增感纸接触不紧密、曝光时动物移动、显影或曝光不足、显影温度过低。

（12）网状阴影。显影、洗影、定影、冲影池温差大。

（13）白色不规则阴影或方角形白影。增感屏面上有斑点、霉点或胶片与增感屏之间夹入异物。

7. X射线胶片的自动冲洗技术

曝光后的胶片在自动冲洗机上冲洗，可在短时间内迅速完成显影、定影、水洗和干燥的全过程。处理胶片的速度约为90 s，连续工作，约75张/小时。在暗室内取出胶片放入进片盒，机器即开始自动冲洗片。

（五）骨关节疾病的X射线表现

1. 骨质疏松

指单位体积内正常钙化的骨的数量减少，含钙量正常，组织学上未钙化的骨组织并不增多。X射线表现骨的密度降低、骨皮质变薄、骨小梁变细、减少，透明度增加，常引起骨折。主要由于内分泌紊乱、营养不良、维生素D缺乏等原因引起的。

2. 骨质软化

骨中的含钙量减少这是因为骨组织钙化不足，每克骨的含钙量减少，未骨化的骨样组织增多。X射线表现骨质密度降低、结构疏松、骨小梁、骨皮质边缘模糊，骨质软化常导致骨骼变形弯曲。

3. 骨质破坏

由于骨的一些疾病影响（如骨髓炎、骨脓肿、骨结核），使骨发生破解，产生透明区。骨脓肿时透明区的边缘是清晰的，表明损伤和破坏是良性的或慢性的，如果边缘不清楚表明是恶性或急性的。透明区内部出现密度增长，形状不规则的阴影，此为死骨X射线影像称此为骨枢，如死骨及其边缘轮廓显得非常清晰，诊疗时首先要取出死骨。

4. 骨质增生硬化

单位体积内骨钙的数量增多，其性质和表现与骨质疏松相反，常见于慢性炎症。X射线表现为骨皮质增厚，骨髓腔狭窄，骨小梁增多、增粗。

5. 骨质压缩

骨密度增高，原因是骨质在外力作用下引起压缩，而使单位体积内骨的数量增多，如压缩性骨折。

6. 关节改变

（1）关节周围肿胀。关节周围密度增大，关节周围软组织肿胀。X射线表现为关节周围软组织密度增高层次不清。

（2）关节内积液。X射线下，关节间隙增宽、密度增加，但有时关节间隙增宽不明显。

（3）关节破坏。原因与骨质破坏相似，首先发生于关节软骨。X射线下关节间隙狭窄，破坏继续下去，侵害到关节板，则关节面不光滑，或出现骨质缺损。

（4）关节面位置改变。关节面位置改变指关节面的正常位置发生改变，如关节面的移位，这都是关节脱位的表现，对轻微的复杂关节面，要拍片与正常的关节对比。

（5）关节强直。关节强直是化脓性关节病或慢性关节疾病的最后结果。X射线下不显变化或有变化，有变化的分为两种：

① 纤维性强直：关节面处出现结缔组织增生而使两关节面联系在一起，从而影响关节的活动，但在X射线下不显影。

② 骨性强直：纤维组织增生后钙盐沉着，骨小梁形成贯穿而使两骨端连接起来，关节腔狭窄或消失。

7. 骨折

骨组织的完整性和连续性因外力作用而引起破坏称骨折。

1）骨折的分类

（1）按骨折的程度分类。

① 完全骨折：骨折线贯穿骨的全部横径，骨质完全失去连续性，称完全骨折。

② 不完全性骨折：骨折线没有贯穿骨的全部横径，骨质未完全失去连续性，称不完全性骨折。

（2）按骨折线的走向分类。
① 横行骨折：骨折线与骨的长轴几乎呈直角。
② 纵行骨折：骨折线与骨的长轴近于平行。
③ 斜行骨折：骨折线与骨的长轴成一夹角。
④ 螺旋骨折：骨折线呈螺旋形。
⑤ 多形骨折：骨折线不规则的骨折。
⑥ 粉碎性骨折：骨折后，骨块形成三块以上的骨段。
⑦ 骨板骨折：骨折似柳枝折断样，局部骨皮质和小梁扭曲，但不出现明显的骨折线。
（3）按骨折的部位分类。
① 骨干骨折：发生于骨干的骨折。
② 骨端骨折：发生于骨干骨端的骨折。
③ 关节骨折：发生于关节内的骨折。
④ 骨骺分离：在外力作用下，骨骺与干骺端发生了不同程度的分离与错位，在 X 射线下表现骨骺线很宽。
（4）按骨折的作用方式分类。
① 撕脱性骨折：肌腱受到暴力的牵引而撒下其附着的较小骨片。
② 压缩性骨折：常发生于椎体。椎体前后受压而发生楔形变形，主要是松质骨压缩，密度增高。
③ 嵌入性骨折：常由于骨折后两骨端受压力相互嵌入，嵌入时出现密度增高而变形，骨皮质、骨小梁的连续性消失，骨长度缩短。
（5）按软组织（主要是皮肤）受损的程度分。
① 开放性骨折。
② 非开放性骨折。
2）骨折的 X 射线表现
（1）骨折线。
骨质断裂的缝隙在 X 射线照片上的影像，是一条黑色透明的线状阴影，骨皮质部较明显，而在骨松质，扁骨有时表现为骨小梁中断、扭曲或交织紊乱，是骨折的最主要象征。
当发生断端重叠或嵌入时，表现为局部密度增高的条带状阴影。
在骨干骨折时应注意与骨骺线相区别。
（2）骨断端的移位。
前后移位或内处移位；上下移位，出现骨骼断端的分离，重叠，嵌入；成角移位，断端成一角度；旋转移位，骨折的一端沿骨长轴发生旋转（螺旋形骨折易发生）断端重叠者无骨折线，但重叠部分密度增高。
3）骨折的愈合
骨折的愈合指骨痂的形成而将断端粘固接合。骨痂的形成有一定的过程。骨折一周后，局部炎症开始消退，局部形成结缔组织性骨痂把两个骨的断端连接在一起，由于该骨痂不含钙盐，故 X 射线下不显影像，此时骨断像的骨组织缺血坏死和破骨细胞活动而被吸收，X 射线影像上骨折线没有骨折当时锐利，但比骨折时更清晰。

8. 化脓性关节炎

常由外伤引起化脓感染，临床上表现为局部的明显肿胀、跛行，如不积极治疗，到晚期会使关节软骨受到破坏，间隙增宽而模糊，同时周围软组织肿胀。再发展，关节软骨下关面不光滑、粗糙、模糊，最后发生关节强直。

9. 骨化性骨膜炎

由于骨膜受慢性炎症的刺激，骨膜增生骨化而形成新生骨，多见于马类家畜，常发于四肢。临床表现为跛行、局部肿胀很硬，称为局部硬肿。X射线表现为骨皮质表面出现新生的致密骨性阴影，该阴影边缘模糊，形状不定，大小范围亦不一致。

10. 骨髓炎

常由外伤、临近病灶直接蔓延、化脓菌侵袭到骨组织或细菌随血流入骨组织引起化脓，X射线下表现为：

（1）急性期表现：以骨质破坏为主，骨质破坏，骨质上出现不规则的透亮区，同时产生骨膜反应，出现骨膜增生，骨的外形增粗变形，局部密度增大。

（2）慢性期表现：以骨质增生为重，X射线表现增生较多，骨骼外形发生不规则增生。

（六）胸部疾病的X射线诊断

近几年，随着饲养犬、猫的增多，X射线主要用于犬、猫、猪、牛等家畜的呼吸器官检查，主要原因是肺内含有空气，它与周围组织和器官之间形成良好的天然对比；又因为小家畜的体型小，保定方便，转位容易，便于操作，可以做多方位的检查，因此病变的发现率和诊断的准确性都比较高。大家畜体型大，对胸部的X线检查只能做站立侧位检查，而侧位检查时，左右两侧的组织影像重叠在一个平面上，同时宽厚的胸部使影像的清晰度和对比度变差；肺部的病变由于胸宽加大了病变部位到透视屏或胶片的距离，这更大大降低了病变影像的清晰度，对较小的病变难以发现，这就给大家畜的胸部应用X射线检查带来了一些限制。

1. 检查方法

（1）透视和摄影选择

透视和摄影是常用于胸部X射线检查的两种方法，具体选用何种方法根据临床检查的需要，结合透视和摄影在X射线检查上的优缺点选用两种方法，配合使用效果最佳。临床上，一般用透、视即可，大家畜常直接做摄影检查，这样便于对呼吸器官影像进行仔细研究，其检查方法有正位和侧位两种方法。正位也称后前位（背腹位）：即X光从背部进入畜体穿过胸肺，从胸壁穿出，荧光屏紧贴胸壁。

（2）各种家畜的检查法

①猪：直立位，使两前肢上举，身体中轴与地面垂直，再进行正位、侧位的X线透视和摄影。

②羊：通常用直立侧位，因侧位显示肺野范围最广。如发现病变，需判断何侧时，则需作背腹位（正位检查），犬也可用自然站立侧位。

③ 牛、马：只能用自然站立侧位。

2. 正常胸部 X 射线解剖

家畜种类虽不同，其胸部结构基本一致，均由软组织、骨骼、膈肌、纵隔、肺及胸膜等组成，这些组织和器官在 X 线下相互垂叠组成胸部的综合影像。但不同家畜有所差异（如被毛长厚的动物如绵羊、狗等肺野可出现被毛的密度增加阴影，应注意与肺内渗出性病变相区别；另外应注意区别犬、猪胸壁的乳头，勿认为是肺内病变；另外不要将胸壁病变，甚至胸壁污物（泥土、砂粒）误以为肺内病变。我们仅对胸部某些重要器官和组织的正常 X 线征象作一简要叙述，主要以猪为主进行介绍。

1）猪

（1）直立正位

① 软组织：为胸壁的外层，呈现中等密度的阴影，并可分为皮肤、皮下脂肪和肌肉等不同层次的阴影。

② 胸廓骨骼：在肌肉的内面，包括肋骨、胸椎、胸骨及肩胛骨，呈现为密度最高的不透明阴影。猪的胸廓呈圆锥形。猪有 14 对肋骨，长白猪 17 对，与胸椎相连的肋骨上（背）段呈水平状态，连接肋软骨的下段则变向下内方，末端与肋软骨连接处呈游离状态，因肋软骨未钙化前密度与软组织相同而不能显现；胸骨正位与椎骨，纵隔重合不能显现。

③ 横膈（膈肌）：膈肌在直立正位呈现为向上隆起的弧形阴影，其上部为肺，下部为腹腔脏器。上有 3 个裂孔，主动脉裂孔、食管裂孔和后腔静脉裂孔。由于食道由此进入腹腔，有时可显示密度增加的切迹阴影，切勿误以为是粘连。

④ 纵隔：纵隔为在右两肺之间密度最高的宽大中央阴影，参与构成纵隔阴影的组织器官包括心脏、血管、食管、气管、淋巴结、淋巴管等，并与胸椎及胸骨重叠在一起。心脏影像是纵隔阴影最膨大的部分，为圆形密度均匀的阴影，面积约有五分之三，偏于左侧，心影的边缘清楚。在透视检查时可见心脏的搏动。除心脏外，纵隔其他存在器官一般不能显现。心脏上部胸椎左侧缘外显示与心脏重叠的密度增加的主动脉弓的阴影。右心膈处胸椎右侧缘，中间能显示出后腔静脉阴影。

⑤ 肺野：肺野是位于纵隔两旁的广泛而均匀的透明区域，这就是肺的阴影。在肺野两心膈角区，由肺门（支气管由肺门入肺）向下外方呈放射状的中等密度树枝状阴影，是肺纹理的影像，由肺动脉、静脉、支气管、淋巴管等组成，正常的肺纹理一般清晰锐利、条理性较好。

（2）直立侧位

① 骨骼：肋骨表现为直的阴影，由胸椎向后下方走行，末端呈游离状，若肋软骨已钙化，则见肋骨末端由肋软骨与胸骨相连。

② 胸肌：胸肌是由几肋间至胸骨剑突末端的向前隆凸的倾斜弧形阴影。

③ 肺野：肺野是由第 1 肋骨与膈肌，胸骨与胸椎围起来的广泛均匀的透明区域，侧位所见的肺野虽最宽广，但左、右两肺重迭不能区分。

2）羊

胸廓狭小而长，羊的肋软骨钙化较早，心脏和肺纹理没有猪清楚，胸骨分 7 节，前 3 节排列成弧形。

3）马、牛

马的肺野较长，牛的较短。马的肋骨较窄，牛的较宽。

3. 肺部病变的 X 射线表现

（1）渗出性病变。

渗出性病变是肺急性炎症的表现，肺泡内充满炎性渗出物。X 射线表现为中等密度、边缘模糊不清、形状不规则、密度不均匀、云絮状阴影，又称软性阴影。

（2）增生性病变。

增生性病变是慢性炎症过程或急性炎症好转，即早期未形成纤维化时的表现，肺泡内发生肉芽组织增生。X 射线表现为密度偏高、边缘清楚、斑点状、豆瓣状的阴影，又称硬性阴影。

（3）纤维性病变。

纤维性病变在愈合时多变为纤维组织，收缩成瘢痕，是受破坏的肺组织修复后的表现，多见于肺结核、肺脓肿和间质性肺炎等。X 射线表现为密度增高、边缘清楚、粗乱的条索状或网状阴影。

（4）钙化性病变。

钙化是慢性炎症愈合的另一种表现，常见于肺结核。X 射线表现为高密度、边缘清晰、形状不规则的斑点或斑块状阴影。

（5）空洞性病变。

空洞性病变是肺组织被破坏后死组织液化，经支气管排出而形成空洞的表现，见于肺结核、肺脓肿、肺坏疽等。X 射线下表现为圆形或类圆的低密度阴影（透明区），可分为以下三类：

① 厚壁空洞：调壁较厚，周围有渗出性阴影，边缘不规则，当为半圆形时多为肺脓肿。

② 薄壁空洞：即破坏区周围有薄层的纤维组织围绕。X 射线下表现为内壁光滑清晰，内部有少量渗出液，多见于肺结核。

③ 多发性空洞：即有多个透明区，多见于肺坏疽。

（6）空腔性病变。

与空洞性病变的 X 射线表现类似，主要由于肺气肿引起。与空洞性病变的区别是比空洞性病变壁薄，周围无渗出性阴影，腔内无渗出物。

（7）肿块性病发。

由于肺组织出现增生，由肿瘤组织或囊肿代替了原有的肺组织。X 射线表现为中等密度，均匀边缘清楚，光滑圆形或类圆形阴影。

（8）肺气肿。

主要是肺泡内含气量增多的表现。X 射线表现为肺组织透明度增加，膈肌后移，肋间增宽胸廓变形。

（9）肺不张。

X 射线表现为密度增高，三角形或扇形，尖端指向肺门斑块状阴影，纵隔向患侧移位，肋间变窄。

第二节 超声波检查

兽医超声波检查是运用超声波的物理特性及动物体的声学特性，对动物体组织器官的形态结构与功能状态做出判断的一种非创伤性检查法。它与传统X射线、CT成像、核磁共振和核数成像一起被称为当前医学五大影像诊断技术。兽医超声检查主要可用于测定实质性脏器的体积、形态及物理特性；判定囊性器官的大小、形态及走向；进行动物的妊娠诊断；鉴定脏器内占位性病灶的物理性质；检测体腔积液的存在与否，并对其数量做出初步的估计；引导穿刺、活检或导管植入等。

兽医超声诊疗仪可分为A型超声诊断仪（Amplitude mode，简称A超）、B型超声诊断仪（Brightness mode，简称B超）、D型超声诊断仪（多普列Doppler，简称D超）、M型超声诊断仪（Motum mode）。A超属于幅度调制型，是最原始的一种，现在基本不用。B超属于辉度调制型，是将回声强度以光点阴暗的形式在荧光屏上显现出来。回声信号越强，光点越亮；回声信号越弱，光点越暗；没有回声则成暗区。同时回声信号由点、线到面构成该探查部位的二维断层图像，即切面显像。因此，B超又称为超声断层显像诊断法，其荧光屏上显示的图像称为声像图。D超是应用多普列效应原理设计的，多为听诊型（也有记录型和显示型），主要用于探测宫血音，胎心音等诊断妊娠及心脏，脉管搏动和胃肠蠕动等。M超也属于辉度调节型，其工作原理与B超相似，也以光点的阴暗反映回声的强弱。它主要用于探测心脏活动。除此之外，它尚可观察胎动、胎心及胃肠蠕动情况，反映活动器官的变化。现对B超在动物医学领域中具有特色意义的应用作一简要的综述。

一、B超仪简介

B超诊断仪种类很多。B超仪根据显示方式有彩超和黑白超之分。任何B超仪都由探头、主机、附件和记录装置等部分组成。根据动物不同组织器官具有不同的密度和不同的超声传播速度，即不同的声阻抗特性，使其产生一定频率的超声波，将这种超声波射入动物体内，经体内不同脏器的界面而产生反射回波；反射的不同大小的回波，从而又将接收的回波、检波及数字扫描变换等处理后形成标准视频信号，在监视器屏幕上显示出脏器截面图像。在无任何损伤和刺激的情况下对活体进行切面观察的一种高科技手段，已成为兽医诊断活动的有利助手和活体采卵、胚胎移植等科研必备的监测仪器。

二、工作原理

利用换能器（探头）经压电效应发射出高频超声波透入机体组织产生回声，回声又被换能器接收变成高频电信号后传送给主机，经放大处理后于荧光屏上显现出被探查部位的切面声像图。

三、超声波在我国畜牧兽医界的发展历史

从 1942 年 Dussik K. T. 和 Firestone F. A. 用连续超声波诊断颅脑疾病开始,至 20 世纪 70 年代超声诊断技术即已成为五大医学影像技术之一。20 世纪 60—80 年代超声诊断在动物上的应用得以飞速发展,80 年代后则以 B 超和 M 型超声心动图为主。应用范围遍及各种家畜及多种家禽、实验动物、野生动物及部分水生动物,应用目的包括动物疾病诊断、妊娠诊断及畜牧生产、细菌病毒崩解及某些疾病的治疗。我国动物超声诊断应用起步较晚,比先进国家约落后十年。从 1975 年至今,我国动物超声应用大约经历了三个时期:

1. A 超与 D 超应用的起步阶段(1975—1985 年)

谢庭树 1975 年首次报道用 A 超探查马骡胸部及其疾病,而后陆续有 A 超与 D 超的应用报道,主要是将人用 A 超与 D 超移用于兽医临床和畜牧生产,且主要是作家畜的妊娠诊断和脏器正常值的测定,也有动物胸腹腔积液性和占位性病变的 A 超诊断报道。直至 80 年代中期,这些报道大多局限在少数农业院校和研究单位,且多为探索性研究,很少用于畜牧生产和兽医临床。1982 年成立相关学术组织,并召开了全国首届兽医超声诊断学术研讨会,为动物超声诊断的进一步研究和推广应用作了组织上和学术上的准备。

2. A 超与 D 超应用的推广与 B 超应用的研究阶段(1985—1995 年)

熊道焕等 1986 年编辑出版了《兽医超声诊断》,王书林 1987 年亦发行了《兽医超声影像诊断技术》,标志着我国相关技术在引进吸收和探索研究的基础上已趋于成熟;同时国内生产厂家已有兽用 A 超和多普勒超声诊断仪面市,为推广应用做好了物质准备。鉴于超声诊断在畜牧兽医上应用前景广阔,在学术界的强烈呼吁和行政干预下,A 超和 D 超在畜牧生产和兽医临床上得以广泛推广应用。1990 年前后有大量生产实践和临床应用的报道见诸各类专业杂志和报刊,但主要是 A 超和 D 超的应用,尤其是家畜早孕诊断居多。此间已召开了三次学术研讨会,并吸收了大量畜牧生产和兽医临床单位和个人入会,扩大了学术组织的阵容。与此同时,以陈兆英、熊道焕、陈白希等为主的学术带头人已从日本、荷兰、加拿大等引进了兽用 B 超,并进行了系列的应用基础研究,为 B 超的推广应用做好了准备。

3. B 超的推广应用阶段(1996 年至今)

1996 年我国批量引进加拿大 AMI-900 型兽用 B 超仪,在中国畜牧兽医学会兽医影像技术学分会的指导和配合下向全国推广应用,并联合组织技术培训,又掀起了一场动物 B 超诊断技术的推广应用热潮。此间又召开了三次学术研讨会,发表相关论文 100 多篇,面向二十一世纪专业教材《兽医影像学》及专著亦正在编写,为传授动物超声诊断技术推波助澜。至今全国已有数百家单位和个人在使用动物 B 超,包括教学科研单位、动物医院、猪场、奶牛场、羊场、动物园乃至个体兽医。2012 年由中国"中国第一小超兽"杨高丰在其导师中国农业大学教授邓立新的指导下研发高端的 B 超超声波影像技术,目前已取得一些进展,并引进英国 Easi-scan 最先进的 BCF 技术。

四、超声波在动物繁殖与产科疾病上的应用范围

（1）监测卵泡和黄体：主要以牛马等大动物报道为主，主要原因是大动物可在直肠内把握卵巢而清晰地显现卵巢的各个切面；中、小动物的卵巢较小，常被肠管等其他内脏所遮挡，在非手术状况下很难把握，故不易显现卵巢切面。牛马卵巢可用 5.0~7.5 MHz 的线阵或凸阵探头通过直肠或阴道穹窿部，在手握卵巢的情况下观察到卵泡和黄体的状况。

（2）监测发情周期子宫：发情期和性周期中其他时期的子宫声像图明显不同。发情期子宫颈内膜层和子宫颈肌层分界明显，由于子宫壁加厚，子宫内含水量增多而使声像图上有较多的低回声暗区，质地不均。发情后期和间情期子宫壁图像较亮，可见子宫内膜皱褶，但腔体内无液体。

（3）监测产后子宫复旧：初产牛子宫角多在产后 40 d 时复旧完全，经产牛约需 50 d，复旧接近完成时子宫肌层与其他组织界限明显，子宫内膜逐渐增厚，图像变白。犬完成子宫复旧约需 15 周。

（4）监测子宫疾病：B 超超声波对子宫内膜炎、子宫积脓等较为敏感。炎症时子宫腔轮廓模糊不清、宫腔膨胀伴有部分回声及雪片状物；积脓时子宫体增大，宫壁清晰，宫腔内有液性暗区。

（5）早期妊娠诊断：早孕诊断主要是以探测到孕囊或孕体作为依据。孕囊是子宫内的圆形液性暗区，孕体为子宫内的圆形液性暗区内的强回声光团或光斑。

（6）观察胚胎发育：通过观察胎儿的胎外结构和胎内结构的变化判断胚胎发育。

（7）监测胎儿死活：用超声检测胎儿心跳，可以预测胎儿的死活。胚胎死亡之前，心跳明显减少。胎动消失，胎囊中充满液体暗区，看不到胚芽，子宫内回声紊乱，不能辩清胎囊、胎盘和胎儿结构等都预示着胚胎死亡。

（8）鉴别胎儿性别：用超声探测胎儿的生殖结节与周围结构的位置关系能准确鉴别胎儿性别。在牛配种后 50~105 d，鉴定胎儿性别的准确率为 96%。

（9）估测怀胎数目及预测胎龄：估测怀胎数目主要用于怀多胎的动物。B 超还可以高度准确地判断胎儿的大小，并可根据胎儿的尺寸预测产犊日期。利用胎囊直径大小可以粗略地估计胎龄大小，也有用绒毛囊腔直径和子宫直径判定胎龄的。

（10）监测公畜生殖器官：用 7.5 MHz 或 5.0 MHz 的探头经体表探查公畜睾丸及副性腺，用以诊断公畜生殖器官疾病。这主要是观察组织中有无积液及钙化，探查尿道结石、副性腺囊肿、积液、肥大、萎缩等。

五、兽用 B 超在畜牧生产上的意义

（1）B 超超声波作定期妊娠检测，以及早识别空怀母猪而减少饲养浪费，增加经济效益。通过 B 超进行早孕监测后诊断妊娠的准确率至少提高了 9 个百分点，及时检出了未孕母畜，避免了"无效饲养"。仅此一项粗略估算，监测早期妊娠的第 1 年节约饲养费即获得直接经济效益 5 000 元左右；同时，B 超监测可及早准确掌握妊娠母猪头数，起到保证均衡生产的作用。由于及早发现大量空怀，究其原因，若是因引进公猪带入传染病发生感染所致，就能

及时采取措,减少了经济损失。B超还可对卵巢机能异常或疾病、空怀和子宫疾病、死胎流产及公猪的睾丸、附性腺等疾病进行监测。这些功能的发挥和利用,可及时发现异常,采取相应措施,从而大大提高对猪群健康的监控水平,提高生产效益。

(2)测定猪的背膘厚度和计算眼肌面积。种猪场可用B超在活体无损伤地准确测定猪的背膘厚度和计算眼肌面积,大大提高育种选育的科学性和准确性。

(3)转基因羊与克隆羊的妊娠分析。用配有5 MHz直肠探头超声断层扫描仪对经转基因或细胞核移植后的胚胎移植受体白山羊和自然交配羊进行妊娠检查。结果表明:胚胎移植后28~102 d试验羊妊娠诊断阴性(B超判断未怀孕羊)的准确率为100%,自然交配羊和细胞核移植受体羊妊娠诊断阳性(B超判断怀孕)和阴性的准确率为100%,部分转基因受体羊因胎儿发育停止或流产而出现假阳性。

(4)B型超声波导引采集牛卵母细胞。利用B型超声波导引采集牛卵母细胞简便、可靠,对牛阴道、卵巢造成的损伤小,对牛的健康和生殖机能无不良影响。在一周时间内对同一头牛间隔4 d重复采卵两次,卵母细胞回收率41%。

(5)B型超声诊断技术在波尔山羊胚胎移植产业化中的应用。超声诊断技术已较多地应用于哺乳动物胚胎工程和基因工程研究中的妊娠检查、孕期监测、超数排卵等方面。

六、兽用B超在养猪场中的实际应用(图5-3)

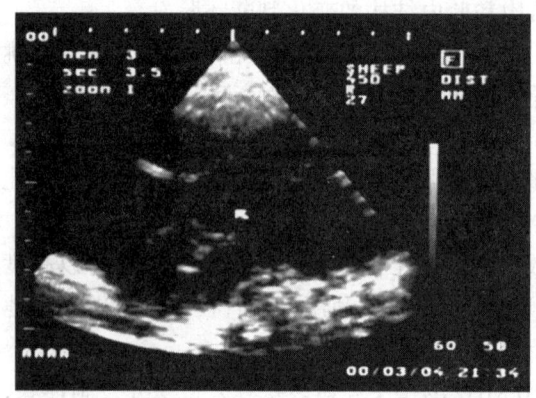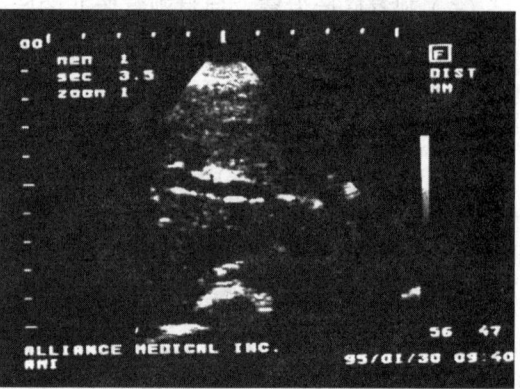

图5-3 B超电子线阵扫描

(1)第一时间检测出是否怀孕。(第一个发情期:19~21 d)在这时检测出有无怀孕,对于养殖户来说是最省钱的,如果是空怀可以及时再配,从而大大缩短了无效饲养的时间。

(2)配种后30 d左右估测胚胎数作为规模化养殖场来讲,这是一个必须重视的指标。早期估测出来胚胎个数,有利于妊娠母猪日粮中营养配方以及饲喂量的调整。当胚胎个数较多而营养和日粮跟不上时,容易造成流产或弱胎;而当胚胎个数较少而营养和日粮过剩时,容易造成胚胎个体发育过大,引起难产。

(3)配种65 d以后可检出有无死胎。作为养殖户来说,最害怕的就是出现死胎,及早的发现死胎可避免不小的经济损失。若出现死胎,可据情况进行相关处理。

(4)两次、三次配不上的可检出是否有子宫炎、卵巢囊肿等繁殖障碍疾病卵巢囊肿。猪的不孕症是目前困扰养殖户的严重问题之一,其主要症状就是屡配不孕,母猪发情症状明显,发情时间较有规律，但就是配不上。

（5）中期可检出有无胚胎吸收。这也是困扰养殖户的问题之一，主要症状是配种后不再有发情表现，两个月左右时肚子有点大，到了产期有点下奶，但过了产期也无产仔的表现。

七、B超仪使用时的注意事项

（1）宜在5~40℃温度的洁净环境中工作，温度骤变会引起损坏。
（2）主机内不可进水和其他任何液体，探头可清洗但不能长时间呛水。
（3）必须在关闭电源时才可接插头或拔除探头及其他外接配置。探头为极精密器件，且勿摔落，碰撞，重压，敲击。谨防探头电源被折断，尤其是接口处。
（4）每种型号的B超都有其不同的设置和软件，应参照说明书谨慎使用。

第六章 建立诊断的步骤与方法

一、建立诊断的步骤

在兽医临床疾病的诊疗过程中，建立正确的诊断，通常是按照以下步骤来进行的。首先是调查病史，然后搜集症状，再实施防治、验证诊断。

（一）调查病史，搜集症状

完整的病史对于建立正确诊断是非常必要的。要得到完整的病史资料，应全面、认真地调查现病史、既往生活史和周围环境因素等。调查中要特别注意病史的客观性，防止主观片面。例如，患有创伤性网胃腹膜炎的奶牛，如果只凭畜主语言描述，诸如该牛反刍不正常，经常排稀粪，产奶量下降，而未述及病牛的行动和姿势异常，多取前高后低姿势，不愿卧地或上坡时无异状，下坡时常发呻吟声等，就可能让兽医工作者误认为是一般消化不良性的前胃弛缓，而忽略了对创伤性网胃腹膜炎的考虑。

除了调查患畜的病史以外，对于建立正确诊断更为重要的是对病畜进行细致的检查，全面的搜集症状。搜集症状不但要全面、系统，防止遗漏，而且要依据疾病进程，随时观察和补充。临床症状是病史的主体，症状的特点及其发生发展与演变的情况对于形成诊断起着重要作用。详尽而完整的病史大约可解决近半数的临床诊断问题，但症状不是疾病，兽医应该通过症状，结合动物医学知识和临床经验，认识探索客观存在的疾病特点。病史采集要全面、系统且真实可靠，病史要反映出疾病的动态变化及个体特征。

（二）症状分析与建立初步诊断

1. 症状分析

由于致病原因、动物机体的反应能力、疾病经过的时期等的区别，疾病过程中症状的表现千变万化。从临床的观点出发，大致可将症状分为如下几类：

（1）全身症状与局部症状。

全身症状一般是指机体对致病因素的刺激所表现的全身性反应。例如许多发热性疾病常呈现体温升高，脉搏、呼吸增数，食欲减退，全身无力和精神沉郁等。全身症状的有无、轻重，对于判定病情、病性、病程及预后，都可提供有力的参考。

局部症状是指某一器官疾病时，局限于病灶区的一些症状，如肺炎的胸部叩诊浊音区，炎症部位的红、肿、热、痛等。从有机体的完整性来看，局部症状只是全身病理过程的局部表现，不能孤立地看待和理解，局部症状也可引起全身性反应。例如，马的便秘，本来是肠管的局部阻塞，但经常可引起心跳加快、呼吸增数、尿量减少、姿势异常以及水盐代谢紊乱和血液成分的改变等。

（2）主要症状与次要症状。

主要症状是指对疾病诊断有重要意义的症状。如在心内膜炎时，可表现为心搏动增强、脉搏加快、呼吸困难、静脉淤血、皮下水肿和心内性杂音等，其中只有心内性杂音可作为心内膜炎诊断的主要依据，故称其为主要症状，其他症状称为次要症状。

（3）示病症状或特有症状。

示病症状又称特有症状，是指只有在某种疾病时才出现的症状，即是该病特有的而其他疾病所不能出现的症状。见到这种症状，一般即可联想到这种疾病而直接提出某种疾病的诊断，如破伤风的木马样姿势，纤维素性胸膜炎的胸膜摩擦音等。

（4）早期症状或前驱症状。

早期症状是指在疾病的初期阶段，主要症状尚未出现以前表现的症状。早期症状常为该病的先期征兆，可据此提出早期诊断，为及时提出防治措施提供了有利的启示。如幼畜的异嗜现象，常为矿物质代谢紊乱的先兆；反刍功能异常多为前胃疾病的前驱症状。

（5）后遗症。

后遗症是指原发病已基本治愈而遗留下的某些不正常的现象。

一般而言，特有症状、局部症状、综合征候群，常在提示诊断和确立诊断中有较重要的意义；全身症状可作为判断病情的轻重及推断预后的参考；早期症状在疾病的早期诊断中起启示和线索的作用。临床上很多疾病没有示病症状，而某些局部症状又不是某一疾病的特有表现。为此，搜集症状后，应加以归纳，组成综合征候群，对提示诊断或鉴别诊断均有很大价值。

2. 建立初步诊断

所谓疾病诊断，是指兽医师通过诊察之后，对病畜的健康状态和疾病情况提出的概述性判断，通常要指出病名。对病畜所患疾病的实质的判断，一般以病名的形式表示，临床上依诊断的内容和性质可分为以下几种。

（1）根据诊断的内容分。

① 症状诊断：按疾病过程中出现的某一个主要症状来命名。如贫血、黄疸、腹泻和便秘等。由于某一症状可由多种病因引起，许多疾病时又可出现相同的症状，因此症状诊断不能反映出疾病的实质，只能为对症治疗提供方向。所以这种诊断的价值不大，力求不做出这类诊断。

② 病理解剖学诊断：以病理解剖的变化特征来命名，如小叶性肺炎、胃卡他等。一般可明确疾病的主要侵害器官和疾病的主要性质，但仍未说明疾病的发病原因。

③ 病理生理学诊断：又称机能性诊断，是以机能紊乱的表现特点命名的，如心功能不全，前胃弛缓等。

④ 病原学诊断：这种诊断能表明疾病发生的原因，对于疾病的防治很有帮助，如炭疽、结核病、风湿性肌炎等，但不是所有的疾病都能作出病原学诊断的。

⑤ 发病学的诊断：阐明发病原理的诊断称为发病学诊断或发病机理诊断。如过敏性休克、变态反应性皮炎、自身免疫性溶血性贫血等。这种诊断不但要阐明疾病发生的具体原因，还要说明疾病的发展过程，疾病的发生与机体内在矛盾的关系以及病理过程的趋向和转归，所以它是一种比较完满的诊断。

(2)根据建立诊断的时间分。

①早期诊断：是指在发病初期建立的诊断，对疾病的早期防治很重要，尤其在发生传染病时意义更大，只有建立早期诊断，才能保证畜群得到及时治疗和隔离消毒，以防疾病的扩散和传播。

②晚期诊断：是指疾病发展到中、后期，甚至尸检时才建立的诊断，使疾病的有效防治受到时间上的限制。

(3)根据建立诊断的手段分。

①观察诊断：对有些疾病，一时不能做出诊断，须待一定时间的观察后，发现新的有价值的症状或获得补充检查的结果而建立的诊断。

②治疗诊断：根据特殊疗法是否获得满意疗效而建立的诊断。

(4)根据诊断的准确程度分。

①疑问诊断：是指疾病症状不明显或病性复杂，仅依据当时的情况所做出的暂时性的诊断，在以后的观察治疗过程中或被证实，或被完全推翻。如疑问诊断是错误的，应随时加以纠正。

②初步诊断：是在经过病史调查、一般检查及系统检查之后所做出的诊断，它是进一步实施诊疗的基础。无论在任何条件下，初步诊断都是必要的，否则诊疗方案和措施便无从谈起。

③最后诊断：是在经过全面检查，排除类似疾病，并通过治疗验证之后所做出的诊断。无论疾病是否治好，病畜是否死亡或废役，均应做出最后诊断，以便不断总结经验，提高诊断能力和水平。

④待除外诊断：有些疾病缺乏特异性或足够的诊断依据，只有在排除了其他一切可能的疾病后，才能做出诊断。临床上常用"××病待除外"或"印象××病"的形式作为暂时的诊断，以表示诊断欠完善。

3. 验证或修正诊断

对病畜做出的初步诊断是否正确，必须经过防治实践的检验。一般来说，对一个疾病，在建立初步诊断后，通过相应的防治措施，收到了满意的治疗效果，证明初步诊断是正确的，从而初步诊断即成为确诊。如果通过治疗，达不到预期效果，则应重新诊断或修订错误诊断。但有些疾病病程在发展，经常有变化，即使初步诊断在当时是正确的，但随病程的发展也应随时加以必要的补充。如纤维性骨营养不良继发骨折等。

综上所述，从调查病史、搜集症状，到综合分析症状做出初步诊断，直至实施防治、验证诊断，是认识、诊断疾病的三个过程，这三者相互联系，相辅相成，缺一不可。其中调查病史、搜集症状是认识疾病的基础；分析症状是揭露疾病本质、制定防治措施的关键；实施防治、观察疗效，是验证诊断、纠正错误诊断和发展正确诊断的唯一途径。如果建立初步诊断之后，就完事大吉，不去验证，那就无法纠正错误认识，不能达到建立正确诊断的目的。

二、建立诊断的方法

建立诊断的方法一般分为两种，即论证诊断法和鉴别诊断法。

（一）论证诊断法

论证就是用客观的事实来证明事物的真实性。论证诊断法多适用于提出一种可能性的疾病诊断后，再把收集到的一系列症状、资料和提出的可能性疾病进行比较核对，对照二者之间是否符合，并且最后加以肯定或否定。

作为论证诊断的基本依据有：一般应以主要症状和综合征候群是否符合、全部症状是否可用该病解释，并有无根本矛盾、疾病的发生情况与一般规律是否一致、具体的致病原因与致病条件是否存在、防治效果可否验证等。

有一定经验的临床工作者，习惯使用论证诊断法。尤其当症状暴露得比较充分或出现综合症状与示病症状，使矛盾变得比较突出明显时，运用论证诊断法是适宜的。

例如有一匹役用马，突然发病，全身肌肉僵硬，步样强拘，用手掌压迫其腰部时反应迟钝。病马运动后，步样变得灵活了。调查病史，存在感受风、寒、湿的情况。临床兽医很容易想到是风湿役，如果用有关肌肉风湿病的知识对照解释，大多是符合的。同时用水杨酸制剂治疗后，取得明显效果，便进一步证实了肌肉风湿病的诊断是正确的，这就是论证诊断法。又如某头病牛，突然发病，食欲废绝，反刍和嗳气很快停止，腹围迅速膨大，触诊瘤胃紧张而有弹性，叩诊呈鼓音，瘤胃蠕动音减弱或消失，呼吸高度困难，病史调查有采食了大量易发酵的草料，像这样的疾病，略有临床经验的人便很容易就想到是急性瘤胃臌气。

（二）鉴别诊断法

在疾病的早期，对复杂的不典型的病例或缺乏足以提示明确诊断的症状、根据时，可根据某一个或几个主要症状，提出一组可能的、相近似的、而有待区别的疾病，通过深入的分析、比较，采用排除诊断法逐渐地排除可能性比较小的疾病，缩小考虑范围，最后留下一个可能性较大的疾病，这就是鉴别诊断法，也叫做排除诊断法。鉴别诊断法的步骤有：

（1）明确主要症状，或以主要症状为基础结合有关症状组成综合征或征候群。

（2）以主要症状或综合症状为出发点，根据可引起该症状的病理过程和原因病，列举所有的可能性疾病。

（3）根据每个可能性疾病的特征，结合病畜的具体特点进行比较分析，最后留下可能性较大的疾病。

（4）对存留的可能性较大的疾病，形成初步的临床诊断。

如一头 6 月龄的病猪，主诉当日早晨发病，病后精神萎靡，食欲不振，离群卧于垫草内不起，有腹泻，遂来求诊。问诊知昨天午后同圈猪已有 10 头发病，全是体型较大膘情较好的，病后不久死去 8 头，剩下 2 头也奄奄一息。近来喂的精料是麸皮、青稞，粗饲料是谷糠；自前天起，粗饲料改用白菜叶，饱喂前一天将菜叶煮熟后放置于饲料缸内，次日与精料拌和饲喂。这些猪两个月前都进行了猪瘟、猪丹毒、猪肺疫的预防接种。临床检查猪昏迷嗜睡，体温 37 ℃，心率 80 次/min，呼吸频率 30 次/min。口流白沫，呼吸时腹部起伏动作明显，末梢器官冰凉，鼻盘及口唇发紫，腹围略大，后躯被稀粪污染。扶起后，四肢软弱，行走无力，间有转圈运动。

如果说上述发病情况和检查结果没有错觉，那么这头病猪从致病原因、发病情况及临床症状方面就提示我们有猪瘟、猪传染性胃肠炎和饲料中毒的可能性。首先应先从这三个病的特点方面去鉴别。猪瘟，因已做过预防接种，体温不高，又无其他临床症状，据此可以排除。猪传染性胃肠炎，因多系初生仔猪死亡率高，临床症状又没有发热表现，也可排除。可能性最大的是饲料中毒，因为有饲料的突然变更，饲料调制方法不当的病因，有突然群发、病猪体型大、膘情好和死亡率很高的发病情况，有腹泻、神经症状和体温偏低的临床表现。所有这些均与假定的可能性大的饲料中毒基本相一致。因此，假定的可能性大的饲料中毒就可构成初步诊断。为了进一步作出诊断，还需通过改变饲料和饲料调制方法和进一步做毒物检验。若改变饲料和饲料调制方法后不再发病，或经过毒物检验，饲料中含有大量亚硝酸盐，即可确诊为亚硝酸盐中毒。

论证诊断法与鉴别诊断法并不矛盾，两者相互补充，相辅相成。一般当提出某一种疾病的可能性诊断时，主要通过论证方法，并适当与近似的疾病加以区别而肯定或否定；但当提出有几种疾病的可能性诊断时，则首先应进行比较、鉴别，经一一排除，再对留下的可能性较大的疾病加以论证。先行鉴别或先行论证，应依据具体病情及当时所收集的症状、资料不同而定。

三、预后判断

（一）预后的概念

预后是对病畜所患疾病的发展前途的可能性结局的推断与估计。预后不仅要判断病畜的生死，同时也要推断患畜的生产能力，以及是否要废役或淘汰等问题。由于兽医工作者所面临的对象是经济动物，因此，正确判断预后，对采取合理的治疗措施和减少经济损失，有很大的实际意义。

（二）预后的种类

临床上一般将预后分为四种：
（1）预后良好：有充分的根据可以治愈，是指动物不仅能恢复健康，而且还不影响使役和生产性能。
（2）预后谨慎：有治愈的可能性，但应给以特别的注意。
（3）预后可疑：判断预后的根据不足或病情严重，但经认真的努力或可争取病情好转时。
（4）预后不良：病情严重，可能出现死亡或不能彻底治愈。

（三）判断预后的依据

1. 疾病的性质、时期、程度及其复杂性

同一疾病有病期早晚、程度轻重之分，早期、轻度易治，反之则较难。不同性质的疾病，有的治愈率高，有的死亡率大，单一疾病易处理，伴有伴发病则较难治疗，而且疾病的典型与非典型，急性与慢性等，均可作为判断预后的参考条件。

2. 病畜的个体条件

品种、年龄、生理状态及营养情况等,均能影响机体对疾病的抵抗力,所以是判断预后的重要根据。一般幼小、老龄、瘦弱、衰竭的个体对疾病的抵抗力弱,某些特定的生理状态也可给疾病的治疗带来困难。

3. 实际可能治疗条件

有的疾病有特效疗法,有的尚无理想的治疗措施,有的虽有可靠的治疗方法,但当时当地具体条件不具备等。

一般应根据上列条件进行综合分析、认真谨慎地加以判断,对病危患畜更应给予注意。临床上对具有下列症状的病畜,要特别提醒重视:

(1) 心机能状态高度不良,如严重的心律不齐,心跳微弱,脉搏不感于手,心率过快并伴有第二心音消失等。

(2) 高度呼吸困难,显著的吸入性呼吸困难,或伴有严重的呼吸节律紊乱。

(3) 全身可视黏膜及皮肤重度发绀,呈深暗的蓝紫色。

(4) 严重而顽固的神经症状,如狂躁不安、昏迷不醒或呈反复发作的癫痫、痉挛。

(5) 全身出冷汗,大汗淋漓、呈休克或虚脱状态。

(6) 体温显著下降,皮温不整,末梢冷厥。

(7) 极度的衰竭,瘦弱,严重的创伤、骨折。

(8) 黏膜显著苍白,重度贫血,或有急性大出血与肝脾破裂的可能病例。

(9) 频繁剧烈而顽固的腹泻,呈明显的失水、内中毒状态。

(10) 长期瘫痪、卧地不起的病例。

第七章　兽医临床治疗学概论

兽医临床治疗主要研究各种疾病的治疗方法、分类、作用机制、适用范围、禁忌证等。它起源于原始的经验疗法，发展为现在的科学疗法，经历了漫长的发展过程。所谓治疗就是更好的改善动物机体的机能，以维持和延长动物生命的方法。

一、兽医临床治疗的目的

（一）消除病因

消除病因是消除内在、外在的刺激或应激，阻止病因与机体相互作用，提高机体的抗病力。治疗疾病必须针对疾病的原因进行对因治疗，采取病因疗法，才能达到根本的治疗目的。

（二）保护患畜的机能

在实施治疗时，首先必须保护患畜的机能。治疗过程中采取适当的方法和手段，使机体向有利于抗损伤变化的优势方向发展。加快病畜的康复过程，应掌握不同程度或阶段的损伤与抗损伤性变化的转化规律，以便能及时消除不利于机体的损伤性病变。

（三）调节患畜的机能

调节患畜的机能就是使其减退了的机能得以增强，亢进的机能得到抑制。为此，除了要排除各种疾病的刺激，增进动物的抵抗力之外，还可以用药物治疗。

（四）增强抵抗力

病畜痊愈的关键是增强机体对各种刺激的抵抗能力。因此，必须加强营养，改善病畜的管理和护理。通过采取各种治疗方法和措施，消除致病原因，保护机体的生理功能并调整其各种功能之间的协调平衡关系，增强机体的抗病力以便尽快地得到康复。

疾病是机体在外界或体内某些致病因素作用下，因自身调节紊乱而发生的生命活动障碍过程。在这个过程中，机体对病因及其造成的损伤、抗损伤反应，组织细胞发生功能、代谢和形态结构的病理变化，患病畜禽出现的各种症状、体征及行为的异常，对环境的适应能力降低。疾病一旦发生，机体内环境稳定性和机体对自然的适应性就会遭到破坏，机体进入了与健康状态完全不同的失衡态势。治疗的目的在于力求治愈。

二、治疗的方法和手段

在治疗疾病的同时，设法使健康动物不再得病，以维持畜体的健康。因此，对各种畜禽的治疗，不仅仅是恢复病体的机能而且也包括预防疾病。治疗的方法和手段常用的有病因疗法、对症疗法、预防疗法、物理疗法、化学疗法、免疫法、激素疗法、输血疗法、输液疗法、营养疗法、基因疗法、外科疗法、针灸疗法及安乐疗法等。

三、兽医临床治疗的基本原则

正确合理的治疗，才能收到预期的良好效果。为了达到有效的治疗效果，必须根据病畜的特点和疾病的具体情况选择适当的治疗方法并组织实施治疗措施。每种疾病都有不同的具体疗法。在治疗时都应遵循一些共同的基本原则。这些原则是：

（1）治病必求其本的治疗原则。
（2）主动积极的治疗原则。
（3）综合性的治疗原则。
（4）生理性的治疗原则。
（5）个体性的治疗原则。
（6）局部治疗结合全身治疗的原则。

四、有效治疗的前提和保证

1. 诊断与治疗

诊断是对畜禽所患疾病本质的认识和判断。临床治疗工作中，只有经过一系列的诊查，对疾病的原因、性质、病情及其进展有了一定认识之后，才能提出恰当的治疗原则和合理的治疗方案，否则，治疗就会带有一定的盲目性。因此，正确的诊断是合理治疗的前提和依据。诊断必须正确，误诊常可导致误治。诊断内容中，首先要求查明疾病的原因，做出病原学诊断，明确致病原因才能有针对性的采取对因治疗。病原疗法乃是根本的治疗方法。

完整的诊断还包括对预后的判断。正确的诊断常被有效的治疗结果所验证，治疗与诊断在临床实践中是辩证统一的，二者相辅相成。诊断是治疗的前提和依据，治疗结果又可检验、纠正诊断。进一步的诊断又为下一步的治疗提出启示，如此反复直至最后诊断的确立和治疗的病畜得到康复。

2. 治疗与护理

俗言道，三分治疗 七分护理，适宜的护理是取得有效治疗的重要保证。护理工作中首先要求给病畜提供良好的环境条件，适宜的温度和光照。干燥、通风良好的畜舍，可加快病畜的恢复。针对疾病特点，进行治疗性饲养（食饵疗法），更有重要的实际意义。

3. 治疗计划及具体方案的制订和执行

对每一个具体病例的治疗，都应根据病畜具体情况采取适当的综合疗法，并制定具体的治疗计划。为此，应将各种方法、手段，按照一定的组合，一定程序加以安排，并规定所用药剂的给药方法、剂量和疗程。最初的治疗方案可能不够全面或不够完善，这就要求在治疗实践中详细地观察病程经过，密切地注意病畜反应、变化和治疗效果，从而随时修改、补充治疗计划及具体方案。根据治疗的反应或结果，或许可为诊断提示修改、补充线索，或可对治疗方法的修正补充提出方向，这样边实践边改进，直到病程结束。

治疗计划与治疗方案制定后，应取得畜主同意和支持，按计划执行，无特殊原因一般按规定完成疗程计划，不宜中途废止。一切治疗措施、方法、反应、变化、结果均应详细地记录于病历中。每个病例治疗结束后，都应该及时地做出总结以吸取经验教训。

五、兽医临床治疗准备工作

随着兽医技术的发展，外科手术已经广泛应用于养殖生产中，技术更新的同时，也带来了一些潜藏的问题。其中，手术部位感染就是常见的并发症之一，它不仅增加患病畜禽的痛苦，影响愈合，还可能直接导致畜禽死亡。所以了解常用的兽医外科消毒及麻醉技术尤为重要。

提到外科消毒，就要先提一个专业名词——无菌术。通俗一点，无菌术就是指防止手术部位感染的综合性技术，它主要包括灭菌和消毒。灭菌是指用物理方法彻底杀灭一切微生物，如热力性灭菌、紫外线灭菌、辐射灭菌等，而使用各种化学消毒剂达到抗感染的目的称为消毒。在手术过程中通常把灭菌和消毒配合应用，以达到抗感染的目的。外科灭菌与消毒包括四个方面，它们分别是手术器械与物品的灭菌与消毒、手术场地的灭菌与消毒、手术部位的灭菌与消毒以及手术人员的灭菌与消毒。

（一）手术器械与物品的灭菌与消毒

常用的灭菌方法有煮沸灭菌法、高压蒸汽灭菌法、化学药品消毒法。此外，还有湿热蒸汽灭菌法、酒精火焰灭菌法等，大多数外科器械与物品只选用一种方法即可。

（1）煮沸灭菌法：指的是采用普通常水，自煮沸开始计算时间，一般器械或物品灭菌需煮沸 10～15 min；对接触过细菌的器械或物品必须煮沸 45～60 min。

（2）高压蒸汽灭菌法：适合用来杀死具有顽强抵抗力的细菌。首先，往高压蒸汽灭菌器中加入 1 L 水，然后将手术器械与物品用大单子包好放入高压蒸汽灭菌器中。通常使用蒸汽压为 0.1～0.137 MPa 左右，在 121.6～126.6 ℃范围内维持 30 min 左右，能杀灭所有的细菌，包括具有顽强抵抗力的细菌，所以说高压蒸汽灭菌是比较可靠的灭菌方法。

（3）化学物品消毒法：方法一是在搪瓷盆中放上清水，倒入浓度为 0.1%的新苯扎氯铵溶液，然后把手术器械和物品浸泡 30 min；方法二依然是在搪瓷盆中放上清水，然后倒入浓度为 10%的甲醛溶液，轻轻晃动搪瓷盆使溶液与水混合均匀，然后放入手术器械与物品浸泡 30 min；方法三是将消毒溶液换成浓度为 70%的酒精，将手术器械与物品浸泡 30 min，也能达到消毒的目的；方法四是酒精火焰灭菌法，这种消毒法通常用来消毒搪瓷盆和器械盘以及少量急用的金属器械。消毒时先在瓷盆或瓷盘内倒入少量酒精，燃烧后向各处转动，当酒精烧尽并等待数分钟至瓷盆或瓷盘冷却后再用。

（4）湿热蒸汽灭菌法：选择顶盖及接口较严密的蒸笼或铝制蒸锅，垫上一层纱布，放入所需要灭菌的物品、器械，待蒸汽上来后开始计时，一般需蒸煮 45 min。这种方法简单易行，可以就地取材，只要严格遵守所需要的灭菌时间，它的灭菌效果也很好。

（二）手术场地的灭菌与消毒

手术室要求光线充足，一般大动物不小于 40~50 m^2，小动物不小于 25 m^2，房间高度为 2.8~3.0 m。要有良好的给排水系统，便于清洁和消毒；还要有足够的照明设备（最好有专用手术灯），较好的通风系统，有条件的可以装恒箱换气机；门窗应密封，防尘良好；最好分别设置无菌手术室和染菌手术室；如无条件，一般化脓感染手术最好安排在其他的地方进行。如在室内做过感染化脓手术，必须在术后及时严格消毒手术室。手术室内只放置重要的器具，一切与手术无关的用具，都不得摆放在手术室里。保持适当的温度，以 20~25 ℃为宜。有条件时可以安装冷暖两用空调机。室内应有夜间施术用的照明设备。对手术室的空气也应定期进行消毒。设立必要的附属用房，包括更衣室、消毒室、准备室（洗手、着衣）、洗刷室、单独的器械室及厕所和淋浴室，房间安排应合理。设置仪器设备的存储间用以存放麻醉机、呼吸机以及常用的检测仪器、麻醉药品和急救药品。存贮间应防潮，不设上下水系统。

常用的消毒方法有下列几种：

（1）紫外线灯照射消毒。紫外线灯照射消毒可以明显减少空气中细菌的数量，同时也可杀灭物体表面上附着的微生物。市售的紫外线灯有 15 W 和 30 W，可以悬吊也可挂在墙壁上，使用比较方便。一般在手术室非手术时间开灯 2 h，有明显的杀菌作用。但光线照射不到之处则无杀菌作用，照射距离以 1 m 以内最好。

（2）化学药物熏蒸消毒。使用化学药物熏蒸，消毒效果可靠，消毒彻底。首先应对手术室进行清洁扫除，然后将门窗关闭，做到较好的密封，然后再施以消毒药的蒸气熏蒸。例如用醛消毒的操作方法是：首先在不锈钢盆中放入 5 g 高锰酸钾，然后取浓度为 40%的甲醛 10 mL 倒在高锰酸钾上，两者发生化学反应，甲醛燃烧释放出的气体对室内进行熏蒸，熏蒸 30~60 min 后，开窗换气 1~2 h。

（3）室外手术场地的准备与消毒。普通房舍内尽量创造接近手术室的条件；厩舍内特别注意环境清洁和消毒；选择晴朗无风的天气，地面平坦的空地或草地上进行。需站立保定时，可利用林中树干或临时设置保定柱栏。无论何种环境，必须尽可能做到清洁，彻底消毒。

（三）手术部位的灭菌与消毒

动物的被毛无论表面看起来如何清洁，在进行无菌手术时都必须将被毛剪除。

（1）剪毛：将动物保定与麻醉后就可以剪毛了。在个别少毛区，仅剪去少量长毛或绒毛就可以消毒。毛厚的地方在剃毛前先将其剪短，然后剃毛。剃毛的范围要超出切口周围 20~25 cm，小动物可在 10~15 cm 的范围。剃完毛后，用肥皂反复擦刷并用清水冲净，最后用灭菌纱布拭干就可以对术部皮肤消毒了。

（2）术部消毒：术部的皮肤消毒，最常用的药物是5%碘酊和70%酒精。在消毒时要注意：无菌手术，应由手术区中心部向四周涂擦（图7-1），如是已感染的创口，则应由较清洁处向患处涂擦（图7-2）。消毒的范围要相当于剃毛区。碘酊消毒后必须稍待片刻，待完全干后，再以70%酒精将碘酊擦去，以免碘沾及手术器械，带入创内造成不必要的刺激。

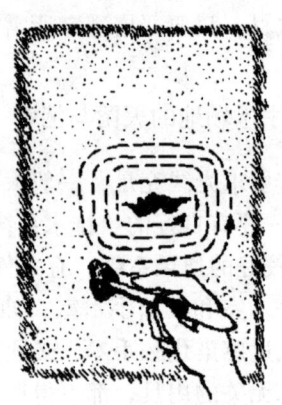

图7-1 手术区（由中心部向四周涂擦）　　图7-2 创伤（由清洁处向患处涂擦）

（3）术部隔离：使用有孔创布或用四块创布依次围在切口周围，用巾钳固定，使术部与周围完全隔离。创布要有足够的大小。创布铺好后，只准向手术区外移动，不许向手术区内移动。一旦污染，及时更换。

（四）手术人员的灭菌与消毒

人的皮肤表面、指甲周围、手指缝隙和皱纹以及毛囊、皮脂腺、汗腺内都存在有无数的细菌。特别是经常接触化脓病灶或进行直肠检查的手臂，细菌的数量更多。所以，兽医人员在手术之前必须重视手、臂的消毒。

（1）手臂的洗刷。剪短指甲，用肥皂反复擦刷和用流水充分冲洗（注意设计为脚踏开关或肘部开关）以对手臂进行初步的机械性清洁处理。

（2）手臂的消毒。70%酒精或0.1%新苯扎氯铵溶液浸泡5 min。浸泡完毕后，自然晾干，然后戴上一次性口罩，穿上手术衣，戴上用浓度0.1%的新苯扎氯铵溶液浸泡过的灭菌手套。

（五）麻醉

（1）概念。麻醉是利用药物、针刺或物理的方法，使动物全身或局部的痛觉暂时消失或迟钝，以利手术进行的方法。

（2）作用。现代麻醉技术的发展，已能成功地消除或减轻手术中动物的疼痛反应，避免了手术的不良刺激，防止疼痛性休克的发生。麻醉可避免动物骚动，有利于手术中的无菌操作及手术的顺利进行，为抢救动物生命赢得了时间，减少了手术污染的机会，还可简化保定程序，节省了人力、物力，避免了人、畜在手术过程中的损伤。但由于动物体的体质不同，有的动物会对麻醉产生过敏反应，有时候这种过敏反应还是致命的，所以麻醉技术在外科手术疗法中显得更为重要。

（3）分类。目前外科临床上常用的麻醉方法可分为两大类，即局部麻醉和全身麻醉。

① 局部麻醉。

局部麻醉指的是利用某些药物有选择性的暂时阻断神经末梢、神经纤维以及神经干的冲动传导，从而使其分布或支配的相应局部组织暂时丧失痛觉的麻醉方法。在兽医临床上最常用的局部麻醉药为普鲁卡因和利多卡因。使用一次性注射器抽取普鲁卡因或利多卡因注射液，对动物进行注射，浓度为 0.25~0.5 即可，作用时效为 1~2 h。

② 全身麻醉。

全身麻醉指的是利用某些药物对中枢神经系统产生广泛性的抑制作用，从而暂时地使机体的意识、感觉、反射和肌肉张力部分或完全丧失的一种麻醉方法。全身麻醉中有吸入麻醉和非吸入麻醉之分，临床上应把握住两个原则，一是安全有效，二是条件许可。下面介绍两种目前国内常用的或被推荐使用全身麻醉药。

速眠新（又叫 846）是解放军兽医大学军事兽医研究所和中国军事医学科学院合作研制的一种动物麻醉剂，每毫升含保定宁 60 mg，双氢埃托啡 4 μg，氟哌啶醇 2.5 mg。目前该麻醉剂已广泛用于兽医临床，操作时由助手保定动物，使用一次性注射器对动物进行注射，使用剂量为每公斤 0.1 mL。还有一种吸入性的全身麻醉药就是乙醚，使用乙醚有一个缺点那就是如果使用不当在麻醉动物的同时兽医师也可能自己吸入药物被麻醉。使用方法为助手保定动物，兽医师用纱布覆盖于动物口鼻部，然后将乙醚倾倒于纱布上。乙醚的用量没有具体规定，根据动物体型，大动物使用的剂量大一些，小型动物使用的剂量小一些。

六、灭菌、消毒和外科麻醉的注意事项

（1）手术是兽医临床治疗畜禽疾病的重要方法，但手术又必然造成创伤。因此，所有参加手术人员必须有高度的责任心和严格的纪律性，发现有违反无菌和麻醉注意事项的现象必须立即纠正，并努力遵守。

（2）消毒过的手臂不能接触任何未经消毒的物品和器械。凡是觉察到手臂被污染时，应立即重新消毒。

（3）手术器械要分类整齐摆放。用于无菌部位的器械应与其他器械分开放置，不可交叉使用。未经消毒的物品、器械不得接触已消毒的物品和器械。已被污染的物品、器械应重新进行消毒。

（4）动物给麻醉药后应对其进行安静诱导，避免外界刺激，待其自行平躺 3~5 min 后再进行手术。

第八章　兽医临床给药技术

一、投药技术

（一）马、牛、羊的投药技术

给病牛投药的方法要根据药物剂型而定，常用的方法有以下几种：

（1）水剂的投药法。

病畜保定，先将胃管或投药管准确插入食管内，然后再投药。方法是：把胃管或投药管洗净，管外用水蘸湿，空掉多余的水，管头蘸少许液状石蜡润滑，经鼻孔轻轻向里插入，到咽部时要用管头轻轻触动咽喉，诱发牛吞咽，当牛吞咽时顺势插入食管。在吞咽后要及时判定投药管是否真正插入了食管内，千万不能将投药管错插到气管里。判定方法：一是在管的另一头听声音，如果在食管里，则听不到呼吸音，也感觉不到管里呼出气体；如果将投药管插入了气管里，则可在管的另一头听到呼吸音，并能感到有呼出气流。二是在颈部左侧看投药管上下移动的情况，在食管里可看到管头移动，在气管里则看不到管头移动。三是从另一头向里吹气，食管部有气流波动的是在食管里，看不到气流波动的是在气管里。确认在食管内后，继续将投药管向后插至颈中部以下，然后接上漏斗，把药倒入漏斗内，高举漏斗超过牛的头部将药液灌入胃内。药液灌完后，再灌少量清水，冲洗投药管，拔掉漏斗，并把投药管内的残留液吹入胃内，然后用拇指堵住投药管管口或把投药管折叠后缓慢抽出。如药液量较少或咽炎病牛，不宜用上述方法，避免因刺激加重病情，可用长颈玻璃瓶或橡皮瓶将药液一点点地倒入口内，使其一口一口地咽下。

（2）丸剂的投药法。

小药丸可用投药器或裹在草团中投服。大药丸可一手将牛舌拉出，一手持药丸迅速地投至舌根部，立即放开舌头，并托住下颌部，稍抬高牛头，药丸即被自然咽下。

（3）舔剂的投药法。

打开牛口腔，用木片或竹片从一侧口角将舔剂放入口腔并迅速涂于舌根背部，随即抬高牛头，使其自然咽下。

（4）糊剂的投药法。

碾压较粗的中药，调制成糊状，用灌角将药经口灌入。灌药时，由助手牵引鼻环，使牛头稍仰，灌药者一手持盛药的灌角，顺口角插入口腔，送至舌面中部，将药灌下，同时，另一手持药盆，接取自口角流出的药。

（5）灌肠法。

给病畜排除直肠内的积粪，或者直肠内给药或降温等可采取灌肠法。根据橡皮管插到肠内的深浅，灌肠又分为浅部灌肠和深部灌肠两种。如果要排除直肠内的积粪，可采取浅部灌肠。如果要治疗肠便秘、直肠内给药或者给病牛降温等，就要采取深部灌肠。常用的灌肠液包括1%的温生理盐水、葡萄糖溶液、甘油、0.1%的高锰酸钾溶液、2%硼酸溶液等。灌注量马牛一般为1 000～2 000 mL，羊为300～500 mL。

灌肠要准备灌肠器和橡皮管等。灌肠时，要先把橡皮管上涂液状石蜡或者肥皂水，橡皮管插进病牛的肛门以后，再逐渐向直肠内慢慢插。要抬高灌肠器，让液体流入直肠内。如流得慢，要抽动一下橡皮管。灌入一定数量的液体后，病牛就会出现努责现象。这个时候，要用手握紧或捏住病牛的肛门，或者用手指压迫尾巴的根部。同时，还要捏压病牛的背部和腰部，来缓解努责，以使直肠内充满液体。接着，再让输进的液体和粪便一起排出。这样多灌几次液体，直到直肠内的积粪排净为止。

深度灌肠时为使肛门括约肌和直肠松弛，可先注入 1%～2%的普鲁卡因麻醉。同时使用的橡皮管要软些，插入直肠后，边灌液体边往肠里插。但橡皮管插入越深，液体流进的速度就要越慢，否则部分肠道就会膨胀得厉害，严重的可造成肠破裂，特别是有炎症或者坏死的那段肠道。

（6）阴道（子宫）投药法。

此法多用于母畜的阴道炎、子宫颈炎、子宫内膜炎等病的对症治疗，主要为了排出阴道或子宫内的炎性分泌物，促进粘膜的修复，及时恢复生殖功能，是一种较为理想的投药方法。有时根据病情的不同以及炎性分泌物、脓液的多少可先行冲洗，以排出积脓及分泌物，再行投药。常用药液包括生理盐水、5%～10%的葡萄糖、0.1%的高锰酸钾以及抗生素和磺胺类制剂。

① 阴道内投药。

将患畜保定好，充分洗净外阴部，插入开腔器开张阴道。术者手及手臂常规消毒后，将洗涤器插入阴道内，将配好的接近动物体温的消毒或收敛液倒入漏斗，提高漏斗，冲洗液即可流入阴道，借患畜努责冲洗液可自行排出。如此反得冲洗至冲洗液透明为止。待药液完全排出后，术者戴灭菌手套将药物涂于阴道内，或者直势头放入浸有磺胺乳剂的棉塞。

② 子宫内的投药。

由于母畜的子宫颈口在发情期间开张，此时是进行投药的好时机。如果子宫颈封闭，应该先用雌激素制剂，促使子宫颈口松弛，开张后再进行处理。在子宫投药前，应将动物保定好，充分洗净外阴部。把所需药液配制好，并且药液温度以接近动物体温为佳。可使用阴道开腔器开张阴道，用带回流支管的子宫导管或小动物灌肠器，其末端接以带漏斗的长橡胶管，徐徐插入子宫颈口，再缓慢导入子宫内，或者通过直肠把握子宫颈将导管送入子宫内。将药液倒入漏斗内让其自行缓慢流入子宫，待冲洗液快流完时，迅速把漏斗放低，借虹吸作用使子宫内液体自行排出。如此反复冲洗，直至流出的液体与注入的液体颜色基本一致为止。当注入药液不顺利时，切不可施加压力，以免刺激子宫使子宫内炎性渗出物扩散。每次注入药液的数量不可过多，并且要等到液体排出后才能再次注入。每次治疗所用的药液总量不宜过大，马牛一般为500～1 000 mL，并分次冲洗，直至排出的溶液变为透明为止。以上较大剂量的药液对子宫冲洗之后，可根据情况往子宫内注入抗菌防腐药液，或者直接投入抗生素。为了防止注入子宫内的药液外流，所用的溶剂（生理盐水或注射用水）数量以 20～40 mL 为宜。

③ 阴道及子宫内投药注意事项。

a. 严格遵守消毒规则，切忌因操作人员消毒不严而引起医源性感染。

b. 子宫积脓或子宫积水的病例，应先将子宫内的积液排出，再进行冲洗。

c. 在操作过程中动作要轻柔，不可粗暴，以免对患畜阴道、子宫造成损伤。

d. 不要应用强刺激性或腐蚀性的药液进行冲洗。冲洗完后，应尽量排净子宫内残留的洗涤液，必要时可通过直肠按摩子宫促使其排出。

（二）猪的投药技术

1. 拌料法

在养猪生产中，经常要将药物或添加剂混合到饲料中，以起到促进生长，预防和治疗疾病的功效。此法具有简便易行，适用于群体投服药物的特点，因此成为给猪投药最常用的方法之一。所谓药物添加剂是指按照使用说明直接添加猪饲料中，从而达到预防和治疗疾病作用，并起一定的促生长作用的药物。常用的药物添加剂分为抗生素药物添加剂、化学合成药物添加剂及中草药添加剂等。在猪饲料中长期添加一些药物添加剂可在猪体内产生药物残留及耐药性等副作用。选择药物添加剂时应选择残留少、耐药性差的，运用新技术开发新的广谱、低副作用、高效的药物。国家对药物添加剂的使用做出了严格限制，规定了哪些药物是不应添加于饲料中，即使能添加于饲料中的药物也规定了其添加量。一般来讲，育肥猪出栏前1~2周应停止向饲料中添加药物。使用药物添加剂时应对症下药，药物的治疗作用是不同的。如革兰氏阳性菌引起的感染可选用青霉素、红霉素和四环素；对革兰阴性菌引起的感染，可选用链霉素、氯霉素等。

饲料中添加预防剂量的抗菌药物时，最好按药物的疗程要求交叉用药。一般5~7d为一疗程。因此，选择一种药物使用一个疗程后应停药1~2d再改用其他药物。如先用呋喃唑酮，然后再改用喹乙醇等，切忌几种药物同时长期添加。对于已发病的猪群，可采用联合用药。在使用抗生素药物添加剂时，应注意其配伍禁忌。如四环素不能与青霉素、磺胺嘧啶等混合使用。同时防止影响猪的免疫反应。据研究，某些抗生素在治疗疾病时能抑制免疫功能。如庆大霉素、金霉素等。另外抗生素对某些活菌疫苗还有干扰作用。因此，在进行各种预防接种菌苗后数天内，不宜使用抗生素药物添加剂。

拌料所用药物应无特殊气味，容易混匀。在混料前，应根据用药剂量、疗程及猪的采食量准确计算出所需药物及饲料的量，然后采用递加稀释法将药物混入饲料中，即先将药物加入少量饲料中混匀，再与10倍量饲料混合，依此类推，直至与全部饲料混匀。混好的饲料可供猪自由采食。

2. 饮水法

此方法是将药物溶解于水中，供猪自由饮用，使其饮入药物而发挥其药效的一种方法。常用于预防或治疗给药，尤其是猪发病后，食欲降低而仍能饮水的情况更为适用。混水给药时要注意：第一，要了解不同药物在水中的溶解度。只有易溶于水的药物或难溶于水但经过加温或加助溶剂后可溶的药物才可以混水给药。第二，要注意混水给药的浓度。只有浓度适宜才能保证疗效，浓度过高易引起中毒，浓度过低达不到应有效果。第三，要了解药物水溶液的稳定性。一些在水中稳定性差的药物，配好后要在规定时间内饮完。

3. 灌服法

（1）小猪（10 kg以下的猪）：事先把药调成糊状，将小猪口打开，用钝型竹片或药匙取一小团药糊涂在小猪舌根上，猪能自行吞下。也可用不带针头的注射器灌服液体药液。

（2）大猪：糊状药物按上法。液状药物先装入斜口的细竹筒内，拎起猪耳，两腿挟住猪体以保定。用一细棍卡入猪嘴，使其张开口腔，将药徐徐灌入。注意：当猪极度挣扎或大叫时，易把药物灌入气管，造成事故，应暂时停止灌药。如灌服剂量大时，可用胃管投入。

4. 胃管投药法

可选择猪专用的胃管，经口腔插入。首先应将猪站立或侧卧保定，用开口器将口打开，或用特制的中央钻一圆孔的木棒宽塞入其口中将嘴撑开，然后将胃管沿中间空隙处或圆孔向咽部插入，其后操作同牛胃管投药。另外，若给猪投胃管是用于导出胃内容物（如治疗急性胃扩张）或洗胃时，一定要判定胃管确实已从食管进入胃内，才可以继续操作。

5. 灌肠法

灌肠法常用于猪大肠秘结、排便困难的治疗。临床上常采用将温水、温肥皂水或药液灌入直肠内的方法来软化粪便促进排粪。操作程序是：助手将动物行站立保定。术者一手握住猪的尾巴，一手将胶管插入直肠内，然后接上漏斗，开始灌肠。单纯肠便秘一般运用灌肠法即可治愈。具体操作是准备肥皂水，水温以 45~55℃ 为适宜，将灌肠器出水端用肥皂水浸湿，由肛门插入直肠内（图 8-1）。可根据猪个体的大小确定灌肠所用药液的量，一般每次 200~500 mL。另外，直肠灌注法也可用于直肠炎的治疗。

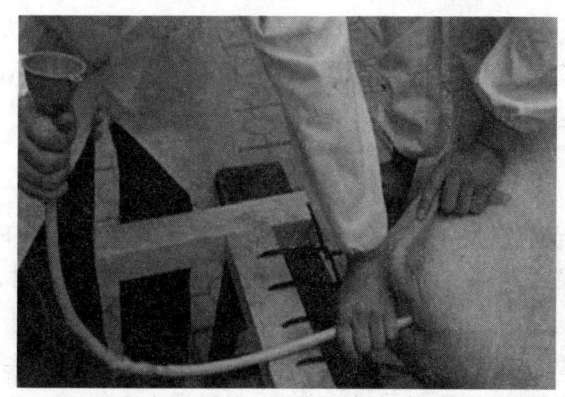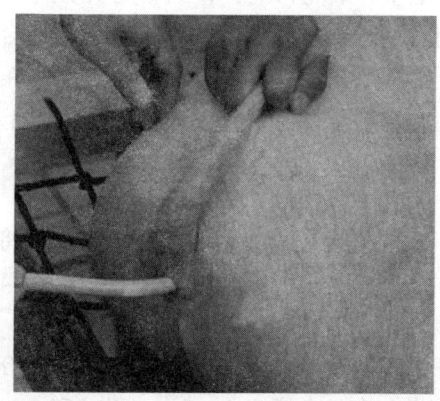

图 8-1　猪的灌肠法

6. 气雾给药法

气雾给药是指使用能使药物气雾化的器械，将药物分散成一定直径的微粒弥散到空间中，让猪通过呼吸作用吸入体内或作用于皮肤、黏膜的一种给药方法。也可用于猪群消毒。使用这种方法时，药物吸收快，作用迅速，节省人力，尤其适用于大型养殖场，但需要一定的气雾设备，且动物舍门窗应能密闭。同时，使用药物时，不应使用有刺激性药物，以免引起猪呼吸道炎症。猪应用气雾给药时应注意恰当选择气雾用药，充分发挥药物效能。准确掌握气雾剂量，确保气雾用药效果；严格控制雾粒大小，防止不良反应发生。

7. 阴道、子宫投药法

同马、牛、羊的阴道、子宫投药法。

（三）犬、猫的投药技术

随着人们生活水平的提高，犬、猫等小动物以其乖巧、善通人性的特点成为不少家庭饲养的宠物。同时一些经济价值较高的犬、猫也逐渐向集约化饲养方向发展，这样犬、猫的疾病也随之增加，所以有必要掌握犬猫的投药方法。

1. 拌食投药法

本法适用于尚有食欲的犬、猫。所投药物应无异常气味、无刺激性，且用量少。投药时，把药物与犬最爱吃的食物拌匀，让犬自行吃下去。例如可以把片状驱虫药放入火腿肠中喂犬，因犬采食时"狼吞虎咽"。为了使犬能顺利吃完拌药的食物，最好在用药之前先禁食一顿。另外为了使药物与食物更好的混合，也可将片剂碾成粉剂拌入食物中。

2. 口服法

口服法又称灌服法，就是强行将药物经口灌入犬、猫的胃内。因此，不论病犬有无食欲，只要药物剂量不多，又没有明显刺激性，都可以采用此法。灌服前，先将药物加入少量水，调制成稀糊状。灌药时，将犬站立保定，助手（或犬主）用手抓住犬的上下颌，将其上下分开，术者用圆钝头的竹片刮取糊状药物，直接将药物涂于犬的舌根部，慢慢松开手，让犬自行咽下，咽完再灌，直到灌完所有药物。如果所用药物为胶囊或片剂，可在助手打开口腔后，用竹片送到口腔深部的舌根上，迅速合拢其口腔，并轻轻扣打下颌，以促使药物咽下。给大犬灌药时，动作要轻柔、缓慢，切忌粗暴、急躁，以免将药物灌入气管及肺内。对于有刺激性的水剂药物且剂量较大时，则不适于口服法。

3. 直肠给药法

直肠给药法又称浅部灌肠法，是将药液或药剂投入直肠内。常在病畜有采食障碍或咽下困难、或食欲废绝时进行人工补充营养；直肠或结肠炎症时，投入消炎剂；病畜兴奋不安时，灌入镇静剂。

投药时抓住犬或猫的两条后肢，抬高后躯，将尾拉向一侧，用 12～18 号橡胶导尿管，经肛门向直肠内插入 3～5 cm（猫）和 8～10 cm（犬）。用注射器吸取药液，对猫灌入 30～45 mL，对犬灌入 30～100 mL，然后拔下导管，将尾根压迫在肛门上片刻，防止努责，然后松解保定。实践证明，该法治疗犬猫的呕吐、腹泻、腹水、中毒或吃入异物等胃肠疾病疗效很好。

4. 胃管投药法

对大剂量的液体药物应用此法比较合适。本法操作简单，安全可靠，并且不浪费药物。应用胃管投药时，应先准备一个金属的或硬质木料制成的纺锤形带手柄的开口器，表面要光滑，开口器的正中要有一个插胃管的小孔。再准备一根投药管（幼犬用直径 0.5～0.6 cm，大犬用直径 1～1.5 cm 的胶皮管或塑料管。也可用人用 14 号导尿管代替）。投药时，大犬采取坐立姿势保定，幼犬可将前躯抬高呈竖直姿势。助手将纺锤形开口器放入口内，任犬咬紧，并用绳子将开口器固定在口角处，投药者手持涂有润滑剂的胃管，自开口器的小孔内插入，在舌的背面缓慢地向咽部推进，随犬的舌咽动作，将胃管推入食管内。插入一定深度（先用胃管测量，犬的鼻端到第 8 肋骨处为插入深度）后，将胃管的末端放入一盛水的杯子中，若自胃管末端向外冒出气泡,则说明胃管被插入气管内,应立即拔出再插;若无气泡,表明已插入胃内,此时应继续将胃管向深部推进一部分,然后自末端接上无推芯的注射器,药液通过注射器及胃管缓缓进入胃内。灌完药后,用注射器推芯将剩余的药液全部推入胃内,然后捏住胃管口,缓缓拔出,这样可防止残留在胃管中的药液误入气管。用过的胃管洗净后,再用0.1%新苯扎氯铵溶浸泡消毒。

5. 超声波雾化疗法

超声波雾化吸入法是应用超声波将药物变成细微的气雾,由呼吸道吸入达到治疗目的的方法。其广泛应用于治疗上呼吸道、气管、支气管及肺部感染,对于改善呼吸道疾病症状、消炎、抗菌以及止咳祛痰具有独到的治疗功效。临床上此方法常应用于犬窝咳的治疗,并与常规治疗进行对比,疗效特别显著。

使用超声波雾化器,先将药液加入药杯中,盖紧药杯盖,再将面罩给动物戴上或直接将波纹管对准动物口、鼻部,插上电源,开机即可。雾化量开心可调节出雾化量大小,以不引起动物不适为宜。操作时要注意将雾化药液稍加温,以接近体温为宜。治疗中注意观察雾化管内药液的消耗情况。如药液消耗过快,应及时添加,治疗后呼吸罩和导气管要及时清洗消毒。

(四)家禽的投药技术

由于家禽的饲养规模、饲养方式和生理结构与家畜存在较大的差异,所以家禽的投药方式有其特殊性。在生产实践中最常用的投药方法有以下几种。

1. 饮水投药法

家禽饮水投药是指将药物溶解于饮水中直接给家禽投喂。一般多用于群体疾病的预防和治疗。在家禽养殖生产中,由于饮水投药具有省力、省时、快速、方便,给家禽投药的应激反应小,因而受到广大养禽场的青睐。而在家禽养殖生产实践中,由于一部分养禽场(户)不规范地操作使用饮水投药方法,以致不能达到预期的防治家禽疾病的效果。这就要求养禽场(户)在家禽养殖生产中采用饮水投药时,务必掌握好家禽饮水投药的科学方法。

(1)注意掌握家禽饮水投药的药物性质和用药量。

一般家禽所用的药物可分为水溶性和脂溶性两种,而采用饮水给家禽投药时,则必须是水溶性的药物。用不溶于水的脂溶性药物给家禽采用饮水投药时,由于药物不溶于水,家禽通过饮水则不可能达到预期防治家禽疾病的效果。与此同时,采用饮水给家禽投药时,应根据不同日龄、不同体重大小的家禽,按照药物使用剂量的要求,准确地计算好用药量,以确保其饮水投药防治家禽疾病的疗效。

(2)采用饮水投药的饮水应提前进行适当地处理。

用于给家禽饮水投药的饮水要求清洁卫生,应尽可能不含或少含其他成分。若使用井水或河水时,由于其水中含有较多的钙、镁物质,则最好应先将井水或河水煮沸,待冷却后,去掉其底部的钙、镁沉淀物后再用。若使用经漂白粉消毒的自来水,则应事先用容器放出所需的用水量,并放置2~3 h后,待其自来水中的氯气挥发后再用。只有提前将用于家禽饮水投药的饮水进行适当地处理,才会使药物的效价不至于因饮水中所含有的一些有关成分而受到影响。

（3）采用饮水投药的饮水应适当地控制饮水量。

在给家禽采用饮水投药时，除应注意将药物与饮水充分搅拌均匀，使其药物充分溶解外，还应保证家禽在限定的时间内（一般以 30~40 min 内饮完为宜）能将溶于水的药物饮完，防止加水过多，造成家禽饮入体内的药物剂量不够，达不到防治疾病的效果；或防止加水过少，造成家禽饮水不均，并易引起少数家禽饮入体内的药物剂量过多而引起药物中毒。因此养禽场户在采用饮水投药时，应认真计算好不同日龄大小家禽的供水量，以便掌握好饮水中的药物浓度。

（4）采用饮水投药的家禽应提前给予断水。

为了使家禽在限定的时间内能顺利地饮入适量的药液，在给家禽采用饮水投药之前，必须对家禽提前给予断水。一般家禽提前断水的时间应视禽舍内的舍温情况而定，如舍温在 28℃ 以上，则应控制在提前 1.5~2 h。舍温在 28℃ 以下，则应控制在提前 2.5~3 h。通过提前断水，使同群家禽都有一定的口渴感。一旦采用饮水投药，家禽即可在同一时间内同时饮水，既可使家禽在限定的时间内顺利地将药液饮完，使同群家禽的体内都可得到应有的药量，达到其防治疾病的理想效果，又可避免同群家禽饮水不均，防止少数家禽饮入药液过多而引起药物中毒现象发生。

（5）对家禽尚未饮完的药液应及时清除。

在给家禽采用饮水投药时，除应提前多准备一些干净而清洁的饮水器具，以保证同群家禽在同一时间内都能饮上药液，并使同群家禽在规定时间内能将药液饮完，以尽可能减少药物的浪费外。对家禽尚未饮完的药液则应及时给予清除，并及时换上清洁的饮水，防范家禽长时间饮用低浓度药液，影响药物防治家禽疾病的效果，甚至影响禽产品的安全。

2. 气雾给药法

气雾给药是应用气雾发生器将药物分散成微粒，让鸡通过呼吸道吸入的一种给药方法。气雾给药可使药物吸收快，可瞬间到达作用部位，吸收率高，药效迅速。在气雾给药中，药物直接到达肺和气囊等病变部位而发挥作用，可避免药物对胃肠道的不良刺激，避免肝、胃、肠道对药物的代谢降解作用。另外，由于肺泡面积大，而且有丰富的毛细血管，故可使药物迅速被吸收，使药物生物利用率非常高。

（1）气雾给药的优势。

①气雾给药导致药物直接达到家禽的特殊生理结构——气囊。气囊是属于家禽类特有的生理结构。目前不管什么样的呼吸道疾病都会继发或并发气囊炎。家禽的气囊一共有 9 个，分布在胸腹腔，气囊上面没有血管分布，如果依靠饮水给药再通过血液循环达至气囊部位消炎，几乎很难实现，所以气雾给药恰恰应用了这一特殊的生理结构，导致药物直接达到病灶。

②对于呼吸系统栓塞情况，气雾给药能快速降低死亡率。用于治疗呼吸道疾病气雾给药的药物中，有效成分多包含祛痰类药物和支气管扩张剂等。这类药直接接触气管黏膜，可调节浆液和黏液的分泌，使痰液变稀，使之易于咳出，同时可使支气管平滑肌松弛，减轻咳嗽，缓解症状，降低死亡。药物和肺直接接触，可促进肺部表面活性物质的合成，加强纤毛摆动，增加黏液纤毛运输系统的清除能力，防止重复感染。

③气雾法对于不能采食或饮水的鸡，可经呼吸使药物迅速到达气管和支气管以及气囊等

部位，有效地抑制或杀死病原菌，起到治疗作用。

④气雾给药能减轻肝肾的负担。据实验室检测和临床事例表明，气雾给药在肺部的组织浓度很高，但是在肝脏和肾脏的浓度却比口服低得多。这表明，气雾给药时对肝脏和肾脏损伤最小，对于疾病后期肝脏和肾脏严重损伤的鸡群，利于生产能力的快速恢复。

⑤气雾疗法在喷雾的过程中对鸡舍环境实现了降尘的目的。

（2）气雾给药的操作过程。

①在操作之前建议先做喷水试验。通过喷水实验，我们可了解用水量、喷雾行进及走速的快慢。目的是核实适中的雾滴大小及其喷雾量，以避免药物浪费和喷雾不均匀的现象发生。

②工作人员手持喷雾器，自鸡舍或鸡笼的一端走向另一端时，恰好能将所需要的药液喷完为止（可反复试喷清水来摸索较为准确的行进和喷雾的速度）。

③喷雾时间的选择对喷雾的效果也很重要。在治疗呼吸道疾病时，晚上 6：00~8：00点效果最佳；在治疗大肠杆菌时，早晨 4：00~6：00 点效果最佳。喷雾时应关闭灯光减少操作噪音避免惊群。

④喷雾时，房舍应密闭，关闭门、窗和通风口，减少空气流动，避免直射阳光。比如选用直径为 50 μm 以下的细雾滴喷雾时，喷雾枪口应在鸡头上方约 30 cm 处喷射，使鸡体周围形成一个良好的雾化区，使雾滴粒子不立即沉降而在空间悬浮适当时间。如用 100~200 μm 粗雾滴对雏鸡进行喷雾免疫时，喷雾枪口可在其鸡头上方约 0.8~1 m 处喷雾。晚上喷雾时，关闭灯光，通风全停。

（3）气雾给药的注意事项。

①选择适宜的药物。气雾给药要求选择对动物呼吸道无刺激性，且能溶解于呼吸道分泌物中的药物，否则不宜使用。

②掌握气雾用药的剂量。气雾给药的剂量与其他给药的途径不同，一般以每立方米用多少药物来表示。如硫酸新霉素对鸡的气雾用药剂量是每立方米 100 万单位，鸡只吸入时间应该为 1.5 h。要想掌握气雾的药量，就应该先计算出鸡舍的体积，然后再计算出药物的用量。

③要严格控制雾粒的大小，确保用药的效果。气雾给药中，颗粒越小，越容易进入肺泡，但与肺泡表面的黏着力却降低，容易随肺脏呼气排出体外；颗粒越大，则大部分散落在地面和墙壁或停留在呼吸道黏膜表面，不宜进入肺脏深部，造成药物吸收不好。所以临床上要根据用药目的，适当调节气雾颗粒的大小。

药物气雾颗粒到达鸡的呼吸道的顺序是鼻孔、咽喉、气管、支气管、肺脏、细支气管、气囊（骨髓）。一般认为，雾滴如果大于 3 μm，它可以到达鸡只的鼻、咽、气管以上部位；雾滴如果等于 1 μm，它可以到达鸡只深部气管、胸气囊；雾滴如果小于 0.1 μm，它可以到达鸡只的腹气囊。所以要治疗深部呼吸道或全身感染，气雾颗粒的大小应控制为 0.5~5 μm，如果要治疗上呼吸道炎症或使药物主要作用于上呼吸道则要加大雾化颗粒。如治疗鸡传染性鼻炎时，颗粒一般控制为 10~30 μm。

④气雾给药时鸡舍内温度、湿度的要求。气雾给药时较合适的温度是 15~25 ℃，温度再低些也可以进行，但一般不要在环境温度低于 4 ℃的情况下进行。如果环境温度高于 25 ℃时，雾滴会迅速蒸发而不能进入鸡的呼吸道。如果要在高于 25 ℃的环境中进行气雾法给药，则可以先在鸡舍内喷水提高鸡舍内空气的相对湿度后再进行。在天气炎热的季节，气雾给药应在早晚较凉爽时进行。喷雾时要求相对湿度在 70%以上。最好在气雾给药前 2 h 鸡舍用清水喷雾，

目的是降低鸡舍内的灰尘,增加湿度。

⑤ 科学配置药液。宜用深井水或自来水、纯净水、冷开水,水温 35 ℃左右,现配现用,一次用完,疫苗稀释按说明书规定。

⑥ 保持鸡舍清洁卫生。喷雾前必须对环境进行彻底清扫,清除粪便、尘土及杂物等。

⑦ 消毒药物应根据不同药物的消毒作用和机制,按一定时间交替使用,避免病原微生物对消毒药产生抗药性。

(4)可用于气雾给药的药物。

在生产中,可用于气雾给药的药物常有氨茶碱、氯苯那敏、克林霉素、阿奇霉素、硫酸卡那霉素、氟苯尼考等,气雾给药最佳的雾滴直径为 10~20 μm,即使用常规喷雾器(直径≥80 μm)也会取得较饮水给药更好的效果。

3. 拌料给药法

拌料给药法是最常用的一种预防给药途径,即将药物均匀地拌入饲料中,让禽自由采食的方法。该法简便易行、节省人力、减少应激、效果可靠,主要适用集约化、规模化养殖业中。但对于病重的畜禽,当其食欲下降时,不宜应用。在给药过程中还应注意准确掌握拌料浓度、确保药物混合均匀、密切注意不良反应等。其他的与猪拌料给药相似。

4. 经口投药法

在养鸡生产中,对数量较少或个别的发病鸡,可采用经口投药的方法进行治疗。投药时,一人将鸡保定好,投药者一只手打开鸡口腔,另一只手将药液或药片直接滴(放)入即可。此方法操作简便,剂量准确,但是投药速度太慢,费时费工。

5. 药物熏蒸法

药物熏蒸法适用于禽流行性感冒、支气管炎、肺炎以及某些皮肤病的治疗。禽舍内设药物蒸汽锅,将药物加水倒入锅内,加热煮沸,让蒸汽充满室内,每次熏蒸时间为 15~30 min。

二、注射技术

注射给药技术是使用无菌注射器或输液器将药液直接注入动物体组织内、体腔或血管内的给药方法。这种技术具有避免对胃肠内容物的影响,能迅速发生药效,药量较准确且可节省药物等优点,是临床治疗上最常用的技术。

(一)注射给药需要的物品

(1)注射盘:注射盘内放置的物品有手术镊、剪毛剪、皮肤消毒液 2%碘酊、5%碘酊和 70%乙醇、棉签、乙醇棉球、静脉注射用的止血带、固定针头用的胶布、铁夹子、止血钳等。

(2)注射器:注射器由空筒和活塞两部分组成。注射器按材料可分为玻璃、金属、尼龙、塑料 4 种,按其容量可分为 1 mL、2.5 mL、5 mL、10 mL、20 mL、50 mL、100 mL 等规格。

(3)针头:针头分针尖、针梗、针栓三部分。针头有 4#1/2、5#、5#1/2 、6#、6#1/2、7#、

8#、9#、12#、16#、20#等规格。

（4）大量输液时则有容量较大的输液瓶（吊瓶）。

此外，还有特殊用途的连续注射器、远距离吹管注射器等。

（二）药液抽吸的方法

注射给药的时候需要使用注射器将药物抽吸然后进行注射，下面简单介绍两种药物吸取的方法。

1. 自安瓿内吸取药液的方法

将安瓿尖端药液弹至体部，用乙醇棉球消毒安瓿颈部，然后用砂轮在安瓿颈部划一痕，再次消毒，折断安瓿。将针头斜面向下放入安瓿内液面之下，抽动活塞吸药。吸药时手持针栓柄，不可触及针栓其他部位。抽毕，将针头垂直向上，轻拉针栓，使针头中的药液流入注射器内，使气泡聚集在乳头处，轻推针栓，驱出气体即可使用。

2. 自密封瓶中吸取药液的方法

先插入注射器针头，然后倒转药瓶使注射针尖在液面以下，吸取所需药量。再以食指固定针栓，拔出针头，排尽空气。如药物是结晶或是粉剂油剂，则使用无菌生理盐水或注射用水将结晶、粉剂溶解，待充分溶解后吸取。如为混悬液，应先摇匀再吸药。油剂可先用双手对搓药瓶后再抽吸。对搓药瓶是为了使药瓶有温热感，减少药液在药瓶的存留。油剂及混悬剂抽吸时应选用稍粗的针头。

（三）注射原则

1. 防感染

严格遵守无菌操作原则。注射前必须洗手、戴口罩、衣帽整洁。无菌注射器及针头必须用无菌镊子夹取，针筒内面、活塞、乳头及针梗与针尖均应保持无菌。严密消毒，注射部位皮肤用蘸 2%碘酊，以注射点为中心，由内向外呈螺旋形涂擦，直径应在 5 cm 以上，待干后用 70%酒精以同法脱碘，酒精干后，方可注射。选择合适的注射部位，不能在有炎症、化脓感染或皮肤病的部位进针。

2. 防差错

（1）认真执行"三查七对"制度，做到注射前、中、后三看标签，仔细查对，以免遗漏或错误。

（2）严格检查药物质量，检查药液有无变质、沉淀或混浊，药物是否已失效，安瓿或密封瓶有无裂痕等现象，有则不能应用。

（3）给药途径准确无误，注射用药可供皮下、肌肉、静脉途径给药。注入体内吸收最快是静脉，次之是肌肉及皮下，但必须严格按医嘱准确按时给药。注射药液应现用现配，无论是皮下、肌肉、静脉注射，进针后注入药物前，都应抽动活塞，检查有无回血。皮下、肌肉注射不可将药液直接注入血管内，但静脉注射必须见回血后，方可注入药液。同时注射几种药时，应注意药物的配伍禁忌。

3. 防意外

（1）防过敏。详细询问过敏史，尤其在做过敏试验时，要备有急救器材和药品，如氧气、盐酸肾上腺素、灭菌注射器等，以防万一。

（2）防空气栓塞。注射前必须排尽注射器内的空气，以免空气进入血管形成栓子。

（3）防断针。注射前备有血管钳，以保证急用。注射器应完整无裂痕，空筒与活塞号码相一致，以防漏气、注射器乳头与针栓必须紧密衔接。针头大小合适，针尖锐利无弯曲（尤其注意针梗与针栓衔接处有无弯曲）。不宜在硬结和疤痕处进针。掌握正确的进针方法，如肌肉注射时应以前臂带腕部力量垂直快速进针，并注意留针（针梗）于皮肤外三分之一。

（4）防损伤神经和血管。选择合适的注射部位，避免损伤神经和血管。

4. 掌握无痛注射要点

（1）针尖必须锋利（无钩、无锈、无弯曲）。

（2）注射部位选择正确。

（3）肌肉必须松弛。可分散动物注意力，取得合作，使肌肉松弛，易于进针。

（4）掌握"二快一慢"（进针及拔针快、推药慢）的方法。注药速度应均匀。同时注射多种药物时，应先注射无刺激性的，再注射刺激性强的药物，并且选择针头宜粗长，进针要深，以减轻疼痛。

（四）常用的注射方法

注射给药技术有很多种，其中皮下注射、肌肉注射、静脉注射是临床上最常用的方法。个别情况下还可以做皮内注射、腹腔注射、胸腔注射等。选择用什么方法进行注射，主要应根据药物的性质、数量及动物和疾病的具体情况而定。

1. 皮下注射

皮下注射就是将药液注射于皮下结缔组织内，经毛细血管、淋巴管吸收而进入血液循环的一种注射方法。

（1）应用范围

凡是易溶解、无强刺激性的药品及疫苗、菌苗、血清、抗蠕虫药（如伊维菌素）等，某些局部麻醉药，不能口服或不宜口服的药物均可做皮下注射。

（2）注射部位

注射部位多选在皮肤较薄、富有皮下组织、活动性较大的部位。大动物多在颈部两侧；犬、猫在背胸部、股内侧、颈部和肩胛后部；禽类在翼下。

（3）准备

根据注射药量的多少，可用 2 mL、5 mL、10 mL、20 mL、50 mL 的注射器及相应针头。

（4）注射方法

术者抽取药液，排出气泡，注射针安装牢固。动物实行必要的保定，局部剪毛、消毒。

注射时，术者左手中指和拇指捏起注射部位的皮肤，同时用食指尖下压使其呈皱褶陷窝，右手持连接针头的注射器，针头斜面向上，从皱褶基部陷窝处与皮肤呈 30°～40°角，刺入针头的 2/3（根据动物体型的大小，适当调整进针深度），此时如感觉针头无阻抗，且能自由活动针头时，左手把持针头连接部，右手抽吸无回血即可推压针筒活塞注射药液。如需注射大量药液时，应分点注射，不能在一个点注入过多药液。注射完后，左手持酒精棉球按住刺入点，右手拔出针头，局部用 5%的碘酊消毒。必要时可对局部进行轻轻按摩，促进吸收。

（5）注意事项

① 针头刺入角度不宜大于 45°，以免刺入肌层。

② 尽量避免应用对皮肤有刺激作用的药物作皮下注射，特别是对局部刺激强的钙制剂、砷制剂、水合氯醛及高渗溶液等，易诱发炎症，甚至组织坏死。

③ 经常注射者，应更换部位，轮流注射。

④ 注射少于 1 mL 的药液，必须用 1 mL 注射器，以保证注入药液剂量准确。大量注射补液时，需将药液加温后分点注射。

2. 皮内注射

皮内注射是将药液注射于皮肤的表皮与真皮之间。

（1）应用

皮内注射的特点是使用药液少，一般仅为 0.1～0.5 mL，所以多不用于治疗，主要用于某些疾病的变态反应诊断（如牛结核、副结核、马鼻疽）或做药物过敏试验及炭疽疫苗、绵羊痘苗等的预防接种等。

（2）操作方法

① 皮内注射宜选择皮肤致密、被毛少的部位。马、牛宜在颈侧、尾根、肩胛中央，猪宜在耳根后，羊宜在颈侧或尾根部，鸡宜在肉髯部位。

② 保定动物，注射部位剪毛、消毒。

③ 用左手将皮肤挟起一皱褶或以左手绷紧固定皮肤，右手持注射器，将针头在皱褶上或皮肤上斜着使针头几乎与皮肤平行地轻轻刺入皮内 0.5 cm 左右，放松左手。

④ 左手在针头和针筒交界处固定针头，右手持注射器，徐徐注入药液。如针头确在皮内，则注射时感觉有较大的阻力，同时注射处形成一个圆丘，突起于皮肤表面。

⑤ 注射完毕，拔出针头，用酒精棉球轻压针孔，以免药液外溢。

（3）注意事项

注射部位一定要认真判定，准确无误，否则将影响诊断和预防接种效果。进针不可过深，以免刺入皮下。拔出针头后注射部位不可用棉球按压揉擦。

3. 肌肉注射

肌肉注射就是将药液注射入动物肌肉内的注射方法。

（1）应用

肌肉内血管丰富，药液吸收较快。由于肌肉内的感觉神经较少，疼痛轻微。因此，刺激性较强和较难吸收的药液，进行血管内注射，而有副作用的药液、油剂、乳剂等不能进行血管内注射的药液，为了缓慢吸收、持续发挥作用的药液等，均可采用肌肉内注射。但由于肌肉组织致密，仅能注射较少量的药液。

（2）操作方法

① 选择动物肌肉发达、厚实，并且可以避开大血管及神经干的部位。大动物与犊、驹、羊、犬等多在颈侧及臀部肌群，其中以股四头肌最常用；猪在耳根后、臀部或股内侧肌肉；禽类在胸肌部或大腿部肌肉。

② 注射方法：根据动物种类和注射部位不同，选择大小适当的注射器和注射针头，犬、猫一般选用 7~9 号针头，猪羊选用 9~12 号针头，牛、马用 12~16 号针头，根据要求抽取药液。

③ 把动物适当保定，局部常规消毒处理。左手的拇指与食指轻压注射局部，右手持注射器，使针头与皮肤垂直，迅速刺入肌肉内。一般刺入 2~3 cm（小动物酌减），尔后用左手拇指与食指握住露出皮外的针头结合部分，以食指指节顶在皮上，再用右手抽动针管活塞，观察无回血后，即可缓慢注入药液。如有回血，可将针头拔出少许再行试抽，见无回血后方可注入药液。注射完毕，用左手持酒精棉球压迫针孔部，迅速拔出针头。为术者安全起见，也可以右手持注射针头，迅速用力刺入注射部位，然后以左手持针头，右手持注射器，使二者连接好，再行注射药液。这一方法主要适用于牛、马等大动物。

（3）注意事项

① 刺入时针头应与皮肤呈垂直的角度，并且用力的方向应与针头方向一致。不可将针头的全长完全刺入肌肉中，一般只刺入 2/3，以防针体折断时难以拔出。根据畜禽大小和肥瘦程度不同，掌握刺入不同深度，以免刺入太深（常见于瘦小畜禽）而刺伤骨膜、血管、神经，或因刺入太浅（常见于大猪）将疫苗注入脂肪而不能吸收。

② 对强刺激性药物（如水合氯醛、钙制剂、浓盐水等），不能用肌肉注射。

③ 注射针尖如接触神经时，则动物感觉疼痛会骚动不安，此时应变换针头方向，再注射药液。

④ 一旦针体折断，保持局部和肢体不动，迅速用止血钳夹住断端拔出。如不能拔出时，先将病畜保定好，行局部麻醉后，迅速切开注射部位，用小镊子、持针钳或镊子拔出折断的针体。

⑤ 长期进行肌肉注射的动物，注射部位应交替更换，以减少硬结的形成。

⑥ 两种以上药液同时注射时，要注意药物的配伍禁忌，必要时在不同部位分开注射。

⑦ 根据药液的量、黏稠度和刺激性的强弱，选择适当的注射器和针头。

⑧ 避免在瘢痕、硬结地、发炎、皮肤病及有针眼的部位注射，淤血及血肿部位不宜进行注射。

⑨ 注射剂量应严格按照规定的剂量注入，禁止打"飞针"，造成注射剂量不足和注射部位不准。

4. 静脉注射

静脉注射是将药液直接注入静脉内，或利用液体静压将一定量的无菌溶液、药液或血液直接滴入静脉的方法。输入的液体随着血液很快分布到全身，不会受消化道及其他脏器的影响而发生变化或失去作用，药效迅速，作用强，注射部位疼痛反应轻，是临床治疗和抢救动物的主要手段。

（1）应用

静脉注射主要用于动物大量的输液、输血或用于以治疗为目的的急需速效的药物（如急救、强心等），在注射药物有较强的刺激作用，不能进行皮下、肌肉注射时，只能通过静脉注射才能发挥药效的药物，如水合氯醛、氯化钙等。

（2）准备工作

① 静脉注射或输液的用品包括注射盘、注射器及针头、瓶套、开瓶器、止血带、血管钳、胶布、剪毛剪、无菌纱布、药液、输液卡、输液架。

② 根据注射用量可备 50～100 mL 注射器及相应的针头（或连接乳胶管的针头）。大量输液时应使用输液瓶（250 mL、500 mL、1 000 mL），并以乳胶管连接针头，在乳胶管中段装以滴注玻璃管或乳胶管夹子，以调节滴数，掌握其注入速度。有条件的用一次性输液器则更好。

③ 注射药液的温度要尽可能的接近体温（可用夹子式的输液加温器）。

④ 使用输液瓶时，输液瓶的位置应高于注射部位。

⑤ 大动物站立保定，使头稍向前伸，并稍偏向对侧；小动物可行侧卧保定或俯卧保定。

（3）操作方法

① 注射部位。牛、马、羊、骆驼、鹿等均在颈静脉的上 1/3 与中 1/3 的交界处；猪在耳静脉或前腔静脉；犬、猫在前肢腕关节正前方偏内侧的前臂皮下静脉或后肢跗部背外侧的小隐静脉，也可在颈静脉；禽类在翼下静脉。

② 注射方法。大动物的静脉注射：首先进行常规的消毒，然后术者右手持针头，使针尖斜面向上，沿颈静脉径路，在压迫点前上方约 2 cm 处，使针尖与皮肤呈 30°～45°角，迅速准确地刺入静脉内，并感到空虚或听到清脆声，见有回血后，用夹子将一次性输液器的针头固定于颈部皮肤上，药液徐徐注入静脉内。如为输液瓶时，应先放低输液瓶，验证有回血后，再将输液瓶提高，并用夹子将输液管近端固定在颈部皮肤上，药液则徐徐流入静脉内。注射完毕，左手持酒精棉球压紧针孔，右手迅速拔出针头，而后涂 5%碘酊消毒。

小动物的静脉注射：给犬、猫等进行静脉注射，最常用的是前臂皮下静脉注射法（也称桡静脉注射法）。此静脉位于前肢腕关节正前方稍偏内侧。犬可侧卧、伏卧或站立保定，助手或犬主人从犬的后侧握住肘部，使皮肤向上牵拉和静脉怒张，也可用止血带（乳胶管）结扎使静脉怒张。操作者位于犬的前面，注射针由近腕关节 1/3 处刺入静脉，当确定针头在血管内后，针头连接管处见到回血，再顺静脉管进针少许，以防犬骚动时针头滑出血管；松开止血带或乳胶管，即可注入药液，并调整输液速度。静脉输液时，可用胶布缠绕固定针头。

（4）注意事项

① 应严格遵守无菌操作规程，对所有注射用具、注射部位均应严格进行消毒。

② 动物保定好，看清注射部位的脉管，明确注射部位后再扎入针头，避免多次扎针而引起血肿。犬及猪静脉注射时，首先应从末端开始，以防再次注射时发生困难（如血肿后，无合适的进针点）。

③ 要注意检查针头是否通畅，当反复穿刺时针头常被血凝块堵塞，应随时更换。

④ 针头刺入静脉后，要再顺入 1～2 cm，并使之固定。

⑤ 注入药液前应排净针管或输液胶管中的气泡，严防将气泡注入静脉。

⑥ 对所要注入的药品质量（如有无杂质、沉淀等）应严格检查。混合注入多种药液时注意配伍禁忌；油剂不能做静脉注射。注射对组织有强烈刺激的药物时，应先注射少量的生理

盐水，证实针头确实在血管内，再调换要注射的药液，以防药液外溢而导致组织坏死。如钙剂的注射。

⑦ 大量补液时，速度不宜过快，大家畜以 30～60 mL/min 为宜，犬、猫等小动物以 25～40 滴/分钟为宜。药液温度要接近于体温；药液浓度以接近等渗为宜；注意心脏功能，尤其是在注射含钾、钙等药液时，更要小心。

⑧ 静脉注射过程中，要经常注意动物表现，如有骚动不安、出汗、气喘、肌肉战栗等现象时应立即停止注射，待查明原因后再行处置。

⑨ 当发现液体输入突然过慢或停顿以及注射局部明显肿胀时，应立即检查，进行调整。如针头已滑出血管外，则应整顺或重新刺入，直至恢复正常。

（5）静脉注射时药液外漏的处理。

静脉内注射时，常由于未刺入血管或刺入后因病畜骚动而针头移位脱出血管外，致使药液漏出到皮下。故当发现药液外漏时，应立即停止注射，根据不同的药液采取下列处理措施。

① 如系等渗溶液（生理盐水或等渗葡萄糖），一般很快会自然吸收，如系高渗盐溶液，则应向肿胀局部及其周围注入适量的灭菌注射用水，使之稀释。

② 如系刺激性强或有腐蚀性的药液，则应向其周围组织内注入生理盐水。如为氯化钙溶液，可注入 10% 的硫酸钠或 10% 硫代硫酸钠 10～20 mL，使氯化钙变为无刺激性的硫酸钙和氯化钠。局部再用 5%～10% 硫酸镁温敷，以缓减疼痛。

③ 如系大量药液外漏，则应做早期切开手术，并用高渗硫酸镁溶液引流。

5. 腹腔内注射

腹腔内注射就是利用药物的局部作用和腹膜的吸收作用，将药液注入腹腔内的一种注射方法。当静脉管不宜输液时可用本法。腹腔内注射于大动物较少应用，而对中、小动物的治疗经常采用。在犬、猫也可注入麻醉剂。本法还可用于猪腹水的治疗，利用穿刺排出腹腔内的积液，借以冲洗、治疗腹膜炎。

（1）注射部位。

牛、马在右侧肷窝部；猪、犬、猫宜在两侧后腹部腹中线旁。

（2）注射方法。

牛、马行站立保定。先进行剪毛消毒处理，然后术者一只手把握腹侧壁，另一只手持连接针头的注射器在距耻骨前缘 3～5 cm 处的中线旁，垂直刺入。刺入腹腔后，回抽未见血液或肠内容物，摇动针头有空虚感，即可注入药液。退出针头后，局部消毒处理。给猪、犬、猫注射时，先将两后肢提起行倒立保定，然后局部剪毛消毒再注射。

（3）注意事项。

① 所注射药液预温到与动物体温接近。

② 所注药液最好为等渗溶液，最好选用生理盐水或林格氏液。

③ 有刺激性的药物不宜做腹腔注射。

④ 腹腔内有各种内脏器官，在注射或穿刺时易受伤，应特别注意。

⑤ 小动物腹腔内注射宜在空腹时进行，防止腹压过大而误伤其他器官。

6. 瘤胃内注射

瘤胃内注射是把药物经套管针或其他针注入瘤胃的方法。

（1）应用：主要用于牛、羊瘤胃臌气的止酵及瘤胃炎的治疗和瘤胃臌气的穿刺放气治疗。

（2）准备：套管针或盐水针头（羊一般可选用较长的14~16号肌肉注射针头）、手术刀、毛剪及常规消毒药品。

（3）部位：左侧腹部髋结节与最后肋间连线的中央，即肷窝部。

（4）方法：动物站立保定，术部剪毛、消毒。若选用套管针，术者右手持套管针对准穿刺点呈45°角迅速用力穿入瘤胃10~20 cm，左手固定套管针外套，拔出内芯，此时用手堵针孔，间歇性放出气体。待气体排完后，再行注射。如中途堵塞，可用内芯疏通后注射药液（常用止酵剂有：鱼石脂酒精、1%~2.5%的甲醛、1%的来苏儿、0.1%的新洁尔灭、植物油等）。若无套管针时，手术刀在术部切开1 cm小口后，再用盐水针头（羊不必切开皮肤）刺入。注射完毕，视情况套管针可暂时保留，以便下次重复注射用。

（5）注意事项：

① 放气不宜过快，防止脑部贫血的发生。

② 反复注射时应防止术部感染。

③ 拔针时要快，以防瘤胃内容物漏入腹腔，导致腹膜炎的发生。

7. 瓣胃注射法

（1）应用：瓣胃注射法是将药液注入牛、羊等反刍动物的瓣胃内，目的是使瓣胃内容物软化的一种注射方法。主要用于治疗瓣胃阻塞或某些特殊药品的给药（如治疗血吸虫的吡喹酮）。

（2）部位：瓣胃位于右侧第7~10肋间，其注射部位在右侧第9肋间与肩关节水平线交点的上、下2 cm处。

（3）方法：术者左手稍移动皮肤，右手持针头垂直刺入皮肤后，使针头转向对侧肘头的左前下方，刺入深度约为8~10 cm，先有阻力感，当刺入瓣胃内则阻力减小，并有沙沙感，此时注入20~50 mL生理盐水，再回抽如混有食糜污染的液体时即为正确，可开始注射药物（如液体石蜡、25%硫酸镁、植物油等）。注射完毕，迅速拔出针头，术部涂碘酊。

（4）注意事项：

① 注射中如遇病畜骚动时，要确定针头是否在瓣胃内，而后再行注入药物。

② 在针头刺入瓣胃后，回抽注射器，如有血液或胆汁，是误刺入肝脏或胆囊，表明位置过高或针头偏向上方，应拔出针头，另行移向下方刺入。

8. 气管内注射

（1）应用：气管内注射是将一种或几种药物混合后，缓慢地注入动物气管内，以治疗顽固性咳嗽、气管炎、支气管炎及肺炎等呼吸系统疾病的方法。

（2）部位：牛在颈上部气管腹侧面正中，气管环之间。

（3）操作：术部剪毛、消毒（先用碘酊消毒，再用酒精脱碘）。术者左手找到气管环间隙，右手持注射器，从间隙处将针头刺入气管内，摆动针头无阻力，感觉前端空虚，再缓慢注入药液。注完后，左手持酒精棉球压住注射部位，右手拔出针头，局部消毒。

（4）注意事项：

①药液注射前，应将其加温至接近动物体温以减轻刺激反应。

②注射速度不宜过快，可一滴一滴地注入，以免刺激气管黏膜而咳出药液。

③注射药液量不宜过大，避免量大引发气管阻塞而发生呼吸困难。猪、羊、犬一般 3~5 mL，牛、马 20~30 mL。

④如果动物咳嗽剧烈，可先注入 2%的普鲁卡因液 2~5 mL，降低气管的敏感性，然后再注入所需药液。

9. 嗉囊内注射

嗉囊内注射是禽类给药的方法之一。嗉囊注射易操作、简便、生效快，在某些急性中毒病治疗中效果显著。嗉囊局部无大血管、神经，故此法不会引起局部出血和神经损伤，还可可多次重复注射。

（1）应用：用于肌胃阻塞、禽类胃肠炎、嗉囊炎及中毒性疾病的治疗。

（2）准备：2~5 mL 注射器、针头、常规消毒药品、器械等。

（3）部位：嗉囊是禽类暂时储存食物的器官，它位于胸腔的前部皮下，采食后明显突出于胸前。触诊时，可明显的感知到嗉囊内的内容物。成年鸡的嗉囊如鸭蛋大小；鹅没有真正的嗉囊，仅在此处扩大成纺锤形。

（4）方法：局部常规消毒，患禽侧卧保定，术者左手拇指及食指捏住并固定嗉囊，右手持注射器，呈 45°角刺入嗉囊，将药液缓慢注入嗉囊即可。注射完毕，拔出针头，术部消毒。

三、补液疗法

动物体液平衡发生紊乱时，由静脉输入不同成分和数量的溶液进行纠正的治疗方法称为补液疗法。

（一）临床补液的分类

临床上输入的静脉液分晶体液与胶体溶液两类。所有的晶体溶液、胶体溶液都可以理解为静脉替代液。

1. 晶体溶液

（1）定义

晶体液由结晶物质组成，如葡萄糖和氯化钠。当它们溶于水时，就形成透明的电解质和糖溶液。晶体的分子小，其溶液在血管内存留时间短，对维持细胞内外水分的相对平衡有重要作用，可有效纠正体内的水、电解质失调。

（2）临床上常用的晶体溶液

①葡萄糖溶液：用于补充水分和热量，常用作静脉给药的载体和稀释剂。常用溶液有 5%葡萄糖溶液和 10%葡萄糖溶液。

② 等渗电解质溶液：用于补充水和电解质，维持体液容量和渗透压平衡。常用的溶液有 0.9%氯化钠溶液和复方氯化钠溶液等。

③ 碱性溶液：用于纠正酸中毒，调节酸碱平衡。常用溶液有 5%碳酸氢钠和 11.2%乳酸钠溶液。

④ 高渗溶液：用于利尿脱水，可迅速提高血浆渗透压，回收组织水分进入血管内，消除水肿。同时可降低颅内压，改善中枢神经系统的功能。常用溶液有 20%甘露醇、25%山梨醇、25%~50%的葡萄糖溶液等。

2. 胶体溶液

（1）定义

胶体溶液是一种颗粒悬液，这些粒子的分子量比晶体大得多，因为不能穿过毛细血管壁，所以保留在了血管内，从而达到维持或升高血液胶体渗透压的目的。胶体溶液中粒子的分子量和数量决定了渗透压的大小。

（2）临床常用的胶体溶液

如白蛋白、球蛋白，羟乙基淀粉，羟甲淀粉等。

3. 静脉替代液

静脉替代液是指能通过增加血管内液体容量来补充非正常损失的血液、血浆和其他细胞外液的液体。有时也可以叫羟甲淀粉。所有的胶体液都是替代液，类似血浆钠浓度的晶体液也可以作为替代液。临床上常用的有：

（1）等渗电解质溶液：用于补充水和电解质，维持体液容量和渗透压平衡。常用的溶液有 0.9%氯化钠溶液和复方氯化钠溶液等。

（2）胶体溶液：胶体的分子大，其溶液在血液内存留时间长，能有效维持血浆胶体渗透压，增加血容量，改善微循环，提高血压。临床常用的胶体溶液有：

① 右旋糖酐：为水溶性多糖类高分子聚合物。常用溶液有中分子右旋糖酐和低分子右旋糖酐。中分子右旋糖酐能提高血浆胶体渗透压，扩充血容量；低分子右旋糖酐有降低血液黏稠度，改善微循环和抗血栓形成的作用。

② 羟甲淀粉：作用与低分子右旋糖酐相似，扩容效果良好，输入后循环血量和心输出量均增加，急性大出血时可与全血共用。常用溶液有羟乙基淀粉、氧化聚明胶、聚维酮等。

③ 血液制品：有 5%白蛋白和血浆蛋白等，输入后能提高胶体渗透压，增加循环血容量，补充蛋白质和抗体，有助于组织修复和增强机体免疫力。

4. 维持液

维持液是用于补充患病动物因皮肤、肺、大小便等正常生理性活动时所丢失的液体。这些丢失的液体中，相当一部分是水。维持液主要是由水组成的葡萄糖液体，也可含有少量的电解质。所有维持液都是晶体液。常见的维持液有 5%葡萄糖和 5%葡萄糖盐水。

5. 静脉高营养液

静脉高营养液是指能供给患病动物营养、纠正氮平衡，补充各种微生物和矿物质的液体。尤其是当动物没有营养来源的情况下输入静脉营养液很重要，其主要成分有氨基酸、脂肪、维生素、矿物质、高浓度葡萄糖或右旋糖酐及水分。常用静脉高营养液有复方氨基酸、脂肪乳、中心静脉营养液等。

在患病动物有肝、肾、糖尿病等时，临床医生要慎重考虑静脉高营养液的优缺点，并根据病情需要，合理使用静脉高营养液。此类液体的使用常在疾病的转归期，主要是康复阶段。

（二）补液原则

补液原则是先盐后糖（高渗性脱水例外），先晶后胶，先快后慢，尿畅补钾。

（三）补液顺序和速度

（1）先用等渗盐水或平衡盐溶液扩充血容量，使尿量增加，以恢复机体的调节能力。

（2）尿量增多后如有酸中毒表现，可增补碱性溶液，同时注意补钾、钙。

（3）扩容后血容量不足时，需补给一定量的胶体液（全血、血浆、右旋糖酐）。

（4）补液量较多时，各类液体要交替输入。

（5）补液速度：病情重者开始要快，可在头 8 h 补给全天补液量的 1/2，待病情好转，速度要减慢。对心肺功能不好或某些不能输快的药物（如高渗盐水、钾盐）一定要控制速度。

（四）补液注意事项

（1）积极治疗原发病。

（2）通过观察治疗效果，可随时调整补液计划，如尿量每小时有 30~50 mL，说明补液是恰当的，尿量在 30 mL 以下，应加快输液；如尿量过多，则减慢输液速度。

（3）注意心肺情况，如发现动物心率加快、呼吸急促、咳嗽、肺部有湿罗音，应立即停止或减慢输液速度。

（4）注意有无寒战、发热等输液反应，发现后立即停止输液，并进行相应的处理和密切观察。

（5）有条件的可对大量补液的动物实行心电图监测。

四、输血疗法

机体血液具有维持细胞内、外平衡，运输各种营养物质，调节酸碱平衡以及参与机体免疫防御的功能。动物在大失血、大出血、休克或衰竭时，通常要输注一定容量的血液给以补充，这就是输血疗法。输血疗法是治疗疾病，尤其是危重病例的一种重要方法。输血疗法在人医临床上已经得到广泛的应用，但在过去的兽医临床治疗中应用甚少。究其原因，主要是考虑动物的经济价值和缺乏相应的血液来源。目前随着伴侣动物的发展，其自身的经济价值以及社会价值不断得到提高，宠物主人在为他们的宠物治疗疾病时，已不再是仅仅考虑花费，更重要的是能否将宠物治愈。因此，输血疗法逐渐在小动物临床治疗，特别是犬猫病的治疗中得到应用。输血能补偿病犬猫体内丧失的血液，同时能激发体内的凝血过程，具有止血作用。此外，血液的输入能使血压升高，新陈代谢旺盛，内分泌活动增强，血液内激素含量增高，血液中的毒素被红细胞吸附而变为无毒，从而使机体全身抵抗力增强。

（一）输血疗法的适应证

输血疗法适应于大失血、外伤性休克、非传染性贫血、严重中毒、败血症、体质极度衰弱、幼畜溶血病等。但在心脏病、并发心脏血管机能不全的肺脏疾病及肾脏疾病时禁用。

（二）血型与输血的关系

各种家畜血型差别很大，马有 8 种血型，牛有 12 种血型 80 种以上的血型基因，猪有 15 种血型 40 种以上的血型基因，犬有 8 种血型，猫有 3 种血型，兔有 1 种血型。在理论上，输血时应输以同型血液或相合血液。但实践证明，各种动物首次输血都可以选用任何一种健康、成年、无传染病和血液寄生虫病、未孕、无体质过敏的同种动物作供血者，而不必考虑它与受血者血型是否相符，通常都不会发生严重危险。而无论何种动物，受血后都能在 3～10 d 内产生免异抗体，如果此时又以同一供血动物再次输血，就容易产生输血反应。因此，临床上常常对需多次输血的动物，准备多个供血动物，并把重复输血的时间缩短在 3 d 以内。

异型血液的血清和红细胞相混合，会迅速凝集成团，随后发生溶血，从而出现输血反应，严重时引起死亡。所以为了安全起见，在输血前应对供血动物进行血液相合检验。

（三）输血方法

输血分为全血输血和血液成分输血，可根据病畜的实际情况选择使用。小动物临床上常用的是间接输血法。其操作步骤是将抗凝剂置于灭菌的贮血瓶内，随后从供血动物静脉采血（二者比例为 1∶9）边采血边轻轻晃动贮血瓶，使血液与抗凝剂充分混合，以防血液凝固。采出需要血量后立即给犬猫输入，输入速度要尽量缓慢。在输血过程中，要不断轻轻晃动储血瓶，避免红细胞与血浆分离，给输入带来困难。

具体操作步骤是：

（1）先倒挂储血瓶或塑料储血袋于支架上，排尽输血导管内的空气。

（2）消毒注射部位的皮肤，将输血针头刺入静脉，固定针头于皮肤。

（3）调节输血速度，一般为 4～6 mL/min，若大量失血或休克，则须快速输入。

（4）输血完毕，拔出针头，局部压迫止血。输血过程中，随时注意有无血液漏出血管外，针栓与导管接头处有无松脱。

（四）输血不良反应及其防治

在输血过程中应注意溶血反应、致热原反应、过敏反应等输血反应。一旦出现上述反应应及时处理。

（1）减慢输血速度或中止输血。

（2）轻者，可选用苯海拉明或异丙嗪。

（3）较重者，可静注或静滴氢化可的松 100 mg。

（4）紧急者，1∶1 000 肾上腺素 0.5~1 mL 皮下注射或静注。

（5）会厌水肿危及生命者，立即行喉插管术、气管插管术或气管切开。

（五）输血中应注意的事项

（1）在输血前要对病畜及供血动物做详细的病史调查，尤其要询问有无输血史。第一次输血后于 3~10 d 内可产生抗体。如果反复输血，可间隔 24 h 后进行，但是一般只能重复 3~4 次。输血主要用于牛、羊、马、犬。一般不用种公牛（马）的血液给已配的母牛（马）或待配的母牛（马）输血，以防新生仔畜发生溶血性疾病。

（2）在输血中的一切操作均应严格无菌操作。

（3）采血时，须注意抗凝剂的应用量。血采入瓶中后，应充分混匀，以防出现血凝块。摇晃时要轻，以免破坏血球和产生气泡。在输血过程中，严防空气注入血管。

（4）输血时，密切注意患畜的表现，出现异常反应，应立即停止输血。

（5）用枸橼酸钠作抗凝剂进行输血后，应立即补充钙制剂。

（6）严重溶血的血液，不宜应用，应废弃。

第九章 兽医临床治疗方法

兽医临床治疗方法主要包括输液疗法、封闭疗法、输血疗法、外科疗法、免疫疗法、按摩疗法、针灸疗法、化学疗法、物理疗法、激素疗法、营养疗法、止血疗法、气体疗法、镇痛疗法、基因疗法和安乐死等内容。

一、化学疗法

即应用化学药物抑制或杀灭病原微生物以治疗畜禽疾病的方法。主要用于治疗由细菌、病毒、寄生虫感染的家畜疾病，也可用作饲料添加剂。

（一）抗菌药

应用的药物主要有抗生素和磺胺类等。

1. 抗生素

抗生素是由微生物（主要是细菌或真菌）产生的一种能杀灭其他微生物或抑制其生长的化学物质。抗生素的抗菌范围称为抗菌谱，可分为广谱和窄谱抗生素。长期使用一种抗生素或使用不当，会促使病原菌产生耐药性，并转而对同族的另一种抗生素也产生耐药性，称为交叉耐药性。其作用机理可分为3类。

（1）抑制细菌细胞壁合成。

青霉素类、头孢菌素类、万古霉素和杆菌肽一类药物能抑制粘肽的合成，从而使细菌细胞不能形成细胞壁，同时由于细胞质继续大量合成，致使胞内渗透压加大，导致胞膜破裂、细菌死亡。其中青霉素又分天然的和半合成的两类。天然青霉素适用于链球菌和敏感金黄色葡萄球菌的感染，如乳腺炎、马腺疫、猪链球菌病等，对其他一些传染病如炭疽、丹毒、放线菌病、钩端螺旋体病也有一定疗效。半合成青霉素则用于耐药金黄色葡萄球菌感染及由革兰阴性菌感染的败血病、犊及仔猪白痢、牛巴斯德氏菌病等。常用的青霉素制剂有青霉素钾或钠盐和兽用强效普鲁卡因青霉素等。兽医临床上有青霉素过敏反应报道。

头孢菌素衍生物又称先锋霉素类，是一类半合成广谱抗生素，临床上主要用于耐药性金黄色葡萄球菌感染及革兰氏阴性菌的感染，如乳腺炎、家畜的呼吸道或泌尿道感染等。万古霉素是窄谱抗生素，对生长期的革兰氏阳性菌如金黄色葡萄球菌、溶血性链球菌、肺炎球菌、梭状芽孢菌等有快而强的杀菌力，不易产生耐药性。杆菌肽也属于窄谱抗生素，主要用于耐青霉素金黄色葡萄球菌所致的各种严重感染。局部用于治疗革兰氏阳性菌引起的皮肤和伤口感染、牛传染性角膜炎和乳腺炎。

（2）干扰细菌蛋白质合成。

其药物主要有四环素类、氯霉素类、大环内酯类和氨基糖苷类。其中，四环素类又分天然四环素类如四环素、土霉素、金霉素和半合成四环素类（或称新四环素类）如多西环素、二甲胺四环、美他环素等，它们都属广谱抗生素。对耐受其他药物的细菌也有效；半合成四环素类一般具有高效和长效的特点，常用于治疗猪霉形体病（支原体病）、巴斯德氏菌病、沙门氏菌感染、炭疽、马鼻疽、子宫炎、坏死杆菌病、边虫病等。一般肌注给药，但在注射部位容易引起炎症和坏死。成年反刍兽及马属动物内服则会改变消化道正常微生物群，导致动物消化机能紊乱而死亡。

氯霉素类也属于广谱抗生素，但对革兰阴性菌有较强的抑制作用，常用于肠道感染，特别是沙门氏菌病、牛出血性败血症、禽霍乱、幼畜肺炎、绵羊腐蹄病及牛胎弧菌感染引起的子宫炎等。可肌注、内服及局部用药。但给成年反刍动物内服也出现与四环素类同样的反应，程度较轻。

大环内酯类主要有红霉素、泰乐霉素、螺旋霉素等。红霉素的抗菌谱与青霉素相似，临床上用于治疗耐青霉素的金黄色葡萄球菌感染，但对青霉素敏感的金黄色葡萄球菌感染，效力不及青霉素，且易产生耐药性；对鸡霉形体病和传染性鼻炎也有相当疗效。泰乐霉素是禽畜专用抗生素。对霉形体属（支原体属）特别有效，常用于治疗鸡霉形体病和预防猪霉形体肺炎；对钩端螺旋体也较有效，而对大肠杆菌和巴斯德氏菌等易产生耐药性。螺旋霉素、林克霉素和新生霉素等的抗菌谱和应用与红霉素相似。

氨基糖苷类常用的有链霉素、双氢链霉素、卡那霉素、庆大霉素和新霉素等。对革兰阴性菌作用强；对前庭神经、听神经和肾脏均有不同程度的毒性。各抗生素间有一定的交叉抗药性。其中，链霉素属窄谱抗生素，兽医临床上曾用为治疗结核病药物，也适用于一些急性感染，如大肠杆菌引起的乳腺炎、子宫炎和败血症、巴斯德氏菌病、钩端螺旋体病、放线菌病及禽传染性鼻炎等。但细菌对本药产生耐药性较青霉素快，也可能引起过敏反应，长期或大剂量用药时可产生慢性中毒如听觉损害、平衡失调等。卡那霉素属于广谱抗生素，对大多数革兰阴性菌如大肠杆菌、副大肠杆菌、沙门氏菌、产气杆菌、变形杆菌和多杀性巴氏菌等有较强抗菌作用，常用来治疗此类细菌的感染及猪霉形体病和萎缩性鼻炎。对金黄色葡萄球菌和结核杆菌也有效。经常用药产生耐药性的速度远较链霉素为慢。

（3）损害细菌细胞膜。

多黏菌素类和多烯类药物因能直接影响细菌细胞膜渗透屏障功能而发挥抗菌作用。其中多粘菌素类具有表面活性，能定位于细胞膜的类脂质层和蛋白质层之间，其阳离子氨基可与膜类脂质中阴离子磷酸基结合，破坏膜的功能，使细胞内容物外逸，造成细菌死亡。属于窄谱抗生素，主要对革兰阴性菌如绿脓杆菌、大肠杆菌有强抗菌作用，用于控制烧伤、呼吸道和泌尿道感染及败血症等；作为精液附加剂，还可用于预防绿脓杆菌对精液的污染。细菌对本类抗生素不易产生耐药性。多烯类抗生素主要具有抗霉菌作用，能与霉菌细胞膜的固醇结合使膜受损害；而细菌细胞膜由于不含固醇，所以对细菌无效。本类抗生素包括制霉菌和二性霉素 B。制霉菌素可内服治疗牛真菌性胃炎，也可外用或吸入治疗真菌性感染；二性霉素 B 可注射治疗全身性深部真菌感染；内服则不易吸收，可用以控制消化道真菌感染。此外，还有灰黄霉素，可干扰 DNA 的合成，主要对各种皮肤真菌，包括毛癣菌属、小孢子菌属和表皮癣菌属产生作用，常用于治疗动物毛癣；以内服为主，外用不易透入皮肤，疗效较差。

2. 磺胺类药物

磺胺类药物的基本化学结构为对氨基苯磺酰胺，因其与微生物生长的必需物质对氨基苯甲酸（PABA）相似而可取代 PABA，从而影响细菌核蛋白的合成，干扰其生长繁殖。因此磺胺类是细菌的竞争性抑制剂。PABA 是叶酸合成的前体，动物则因可从饲料中获得叶酸而不存在上述的竞争关系，代谢也因而不受磺胺类干扰。同样，某些在代谢过程中不需自身合成叶酸的细菌，对磺胺类也不敏感。基于这一竞争性对抗原理，开始服用磺胺时剂量宜大。本类药物的抗菌谱基本相同，对大多数革兰氏阳性、阴性菌有抑制作用。其中高度敏感菌有链球菌、肺炎球菌、沙门氏菌、化脓棒状杆菌、大肠杆菌等；次敏感菌有葡萄球菌、变型杆菌、巴斯德氏菌、产气荚膜杆菌、肺炎杆菌、炭疽杆菌、绿脓杆菌等，并对上述细菌感染的疾病有效。某些磺胺药对球虫、弓形体有选择性抑制作用。一般采用深层肌注或内服，对急性感染须静注。

由于磺胺药在动物体内的半衰期较人体更短，要注意掌握给药间隔及次数。磺胺药的急性中毒多见于静注时速度过快或剂量太大；慢性中毒则常见于药量过大或持续 1 周以上用药。某些细菌如大肠杆菌和葡萄球菌对磺胺药易产生耐药性。磺胺药之间也存在交叉耐药性。

3. 抗菌增效剂

一类新的广谱抗菌药，多属苄氨嘧啶类化合物，与磺胺药合用，可产生协同效果高至数倍至数十倍不等，甚至可起到杀菌作用，即对耐药菌株也能增效，因此曾被称为磺胺增效剂。它也能增加四环素、青霉素、红霉素、庆大霉素和多粘菌素 E 的疗效。

4. 呋喃类药物

一类广谱抗菌药，低浓度抑菌，高浓度杀菌。有些还能抗原虫和真菌。临床上主要用于消化道、尿道感染和外用消毒。细菌对本类药物不易产生耐药性，大剂量或长期用药时能产生毒性，以家禽、犊牛较为敏感。

（二）抗寄生虫药

抗寄生药物有抗蠕虫、抗原虫和杀虫药 3 大类。

1. 抗蠕虫药

用于由蠕虫引起的线虫病、丝虫病、吸虫病和棘头虫病等寄生虫病。其中有的驱虫范围广，有的属于窄谱驱虫药。主要种类有：

（1）驱线虫的药物。

其中不少药物可对两种以上蠕虫有不同程度的效力。有机磷化合物是多用、广谱的驱线虫药，可使虫体的胆碱酯酶磷酰化，增加乙酰胆碱量，从而引起肌肉兴奋、痉挛，最后虫体麻痹而死亡。常用的有美曲膦酯、哈洛克酮、萘磷（蠕灭灵）、敌敌畏等。

（2）驱吸虫药。

主要用于驱除寄生于牛、羊的肝片吸虫。早期药物四氯化碳、六氯乙烷对成虫效果好，但对幼虫几无效，并对肝有损害。联苯酚类中的硫双二氯酚毒性较前两种小，并对猪姜片吸虫和畜、禽绦虫有效，但用量大时患畜易出现腹泻。硝基苯酚类中的硝氯酚高效、低毒，可内服及肌注，用量小，对幼虫有一定的作用。氰碘硝基苯酚的作用与硝氯酚相似，但排泄慢，在乳和肉内残留期较长。在水杨酰替苯胺类中，二碘羟柳胺则对未成熟虫体效果较好，毒性较小，且对巨片吸虫成虫、捻转血矛线虫和鼻蝇幼虫均具高效，但排泄慢，牛内服 15 mg/kg 后，要经 28 d 方可屠宰。现本药已被一些国家列为首选药。联氨酚噻对肝片吸虫未成熟虫体效果良好，且毒性小；但其药效随虫体日龄增长而渐降。溴酚磷对成虫及幼虫均有效。

（3）驱绦虫药。

合成药如氯硝柳胺的作用在于抑制虫体摄入葡萄糖，破坏其三羧酸循环，导致乳酸蓄积，虫体死亡，对马裸头科绦虫、牛和羊的莫尼茨绦虫和犬带绦虫等有良好效果，并对宿主毒性小。丁萘脒的盐酸盐主用于犬、猫的带绦虫和双殖孔绦虫，对细粒棘球绦虫也有一定作用；它的羟萘酸盐主用于绵羊的莫尼茨绦虫。溴羟苯替苯胺驱除牛、羊莫尼茨绦虫和前后盘吸虫效果良好，在宿主体内排泄快、毒性小。

（4）抗血吸虫药。

锑剂是早期用药，现已合成一些非锑剂，如吡喹酮，对日本血吸虫、曼氏血吸虫和埃及血吸虫的幼虫和成虫均有良效，毒性小而作用迅速；但对虫卵无作用；对犬带绦虫、多头绦虫、细粒棘球绦虫，绵羊矛形歧腔吸虫也有效。硝硫氰胺对上述 3 种血吸虫均有较强的杀虫作用，也较安全。此外，美曲膦酯对水牛日本血吸虫病也有良效。

2. 抗原虫药

（1）抗锥虫药

常用于马、牛、骆驼锥虫病。主要有下列各种：脲双苯甲酰萘三磺酸钠（或称纳加诺）和纳加宁，主要对伊氏锥虫、布氏锥虫和媾疫锥虫有效。喹嘧胺（或称安锥赛），主要对伊氏锥虫、媾疫锥虫、刚果锥虫和活跃锥虫有效，其氯化物有预防作用。锥虫胂胺对媾疫锥虫有效。酚脒除对布氏锥虫、伊氏锥虫有效外，对二联巴贝斯焦虫病也有良效。

（2）抗血孢子虫药

抗血孢子虫药习惯上包括治疗家畜梨形虫病、泰勒虫病及边缘边虫病的药物。梨形虫病病原很多，有的药物对一些病原有效，对另一些病原则没有很好的效果。贝尼尔对马驽巴贝斯梨形虫、牛的二联巴贝斯梨形虫、柯契卡巴贝斯梨形虫感染有效。阿卡普林除上述病原外，对牛、马羊巴贝斯梨形虫有效。咪唑啉卡普对牛二联巴贝斯梨形虫、阿根廷巴贝斯梨形虫、分离巴贝斯梨形虫有效，并有预防作用。卡巴锌对牛、羊巴贝斯梨形虫有效。但对泰勒虫病则尚无理想的防治药物。上述药物除阿卡普林外，均对治疗边缘边虫病有良效。

（3）抗球虫药

本类药物有氨丙啉、球痢灵、氯羟吡啶；属于抗生素的有莫能霉素、盐霉素和拉沙霉素等。此外，尚有磺胺喹㗁啉，常用于鸡、兔、犊羔的球虫病。应根据球虫的不同发育阶段选用并轮换药物，以防止耐药虫株的产生。采用抗球虫药长期混饲以预防本病时，容易造成药物在畜体残留，影响食品卫生，须规定屠宰前的停药时间。

3. 杀虫药

一般指杀灭动物体外寄生虫的药物。其中有机磷杀虫药在机体内较易分解、排出快，残留量少。有的有机磷制剂对各期牛皮蝇蚴虫有效，如皮蝇磷（内服）、倍硫磷（肌注）；有的仅对第三期蚴虫有效，如敌百虫（涂擦）。对马胃蝇蚴，可用敌百虫（混饲投药）和敌敌畏（饮服）。一般有机磷制剂对鼻蝇蚴第一期有效，但对第二、三期蚴虫疗效差或无效。对螨病可用敌百虫、蝇毒磷、皮蝇磷药浴或喷洒。羊疥螨、痒螨用氯苯基脒药浴具有良好效果。敌百虫、蝇毒磷、倍硫磷、皮蝇磷等对蜱、虱的驱除均有效。植物性杀虫药，如人工合成除虫菊酯、丙烯除虫菊酯，毒性小，性质稳定，效果也好。

（三）化学添加剂

在畜牧业中，抗菌药物及抗寄生虫药已被广泛用作饲料添加剂，以提高饲料报酬和降低畜禽死亡率。各国用于饲料添加剂的化学药物生产量不断增加，也带来一些问题：抗生素添加剂的不断使用，增加了畜产食品中有毒物质的残留，给人体健康造成威胁；长期、小量地饲喂化学药品还会使细菌的耐药菌株因势增加。为此有的国家已限制将青霉素、金霉素、土霉素以至磺胺类、呋喃类用作饲料添加剂。世界卫生组织也限制链霉素的饲用。专供动物使用的抗菌药物正在积极筛选、生产中。

二、物理疗法

物理疗法是应用自然界和人工的各种物理因素作用于动物体，达到治疗和预防动物疾病目的的方法。现代物理疗法主要包括两大类，第一类是利用大自然的物理能源，如日光疗法、大气疗法、气候疗法等。第二类是利用人工的物理因素，有电疗法（包括直流电疗法、直流电离子导入疗法、低频电流疗法、中频电流疗法、电水浴疗法、静电疗法、电离空气疗法、长波电疗法、中波电疗法、短波电疗法、超短波电疗法和微波电疗法等）、光线疗法（包括红外线疗法、可见光线疗法、紫外线疗法和激光疗法）；此外还有超声波疗法、磁疗法（包括静磁场疗法、脉动磁场疗法及磁化水疗法等）；蜡疗法以及各种水疗法、各种温热疗法、冷冻疗法、各种运动疗法、真空负压抽吸疗法（如中医拔火罐）、针灸疗法等。下面简单介绍几种在兽医临床上较适用的物理疗法。

（一）温热疗法

凡以各种热源为介体，将热直接传至动物机体达到治疗作用的方法称为温热疗法。在我国医书中已早有记载。其特点是取材广泛、设备简单、操作容易、应用方便、疗效较高，在各种环境下都能进行预防和治疗。在温热疗法过程中，除了各种传热介体的温热作用外，某些介体尚有机械和化学的刺激等综合因素作用，以达到治疗疾病的目的。应用温热疗法的方法有石蜡疗法、泥类疗法、砂疗、铁砂疗法、洒醋疗法、热敷灵疗法等，这些温热疗法对某些疾病有较高的疗效。

1. 温热疗法的作用

（1）对神经系统的影响

温热是一种刺激物。当动物皮肤感受到任何一种刺激时，除支配该部的自主神经中枢受到刺激作用外，而且能影响到脊髓上段和下段的自主神经中枢，甚至脑皮层的功能，引起复杂的相应脊髓的节段反应和全身反应。温热治疗时，首先作用于皮肤富有的各种末梢感受器装置和血管的器官。在皮内又分布有许多自主神经纤维和躯体神经纤维。

（2）对皮肤的影响

温热作用于皮肤，由于某些温热介质是油质，冷却凝固时对皮肤的压力作用以及润滑作用，能使皮肤保持柔软而富于弹性，防止皮肤过度松弛而形成皱褶，对疤痕组织和肌腱挛缩等有软化及松解的作用，并能改善皮肤的营养，因而能缓解由于疤痕挛缩引起的疼痛。

（3）加强血液和淋巴的循环

由于温热疗法具有较强而持久的温热作用，能引起末梢血管反应（主动性充血、毛细血管扩张、毛细血管数增加、血流加快），并能使淋巴循环改善而影响机体各种生理功能，因而有助于消散浸润，具有加强再生过程和止痛效果。而且由于温热治疗的介质具有压缩作用，能防止组织内淋巴液和血液的渗出，减轻组织表面的水肿，防止出血和促进渗出液的吸收，故可用于初期扭伤的局部肿胀。

（4）温热疗法能改善组织代谢过程

温热疗法能使皮肤、体温及深部组织的温度升高。例如，研究证明，石蜡治疗时能使皮肤温度升高 8~18 ℃，取下石蜡后仍可升高 5~12 ℃，因而加强了组织代谢过程，可使蛋白分解产物和残余氮增加。但是在治疗过程中由于局部和全身排汗增加，从而排出了体内蛋白分解产物。

（5）能促进上皮生长

温热可刺激组织再生过程，并且有减轻疼痛和加强组织营养的过程。当温热作用于体表的创口时，由于大量浆液性渗出物的增多，能协助清除病理产物及清洗创口。这是由于某些碳水化合物对上皮的生长有刺激影响，有防止细菌繁殖和促进创面愈合的作用。有人发现温热治疗后，表皮生发层的层数增加、颗粒层的细胞生长加快和表皮增厚，因此可见表皮的再生过程和真皮层结缔组织增生过程加快的现象。

（6）其他作用

在温热疗法的影响下可见周围血液中的白细胞总数增加和核左移，并能加强网状内皮系统细胞的吞噬机能，因而对化脓及炎症过程有良好的影响，并有促使血中酶活性正常化、调节内分泌功能等作用。

2. 温热疗法的操作方法

温热疗法有干热法和湿热法两种。干热法包括热水袋、红外线等；湿热法包括湿热敷、温水浸泡法等。

1）干热法

（1）热水袋法。热水袋常用于保暖、解痉、镇痛。操作步骤如下：

① 备齐用物，检查热水袋无破损，测量水温，调节温度至 60~70 ℃。

② 将热水袋放平，去塞，一手持热水袋口边缘，另一手灌入热水，边灌边提高热水袋口，以免热水溢出，灌至热水袋容积的 1/2~2/3 满即可。

③ 将热水袋慢慢放平，排尽袋内空气，旋紧塞子，擦干热水袋后倒提，并轻轻抖动一下，检查无漏水，装入布套中。将热水袋放置在所需部位。用热时间一般为 30 min。热水袋使用

过程中,应经常观察局部皮肤的颜色。如发现皮肤潮红,应立即停止使用,并在局部涂凡士林,可起保护皮肤的作用。热水袋如需持续使用,应及时更换热水。

④ 用毕整理用物,将热水袋倒空,倒挂晾干后,吹入少许空气,拧紧袋口存放于干燥阴凉处,以免两层橡胶粘连。

(2)红外线灯法。红外线灯常用于消炎、解痉、镇痛,促进创面干燥结痂,保护肉芽组织生长,以利伤口愈合。操作步骤如下:

① 根据需要选择不同功率的灯泡,备齐用物,协助动物暴露治疗部位。

② 移动红外线灯头至治疗部位斜上方或侧方,一般灯距为 30~50 cm,以感觉温热为宜。如灯头有保护罩的,可以垂直照射。每次照射时间为 20~30 min。

③ 照射完毕,关闭开关。动物休息 15 min 后再离开治疗室,以防感冒。

④ 记录治疗的部位、时间及治疗的效果和反应。

2)湿热法

(1)热敷法。热敷法常用于消炎、消肿、解痉、镇痛。操作步骤如下:

① 动物取舒适体位,在热敷部位下面垫橡胶单及治疗巾,局部涂以凡士林,上面盖一层纱布。

② 将敷布浸于热水中,用长钳拧敷布至不滴水为止,抖开敷布用手腕掌侧试温,如不烫手即可折好敷于患处。上面可放置热水袋,并盖棉垫或用大毛巾包裹,以保持温度。

③ 及时更换敷布,每 3~5 min 一次,热湿敷时间为 15~20 min。

④ 热敷完毕,用纱布擦净患处,整理用物。

⑤ 洗手,记录热湿敷的部位、时间及热湿敷的效果和反应。

(2)局部浸泡法。局部浸泡法用于消炎、镇痛、清洁及消毒伤口等。其操作步骤如下:

① 配溶液至浸泡盆的 1/2 满,调节水温至 40~45 ℃。

② 将需浸泡的肢体慢慢放入盆中浸泡,需要时用镊子夹取纱布反复清洗创面。

③ 随时添加热水或药液,以维持所需温度。浸泡过程中,应注意观察动物局部皮肤情况,如出现发红、疼痛等反应,应及时处理。浸泡过程中,应随时添加热水或药液,以维持所需温度;添加热水时,应将动物肢体移出盆外,以防烫伤。有伤口的动物,需用无菌浸泡盆及浸泡液,且浸泡后按换药法处理伤口。

④ 浸泡时间为 30 min。浸泡完毕,擦干肢体,协助动物取舒适卧位。有伤口的动物按换药法处理伤口。

⑤ 洗手,记录浸泡的部位、时间、所用药液及浸泡的效果和反应。

(二)光疗法

光疗法是利用阳光或人工光线(红外线、紫外线、可见光、激光)作用于局部或全身以防治动物疾病和促进动物机体康复的方法。一般临床常用的有红外线、紫外线和激光三种疗法。

1. 红外线疗法

红外线可分为两段,波长 1.5~1 000 μm 的波段为远红外线(长波红外线),波长 760 nm~1.5 μm 的波段为近红外线(短波红外线)。应用红外线治疗疾病的方法称为红外线疗法。红外线治疗作用的基础是温热效应。

（1）红外线的治疗作用

① 改善局部血循环，促进炎症消散。
② 降低神经兴奋性、镇痛、解痉。
③ 减少渗出，促进肉芽生长，加速伤口愈合。
④ 促进血肿消散，缓解扭挫伤、软组织损伤。
⑤ 减轻术后粘连，软化疤痕，减轻疤痕挛缩术后粘连。

（2）适应证

软组织扭挫伤恢复期、肌纤维组织炎、关节炎、神经痛、软组织炎症感染吸收期伤口愈合迟缓、慢性溃疡、压疮、烧伤、冻伤、肌痉挛、关节纤维性挛缩等。

（3）操作方法

① 动物取适当体位保定，裸露照射部位，要求照射部位清洁无污物，用厚纸板或黑布遮挡动物头部，以保护眼睛，检查照射部位对温热感是否正常。

② 将红外线灯移至照射部位的上方或侧方，调整红外线灯的位置，找到合适的照射距离和照射剂量，一般为 30~50 cm，人手被照射 5 min 内有热感但无灼痛感时的照射剂量较为合适。也可由小到大调节，以动物安静为度。每次照射 15~30 min，每日 1~2 次，10~15 次为一疗程。

③ 治疗结束时，将照射部位的汗液擦干，患畜应在室内休息 10~15 min 后方可外出。治疗完毕，关闭电源，并将仪器收回管理室。

（4）注意事项

① 掌握最佳照射剂量，以防止烫伤。
② 照射部位接近眼或光线可射及眼时，应用纱布遮盖双眼。
③ 患部有温热感觉障碍或照射新鲜的瘢痕部位、植皮部位时，应用小剂量，并密切观察局部反应，以免发生灼伤。
④ 血循障碍部位，较明显的毛细血管或血管扩张部位一般不用红外线照射。

2. 紫外线疗法

紫外线的波长为 400~180 nm，应用紫外线防治疾病的方法称为紫外线疗法。紫外线系不可见光，因位于可见光谱紫色光线的外侧而得名。

（1）治疗作用

① 抗炎作用。紫外线红斑量照射是强有力的抗炎因子，尤其对皮肤浅层组织的急性感染性炎症效果显著。紫外线可以杀菌、改善病灶的血循环、刺激并增强机体防御免疫功能。

② 加速组织再生。小剂量紫外线照射可促进组织再生，于骨折、周围神经损伤等均可应用小剂量紫外线以促其再生。因紫外线可以加强血液供给，有利于营养物质进入，小剂量紫外线可加速核酸合成和细胞分裂。

③ 镇痛。紫外线红斑量照射具有显著的镇痛作用，无论对感染性炎症、非感染性炎症痛、风湿性疼痛及神经痛均有好的镇痛效果。

④ 脱敏。紫外线照射后在体内产生与蛋白质相结合的组织胺，具有一定的抗原性能，剂量逐渐增加的重复的紫外线照射所产生的组织胺，可促进机体分泌组织胺酶以破坏体内过量的组织胺，从而起到非特异性的脱敏作用。此外紫外线照射后维生素 D 增多，致使机体对钙吸收增多，钙离子可降低神经系统兴奋性和血管通透性，也有利于减轻过敏反应。

⑤预防和治疗佝偻病和骨软骨病。机体组织缺钙，在幼畜患佝偻病，在成年动物（特别是孕畜）则患软骨病，还易患骨折、骨髓炎及龋齿等，因此、采用全身无红斑量紫外线照射，可促进维生素D的生成，调节钙、磷代谢，预防和治疗由紫外线缺乏带来的疾病。

⑥加强免疫功能。机体长期缺乏紫外线照射，可致免疫功能低下，对各种病原微生物的抵抗力减弱，故易患各种传染病，如皮肤化脓性炎症、感冒、流感、肺结核、气管炎及肺炎等，紫外线无红斑照射可以使皮肤的杀菌力增强，加强巨噬细胞的系统功能，提高巨噬细胞活性及使体液免疫成分含量增多、活性增强，提高动物机体的特异和非特异性免疫功能。

（2）适应证及禁忌证

①适应证。红斑量紫外线常用于治疗急性化脓性炎症（疖、痈、急性蜂窝织炎、急性乳腺炎、丹毒、急性淋巴炎、急性静脉炎）以及某些非化脓性急性炎症（肌炎、腱鞘炎）；伤口及慢性溃疡；急性风湿性关节炎、肌炎；神经（根）炎及一些皮肤病，如玫瑰糠疹、带状疱疹，脓胞状皮炎等。全身无红斑量紫外线常用于预防和治疗佝偻病、软骨病、长期卧床骨质疏松、流感、伤风感冒等。

②禁忌证。大面积红斑量紫外线照射对于活动性肺结核、血小板减少性紫癜、血友病、恶性肿瘤、急性肾炎或其他肾病伴有重度肾功能不全，重度肝功障碍、急性心肌炎、对紫外线过敏的一些皮肤病（急性泛性湿疹、光过敏症、红斑性狼疮的活动期等）是禁忌。

（3）操作方法

临床上多采用局部照射法，操作过程如下：

①接通电源，启动紫外线灯，高压汞灯5~10 min后稳定，低压汞灯3 min后稳定。

②患畜取合适体位保定确实，暴露治疗部位，用治疗巾或洞巾界定照射野范围，使之边界整齐，非照射部位用布巾盖严。

③照射伤口创面时，应先将伤口的坏死组织、脓性分泌物清除处理。照射范围应包括伤口周围1~2 cm，正常组织800 cm^2。照射部位多、总面积大时，可分次交替照射。

④使用高压汞灯时移动灯头，使灯管距离照射野皮肤50 cm。使用低压汞灯时操作者手持灯头，使灯管接近照射野皮肤距离1~2 cm。

⑤按治疗所要求的红斑等级MED数计算照射时间，以秒表掌握照射时间。治疗仪附有定时器，在预设治疗时间后，按动手动开关后开始治疗，自动倒计时。

⑥照射完毕，将灯移开，从患畜身上取下治疗巾。

（三）电疗法

电疗是利用电流或电场作用于动物机体以达到治疗疾病的目的。兽医临床上常用的有直流电疗法、直流电离子透入疗法两种。下面以直流电疗法为例进行探讨。

直流电疗法是使用低电压的平稳直流电通过人体一定部位以治疗疾病的方法，是最早应用的电疗之一。目前，单纯应用直流电疗法较少，但它是离子导入疗法和低频电疗法的基础。

1. 治疗作用

动物体内各种体液是组织细胞进行各种代谢和功能活动的内在环境，体液中含有各种电解质。体液中的电解质对维持细胞内外液的容量和渗透，酸碱平衡，神经肌肉兴奋性等具重要作用，而一些微量元素是许多酶的激活剂。体液中的阳离子主要有 K^+、Na^+、Ca^{2+}、Mg^{2+} 等，而阴离子有 Cl^-、HCO_3^-、HPO_4^{3-}、SO_4^{2-}，有机酸离子和蛋白质等。所以动物体体液是电解质溶液，动物体组织是电解质导体，能够导电。直流电治疗时，两电极间存在着稳定不变的电势差，动物体组织内各种离子向一定的方向移动而形成电流。离子移动并引起体液中离子浓度对比的变化是直流电生物理化作用的基础。

（1）促进局部小血管扩张和加强组织营养。

直流电治疗后，可看到放电极部位皮肤充血潮红。有人曾用红外线显像等方法测定，在直流电治疗后，局部血液循环量可增加140%左右，可持续在 30～40 min。由于局部小血管扩张，血循环改善，加强组织的营养，提高细胞的生活能力，加速代谢产物的排除，因而直流电有促进炎症消散，提高组织功能，促进再生过程等作用。血管舒缩反应是机体对外界刺激最普遍的生理反应之一。直流电引起局部组织内理化性质的变化，对神经末梢产生刺激，通过轴索反射和节段反射而引起小血管扩张。此外，直流电影响蛋白质的稳定性，有微量蛋白质变性分解而产生一些分解产物，也有扩张血管的作用。

（2）对神经系统和骨骼肌的影响。

直流电对中枢神经系统的兴奋和抑制过程有调整作用，即在兴奋与抑制过程失调情况下，直流电有使之正常化的作用。因此，直流电常用以治疗神经官能症和外伤、炎症等引起的大脑皮质功能紊乱的症状。直流电可改变周围神经的兴奋性，并且有改善组织营养，促进神经纤维再生和消除炎症等作用，因此，直流电常用以治疗神经炎、神经痛和神经损伤。直流电刺激皮肤或黏膜的感觉神经末梢感受器，能反射性地影响自主神经的功能，从而影响内脏器官和血管的舒缩功能。断续直流电刺激神经干或骨骼肌时，在直流电通断瞬间引起神经肌肉的兴奋而出现肌肉收缩反应，所以断续直流电可用以治疗神经传导功能失常和防治肌肉萎缩。直流电对前庭神经、味觉、视觉等特殊感觉也有兴奋作用而引起相应的反应。

（3）直流电的阴极有促进伤口肉芽生长、软化瘢痕、松解粘连和促进消散等作用，而阳极有减少渗出的作用。

（4）电流强度较大的直流电对静脉血栓有促溶解退缩的作用。

通过动物实验观察到，在直流电作用下，血栓先从阳极侧松脱，然后向阴极侧退缩，当退缩到一定程度时，血管重新开放。组织学观察发现，直流电作用 2 天后，成纤维细胞开始增殖，接着在内膜下形成肉芽，5天后毛细血管和成纤维细胞自内膜长入血栓中，血栓机化，体积皱缩，故临床上用大剂量直流电治疗血栓静脉炎有一定疗效。

（5）微弱直流电的阴极能促进骨再生修复，阳极有改善冠状动脉血液循环的作用。

2. 直流电疗法设备

（1）直流电疗机。直流电疗机是利用电子管或晶体管交流电进行波整流，经滤波电路输出平稳直流电。电压在 100 V 以下。输出电流为 0～50 mA，连续可调。此外，干电池也可作直流电电源。

（2）电极。电极包括金属电极板和衬垫。电极板多采用薄铅片，0.25～0.5 mm，形状大小依治疗部位而定。铅片可塑性好，化学性能稳定。衬垫用无染色的吸水性好的棉织品制成，一般用白绒布叠成厚 1 cm 左右，衬垫应超出边缘 1～2 cm。治疗时衬垫用温水浸湿，贴在皮肤上，铅片放在衬垫上，用导线同直流电疗机连接。湿衬垫的作用是吸附和稀释电极下面的酸碱电解产物，避免发生直流电化灼伤。把皮肤湿润，降低皮肤电阻和使电极紧密接触皮肤，电流均匀分布。

（3）输出导线。选用绝缘良好的比较柔软的导线，分红、蓝色两种，以便区别阴阳极，每条长 2 m。

3. 主要适应证与禁忌证

直流电疗法主适用于治疗亚急性和慢性炎症（如风湿病、肌腱损伤、腱鞘炎、关节周围炎及神经麻痹）血栓性静脉炎、冠心病、骨折不连接和延迟连接等。湿疹、皮炎、溃疡、化脓性炎症及急性炎症等禁止使用电疗法。

4. 操作方法

治疗前先将放置电极部位剪毛或剃毛，清洗干净，于患部放置有效电极，但要避开损伤面，在其他部位放置无效电极。用清洁的水湿润皮肤和衬垫。将衬垫置于皮肤上，于衬垫上再放铅板，衬垫要大于铅板边缘 1~2 cm，然后压平铅板并以绷带固定妥当，用输出导线和电极相连，接通电源开始治疗。直流电疗时的剂量按有效电极的作用面积计算，每平方厘米 0.3~0.5 mA，比如 100 cm^2 的衬垫则应给以 30~50 mA 电流。治疗时间一般为 20~30 min，每天或隔天一次，每个疗程最多 25~30 次。

（四）针灸疗法

1. 针灸疗法的概念

针灸疗法是使用针具或灸具，给动物体的特定部位（穴位）以适宜的物理性（针、灸、激光、微波、特定电磁波等）、化学性（注射剂）或生物性（疫苗 肠线等）刺激，从而调节机体的固有机能，达到治疗和保健目的的治疗方法（图 9-1、图 9-2）。主要包括针术和灸术两种方法，二者均在中兽医辨证论治指导下，按照补虚泻实的原则，激发机体的机能活动，调和气血，扶正祛邪，达到防治目的。

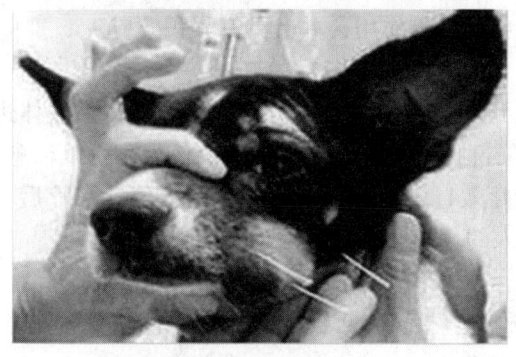

图 9-1 犬的针刺疗法

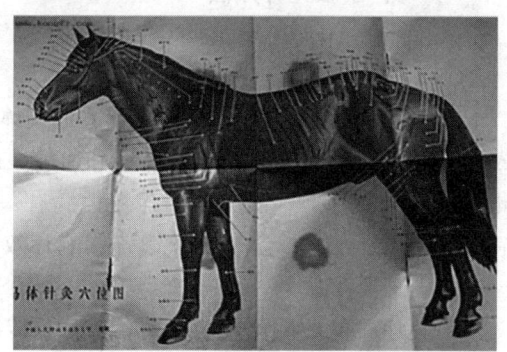

图 9-2 马的针灸穴位图

2. 针灸的作用原理

古人认为"凡病，皆由血气壅滞，不得宣通，针以开之，灸以温暖之"，指出针灸是通过"通经活络，活血化瘀，调节气血"实现保健治疗作用。现代研究证明针灸可抑制致痛物质的产生、阻断有害信号的传导、加快致痛物质的代谢、促进镇痛物质的生成。

3. 针灸疗法的适应范围

（1）疼痛性疾患、运动机能障碍（包括关节炎、骨软骨炎、髋关节发育不良、股骨头病、十字韧带断裂、膝盖骨脱臼、肌肉韧带拉伤、挫伤）、椎间盘病、中枢及末梢神经机能障碍（癫痫、枕骨大孔发育不良、前庭神经综合征）。

（2）脊髓神经损伤、颜面神经麻痹、末梢神经炎、消化系统疾患（包括消化不良、便秘、腹泻、呕、脱肛）、呼吸系统疾患（咳、喘）、泌尿系统疾患（尿闭、尿失禁、尿结石）、生殖系统疾患（繁殖障碍、胎衣不下、难产）、心血管系统疾患（心机能不全、休克、血压异常）、免疫性疾病（免疫力下降、过敏性疾病）、其他疾病（高烧、出血、放疗及化疗副作用）。

（3）其他适应证（如术后恢复促进、药物依赖性疾病）。

4. 影响针灸作用的因素

主要包括患畜机体的机能状态、疾病的性质和病程的程度。

5. 常用针灸疗法

（1）白针疗法

白针疗法又称毫针疗，是临床上应用最广泛的针灸疗法，其他针灸疗法多是在其基础上演变而来的。手法有提、插、捻、捣、搓、摇、刮、弹、留针等。针感反应为皮肤或肌肉收缩颤动、排便排尿反应、指下重感等。

（2）电针疗法

在白针的基础上对经络和穴位以电流刺激代替手法刺激的方法。可以输出间断波、连续波、疏密波、呼吸波等。

（3）水针疗法

穴位注射维生素 B_1、B_{12}、当归、生理盐水、抗生素、局部麻醉剂等对穴位产生刺激作用。

（4）氦-氖激光针疗法

穴位照射 10～20 min。具有消炎镇痛、提高免疫力等作用，并且具有累积效应。

（5）气针疗法

气针疗法即是向穴位皮下注入适量气体以达到治疗目的的一种方法。一般认为，气体进入皮下或肌肉内，能刺激末梢神经和血管，改善局部血液循环和营养供应，使疾病得以治愈。此疗法对神经麻痹、肌肉萎缩等慢性病有一定的疗效，常取弓子穴、抢风穴。气针治疗后，应避免剧烈运动，以防气体散逸，影响疗效。注入的气体 1～2 周后即可全部吸收。

（6）艾灸疗法

艾灸疗法包括传统灸法和现代灸法。传统灸法有直接灸（艾绒、艾柱灸）、间接灸（隔姜、蒜、豆瓣酱、酒灸）；现代灸法如特定电磁波治疗仪。

（7）拔罐法

拔罐法又名"火罐气""吸筒疗法"，古称"角法"。这是一种以杯罐作工具，借热力排去其中的空气产生负压，使其吸着于皮肤，造成瘀血现象的一种疗法。古代医家在治疗疮疡脓肿时用它来吸血排脓，后来又扩大应用于肺痨、风湿等内科疾病。建国以后，由于不断改进方法，使拔罐疗法有了新的发展，进一步扩大了治疗范围，成为针灸治疗中的一种重要疗法。现代医学认为，拔罐治疗时罐内形成的负压作用，使局部毛细血管充血甚至破裂，红细胞破裂，表皮淤血，出现自家溶血现象，随即产生一种组胺和类组胺的物质，随体液周流全身，刺激各个器官，增强其功能活动，能提高机体的抵抗力。拔罐内压对局部部位的吸拔，还能加速血液及淋巴液循环，促进胃肠蠕动，改善消化功能，促进肌肉和脏器对代谢产物的消除排泄。

① 适应证及主要穴位

呼吸系统适应证：急性及慢性支气管炎、哮喘、肺水肿、肺炎、胸膜炎。主穴：大杼、风门、肺俞、膺窗。

消化系统适应证：胃神经痛、消化不良症、胃酸过多症。主穴：肝俞、脾俞、胃俞、膈俞、章门。急性及慢性肠炎。主穴：脾俞、胃俞、大肠俞、天枢。

循环系统适应证：高血压。主穴：肝俞、胆俞、脾俞、肾俞、委中、承山、足三里。重点多取背部及下肢部。心律不齐。主穴：心俞、肾俞、膈俞、脾俞。心脏供血不足。主穴：心俞、膈俞、膏肓俞、章门。

运动系统适应证：颈椎关节痛、肩关节及肩胛痛、肘关节痛。主穴：压痛点及其关节周围拔罐。背痛、腰椎痛、骶椎痛、髋痛。主穴：根据疼痛部位及其关节周围拔罐。膝痛、踝部痛、足跟痛。主穴：在疼痛部位及其关节周围，用小型玻璃火罐进行拔罐。

神经系统适应证：神经性头痛、枕神经痛。主穴：大椎、大杼、天柱（加面垫）、至阳。肋间神经痛。主穴：章门、期门及肋间痛区拔罐。坐骨神经痛。主穴：秩边、环跳、委中。因风湿劳损引起的四肢神经麻痹症。主穴：大椎、膏肓俞、肾俞、风市，及其麻痹部位。颈肌痉挛。主穴：肩井、大椎、肩中俞、身柱。腓肠肌痉挛。主穴：委中、承山及患侧腓肠肌部位。面神经痉挛。主穴：下关、印堂、颊车，用小型罐，只能留罐 6 s，起罐，再连续拔 10 次到 20 次。膈肌痉挛。主穴：膈俞、京门。

② 操作步骤

术前准备：仔细检查患畜，以确定有无禁忌。根据病情，确定处方。检查应用的药品、器材是否齐备，然后一一擦净，按次序排置好。患畜的体位正确与否，关系着拔罐的效果，确定正确的体位，使患畜感到舒适，肌肉能够放松，施术部位可以充分暴露。一般采用的体位有仰卧位：适于前额、胸、腹及上下肢前面。俯卧位：适于腰、背、臀部及上下肢后面。侧卧位：适于侧头、面部、侧胸、髋部及膝部。俯伏坐位及坐位：适于项部、背部、上肢及膝部。根据部位的面积大小、患者体质强弱以及病情而选用大小适宜的火罐或竹罐及其他罐具等。在选好的治疗部位上擦洗消毒，先用毛巾浸开水洗净患部，再以干纱布擦干，为防止发生烫伤，一般不用酒精或碘酒消毒。如因治疗需要，必须在有毛发的地方或毛发附近拔罐时，为防止引火烧伤皮肤或造成感染，应先剃毛。如果罐吸力过大，产生疼痛即应放入少量空气。方法是用左手拿住罐体稍倾斜，以右手指按压对侧的皮肤，使之形成一微小的空隙，使空气徐徐进入，到一定程度时停止放气，重新扣好。大罐吸力强，1次可拔 5~10 min，小罐吸力弱，1次可拔 10~15 min。此外还应根据患畜的年龄、体质、病情、病程以及拔罐的施术部位而灵活掌握。每日或隔日 1次，一般 10 次为 1 疗程，中间休息 3~5 日。

（8）按摩疗法

中医按摩的历史悠久，在远古时期，中国就有推拿医疗的活动。当时的人们在劳动中遇到损伤而发生疼痛时，本能地用手法按摩痛处，就会感到疼痛减轻或消失。经过长期实践后，古人认识到了按摩的作用，并成为自觉的医疗活动，以后逐步发展形成了中医的推拿学科。推拿属于中医外治范畴，按摩师通过"手法"所产生的外力，在患畜身体特定的部位或穴位上做功，而这种功是按摩师根据患畜具体的病情、运用各种手法技巧所做的有用的功，它可以起到纠正解剖位置的作用。这种功也可以转换成各种能量，并渗透到畜体，改变系统机能，达到治疗效果。中医推拿按摩经济简便，因为它不需要特殊医疗设备，也不受时间、地点、气候条件的限制，随时随地都可实行；且平稳可靠，易学易用，无任何副作用。

① 按摩的作用

疏通经络。《黄帝内经》里说："经络不通，治之以按摩"，说明按摩有疏通经络的作用。如按揉足三里，推脾经可增加消化液的分泌功能等，从现代医学角度来看，按摩主要是通过刺激末梢神经，促进血液、淋巴循环及组织间的代谢过程，以协调各组织、器官间的功能，使机能的新陈代谢水平有所提高。

调和气血。明代养生家罗洪在《万寿仙书》里说："按摩法能疏通毛窍，能运旋荣卫"。这里的运旋荣卫，就是调和气血之意。因为按摩就是以柔软、轻和之力，循经络、按穴位，施术于畜体，通过经络的传导来调节全身，借以调和营卫气血，增强机体健康。现代医学认为，推拿手法的机械刺激，通过将机械能转化为热能的综合作用，以提高局部组织的温度，促使毛细血管扩张，改善血液和淋巴循环，使血液粘滞性减低，降低周围血管阻力，减轻心脏负担，故可防治心血管疾病。

提高机体免疫能力。如幼畜痢疾，经推拿后症状减轻或消失，推拿按摩具有抗炎、退热、提高免疫力的作用，可增强动物的抗病能力。

② 适应证

扭伤，关节脱位，腰肌劳损，肌肉萎缩，偏头痛，前头后头痛，三叉神经痛，肋间神经痛，股神经痛，坐骨神经痛，腰背神经痛，四肢关节痛（包括肩、肘、腕、膝、踝、指（趾）关节疼痛）。颜面神经麻痹，颜面肌肉痉挛，腓肠肌痉挛。因风湿而引起的如肩、背、腰、膝等部的肌肉疼痛。以及急性或慢性风湿性关节炎、关节滑囊肿痛和关节强直等。

③ 注意事项

按摩前要修整指甲、热水洗手，同时，将指环等有碍操作的物品预先摘掉。态度要和蔼；患畜与医生的位置要安排合适；特别是患畜坐卧等姿势，要舒适而又便于操作；按摩手法要轻重合适，让患畜有舒服感；按摩时间每次以 20~30 min 为宜，按摩次数以 7~10 次为一疗程；饱食之后，不要急于按摩，一般以食后 2 h 左右为宜。

三、体液疗法

动物体内的液体称为体液。成年犬猫的体液约占体重的 60%（50%~70%），幼年犬猫、妊娠、哺乳动物的比重还要高，达 70%~80%。肥胖动物因脂肪含水量少，体液占体重比例较小。体液的 66.6%在细胞内，称为细胞内液；33.3%在细胞外，称为细胞外液；另有 0.1%为脑髓液、胃肠道液、淋巴、胆汁、滑液、腺体和呼吸分泌液，它们统称为过渡液或跨液。细胞外液的 75%在组织间，叫组织间液；25%在血管内，叫血液。如果按动物体重计算，各种体液占的比重如下：按体液占体重60%、细胞内液占体重40%细胞外液占体重20%（其中组织间液占体重15%，血浆占体重5%、血液占体重8%）。体内各种体液都是等渗的，它们通过水分和其中部分溶质，在体液间半透膜两侧移动，用以维持各体液都处于等渗状态。

（一）正常动物的体液平衡

（1）动物体液的来源。其来源有三，即饮入的水、采食食物中的水、体内物质代谢产生的水（一般糖、蛋白质和脂肪代谢产生的水量分别为 0.6 mL/g、0.4 mL/g 和 1.07 mL/g）。

（2）动物体液的丢失。其丢失途径有二，尿液为主要丢失途径，每天每斤体重 20~40 mL；其次是粪便、呼吸和出汗，每天每公斤体重为 20~30 mL。正常犬猫每天的摄入水分量和丢失水分量相等，如果某种原因引起体液丢失量大于摄入量时，便引起动物脱水。正常动物每天液体的维持需要量，一般成年动物为 40~60 mL/（kg·d），动物的水分维持需要量也受本身的代谢率高低、环境温度、体温、呼吸频率和采食量等影响。禁食动物的液体维持需要量减少，患病动物维持需要量更少。

（二）动物体液平衡失调

体液平衡失调有两种表现，即机体脱水和水中毒。

1. 动物机体脱水

当动物机体水分丢失多于摄入时，就是脱水或水负平衡。脱水有单纯性水丢失和带有电解质的体液丢失。脱水丢失的水分和电解质开始来自细胞外液，随后细胞内液中的水分和电解质，通过细胞膜给以代偿。钠离子是细胞外液中最多的离子，一般认为脱水将影响血浆中的钠离子，而钠离子是影响血浆渗透压的最重要离子。脱水后根据细胞外液中钠离子的多少，将脱水分为三种：高渗性脱水、低渗性脱水和等渗性脱水。

（1）脱水的一般原因。

脱水的原因一般有两种。

① 摄入水分减少。主要见于动物摄入的食物和水量减少、动物患有全身性疾病，食欲和饮欲中枢受到抑。

② 机体水分丢失增多。如多尿症、呕吐或腹泻；高热引起的呼吸数增多或喘息；皮肤大面积损伤或烧伤；胸水、腹水或胃肠管内积液。

（2）动物脱水后血浆渗透压的变化。

脱水后血浆渗透压的变化有三种：

① 高渗性脱水。血浆高钠和高渗透压，细胞内液向外渗出水分，细胞内脱水，细胞外液量通常减少很少，故血细胞比容和血浆蛋白变化较小。高渗性脱水常见于高钠血症、腹泻、呕吐、出汗、胃肠道阻塞、不能饮水、中毒和休克等。

② 低渗性脱水。体内钠离子丢失大于水分的丢失，形成血浆低钠和低渗透压。为了使细胞外液和细胞内液渗透压平衡，细胞从细胞外液吸取水分，更增强了脱水，使血容量减少，血细胞比容和血浆蛋白值增大，动物无渴欲，严重的易发生低血容量性休克。低渗性脱水见于严重呕吐、慢性出血、体内水潴留、高脂血症等。

③等渗性脱水。体内钠离子和水分成正比例丢失，血浆钠离子浓度和渗透压正常，细胞外液和细胞内液中水分相互不吸取，此时血细胞比容和血浆蛋白值无变化。等渗性脱水见于胃肠道分泌液、血浆和胸腹水丢失。

（3）机体脱水量的估计。

估计机体脱水量的方法有多种，主要为：

①调查病史估计脱水量。询问动物主人动物的饮水量和食欲情况，发病后的呕吐、腹泻、多尿、喘息、流涎等的水分流失情况，以及持续时间长短等。

②称量体重估计脱水量。将犬猫患病前和患病后的体重进行比较，从而得出脱水量。但多数动物难以说出动物病前准确体重，故难以比较。

③观察临床症状估计脱水量。根据发病动物的黏膜湿干、眼球凹陷、皮肤弹性降低、精神状态萎靡甚至休克等来判断。一般脱水量小于体重的5%，临床上无明显脱水表现；脱水达体重12%~15%时，将出现休克、甚至死亡。

④实验室检验。实验室有多个检验项目可用来估计脱水程度，如血细胞比容和血浆蛋白检验（这两项检验只有在低渗性脱水时，其检验值增大较明显，在估计脱水量上才较有意义）、尿液检验（患病动物肾功能正常时，脱水能使尿液浓稠比重增大。如果脱水时，尿液变的稀薄，比重小于1.030，则表明脱水还有肾脏问题，需进一步检验肾功能）、血清电解质检验（动物脱水时，血清中钠离子、钾离子和氯离子浓度将发生变化，通过这些变化可确定脱水的类型，尤其是高渗性脱水时，利用检验血清钠离子，可计算机体脱水量）。通过以上多种估计机体脱水量的方法，综合性的分析诊断出患病动物较准确的已经丢失的水量，就是累积丢失量。

（4）补液量。

患病动物最初一天的补液量应包括累积丢失量、当天丢失量和当天生理维持量（患病动物维持量一般比正常动物要少）的和。

①累积丢失量。是过去已经丢失的液体总量。累积丢失量可根据情况，在4~6 h内补充上。

②当天丢失量。就是累积丢失量外的当天继续丢失量，如继续腹泻、呕吐、多尿、烧伤或大面积损伤渗出，以及手术中的失血和体液等。补液原则为随丢随补，丢多少补多少。

③当天生理维持量。此量液体是24 h的需要。在食欲和饮欲减少的情况下，生理维持量也将减少。

（5）补液途径。

可根据动物发病性质（急性或慢性）、严重程度和液体性质来选择。

①口服补液。适合发病不严重，口服后不呕吐的慢性患病动物。体液丢失快而多的，先静脉输液补充累积丢失量后，再口服补充继续丢失和维持量液体。口服补液除口服外，还可通过鼻胃管、咽食道补给。补充的液体里还可含有营养物。

②皮下补液。适用于轻度脱水或不爱吃食的动物，可选在颈部或背部皮肤比较松弛的部位补液。补充的为等渗或稍低渗液体，但等渗的5%葡萄糖溶液不能皮下注射。每个点位可注射30~50 mL液体。

③静脉补液。适用于严重脱水或呕吐的患病动物。静脉输液可控制输入速度，能快速大量补充，易准确地补充所需液体量，等渗、高渗、低渗或有刺激性液体（如氯化钙液），都能静脉输入。注射部位可选择颈静脉，前肢臂头静脉，后肢隐静脉或股静脉。

④腹腔补液。适用于脱水严重或体温过低的动物复温。腹腔补液可采用等渗、稍低渗液

体,输入时需加温到体温才能输入。由于易引起腹膜炎,临床上应用较少。

⑤ 直肠灌入。对犬、猫,由于大肠小肠都较短,所以可通过直肠灌入液体和营养物。方法为抬高后躯灌入水分和营养物,使其进入大肠和小肠,以利于吸收。

(6) 补液速度。

补液速度取决于补液目的、体液丢失的快慢、脱水程度和输入液体成分或种类。快速或大量体液丢失需要快速补液,慢性或缓慢的体液丢失,可采用缓慢补液。

① 快速补液。适用于休克和严重脱水动物。快速补液时,如果动物出现排尿,表明器官组织灌注较好,此后应减慢输液速度或暂停输液。如果动物持续少尿或无尿,就应认真地控制输液速度和输液量,有条件的应进行中心静脉压监控,以防发生水中毒。

② 缓慢补液。对于病情不太严重的动物,最好全天 24 h 补充液体,可采用静脉输液和口服结合进行,这样更利于平衡机体各部分的水分和电解质。静脉输液速度可采用常规速度 5~10 mL/(kg·h)。

麻醉可引起血管扩张,血液有效循环量减少,故输液推荐静脉输液速度为 20 mL/(kg·h)。在临床上补液量和补液时间确定后,静脉输液就得计算出每分钟或每小时输入多少液体量,然后再具体到多少滴是 1 mL,以便控制每分钟输入多少滴。当然使用输液泵来控制静脉输液速度和输液量更好。

2. 水中毒

(1) 表现形式:动物水中毒后表现形式多样,常见的有呼吸急促、听诊肺部有捻发音,为肺水肿表现;鼻孔和眼有浆液性分泌物,眼结膜水肿;皮下水肿;胸腔和腹腔可能有积液;呕吐或腹泻;血液的血细胞比容减小和血浆蛋白减少;中心静脉压升高。(2) 防治措施:严格控制输液量和输液速度,尤其对患有心血管和肾脏疾病以及老年动物;给利尿剂利尿;严重的可以适当放血。

(三) 补液的性质、类型和选择

补液用的液体分为晶体液和胶体液两大类。晶体液是溶解于水中的小分子物质,它们能通过毛细血管膜,如钠离子和葡萄糖等。胶体液内的小分子物质也能通过毛细血管膜,大分子物质不能通过。胶体液分两种:一种是天然的,来源于动物血液的血浆蛋白质,另一种是合成的,大分子胶体物质,它们溶解在氯化钠或葡萄糖溶液中。补液也可分为替代液和维持液。替代液主要用来补充血液和机体累积缺乏的水分、电解质和缓冲其酸碱度,常用的有乳酸林格氏液和生理盐水,有时为了满足特殊需要,还需向液体中加入其他物质。维持液是用来补充正常情况下,每日动物丢失的水和电解质,也可用来满足健康动物对钾的需要。此液中钠离子和氯离子含量比血液中低,但钾离子含量比血液中高,故不易静脉快输。

(四) 制定补液治疗计划

制定补液治疗计划可根据机体缺失什么性质的液体,然后在最短时间内选出理想适宜液体、用量、补液途径和输液速度,用以补充发病后的累积缺失液量。估算的液量在患病动物肾脏和心血管正常时尚能接纳,如果病情严重或年老,肾脏和心血管有些损伤,就必须时时把握住输液种类、速度和输液量,以防损伤肺、脑和肾脏,产生不良后果。

兽医临床上家畜的腹泻(特别是仔猪、犊牛的腹泻)发病率相当高,由此而造成的经济损失也很大。基层兽医普遍采用抗菌消炎、收敛止泻、帮助消化的药物治疗,忽略了给病畜补充体液,结果疗效不理想,甚至病程拖长或造成不应有的死亡。如果由于某些原因使家畜体液中的水和电解质平衡被扰乱,机体的健康和机能将受到影响。家畜由于呼吸、排尿和排粪失去水分(例如一头猪每天每公斤身体失水 20 mL)。在正常的情况下,液体的自然消耗可以从吃料和饮水中得到补充。然而,一个严重腹泻的家畜排便损失的体液是健康家畜正常损失的 40 倍,在 2 h 内可损失体重达 10%,从而引起严重的物质代谢障碍,丧失 20%~25%的体液将会导致家畜死亡。据不完全统计,宠物临床输液的病例占临床总病例量的 70%以上,因此制定合理的补液计划极为重要。

四、外产科手术疗法

(一)外产科手术法的涵义

外产科手术法是用手和器械对动物进行有血和无血的手术操作,以诊断、治疗动物疾病,挽救动物的生命,延长动物使用价值的治疗方法。

(二)外科手术的应用范围

(1)治疗动物疾病,如治疗瘤胃积食、瓣胃阻塞,剖宫产,牛、羊的脑包虫病,放线菌病等。

(2)诊断动物疾病的手段,如穿刺术、剖腹探查术等。

(3)改善和提高肉品的质量和数量,如阉割术、去势术等。

(4)改善和提高动物的经济性能,如牛黄培植术、熊胆流术等。

(5)动物的矫形整容手术,如犬的耳廓成型术等。

(6)医学和生物学的实验手段,如消化道瘘管手术、动脉插管手术等。

(7)保护人和动物的安全,如野生动物断角、断趾术等。

(三)外科手术的基本操作技术

外科手术种类繁多,范围、大小和复杂程度各不相同,但基本操作技术是相同的。手术能否顺利完成,一定意义上取决于基本操作的熟练程度及其理论的掌握程度。理论指导下的不断实践,是唯一的正确途径。稳、准、巧、轻、快是基本要求。

1. 常用外科器械及其使用

1)手术刀

(1)种类。种类多,一般 4、6、8 号刀柄配 19~24 号刀片;3、5、7 号刀柄配 10~15 号刀片(图 9-3);专用手术刀,如眼科刀等;高频电刀。

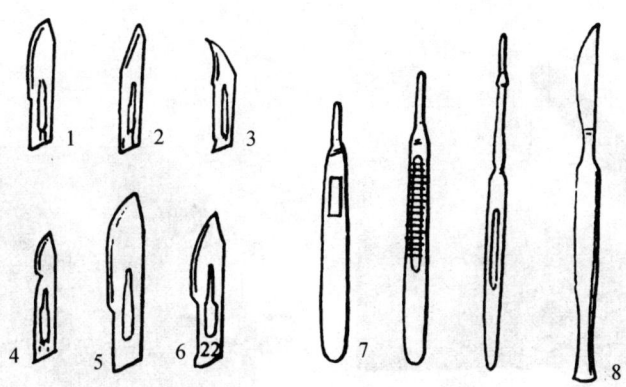

图 9-3 手术刀种类

1—10号小圆刀；2—11号角形尖刀；3—12号弯形尖刀；4—15号小圆刀；
5—22号大圆刀；6—22号圆形大尖刀；7—刀柄；8—固定刀柄圆刀

（2）手术刀的使用。

① 外科手术刀的安装与卸下。用持针器夹着刀片尖，顺槽往下一拉就上好了（图9-4）。夹着刀片底端，往上一提就下来了（图9-5）。也可用血管钳夹尖部上刀片，夹尾部上提向下（对着地上没人的地方）卸刀片。

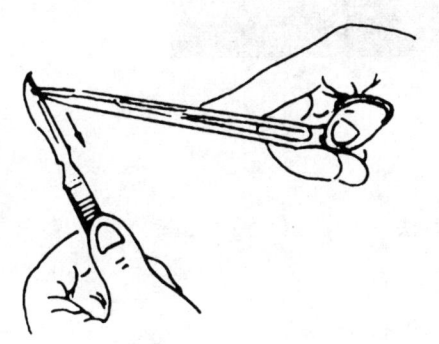

图 9-4 装刀片法

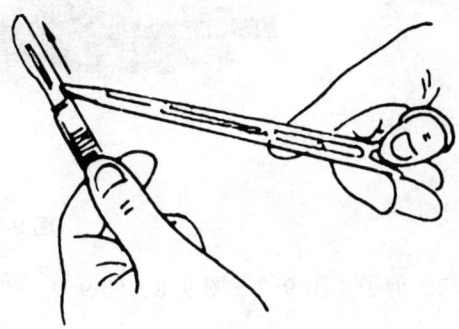

图 9-5 取刀片法

② 执刀片的方法常有以下3种（图9-6）：

执弓式：是常用的执刀法，拇指在刀柄下，食指和中指在刀柄上，腕部用力。用于较长的皮肤切口及腹直肌前鞘的切开等，见图9-6（a）。

执笔式：动作的主要力在指部，为短距离精细操作，主用于解剖血管、神经、腹膜切开和短小切口等，见图9-6（b）。

抓持式：握持刀比较稳定，切割范围较广。用于使力较大的切开。如截肢、肌腱切开、较长的皮肤切口等，见图9-6（c）。

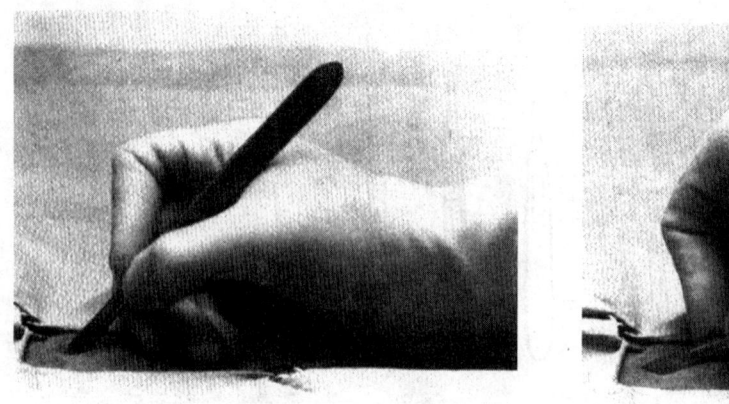
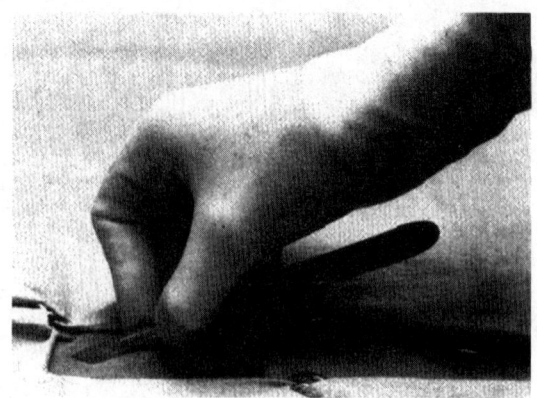

(a)　　　　　　　　　　　　　　(b)

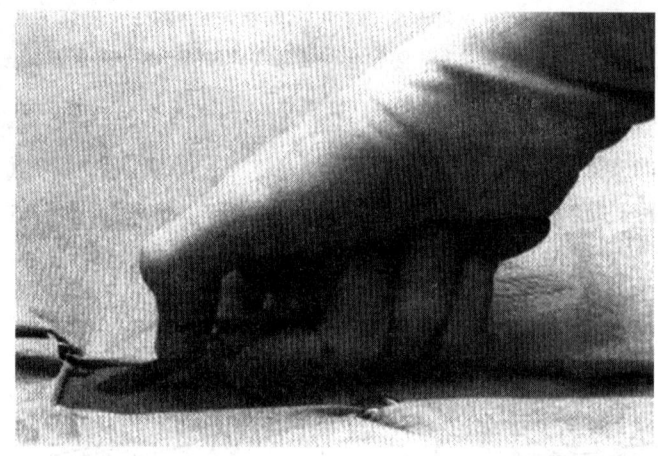

(c)

图 9-6　执刀片法

2）剪子（图 9-7、图 9-8、图 9-9、图 9-10）

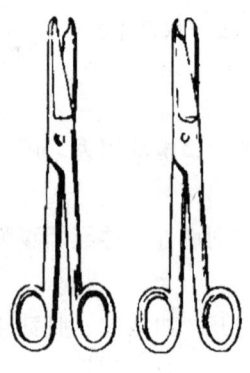

图 9-7　剪线剪

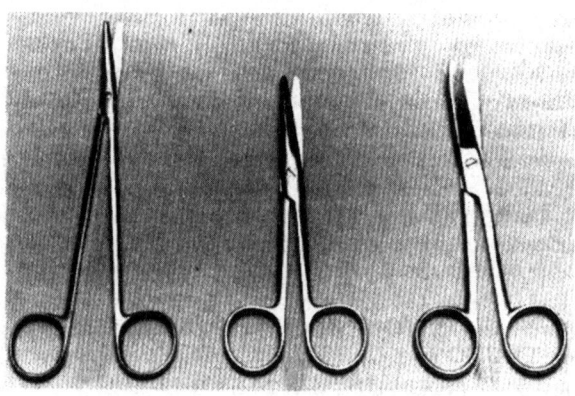

图 9-8　组织剪

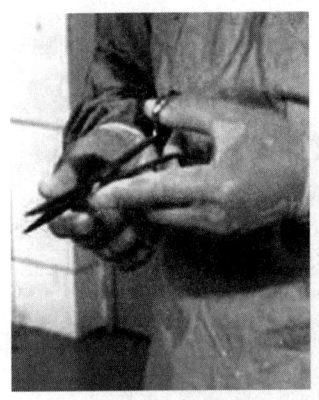

图 9-9 执剪的方法

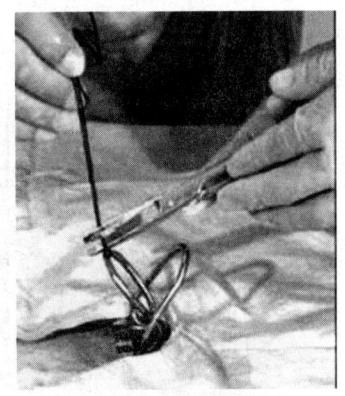

图 9-10 剪线的方法

3）镊子（图 9-11、图 9-12）

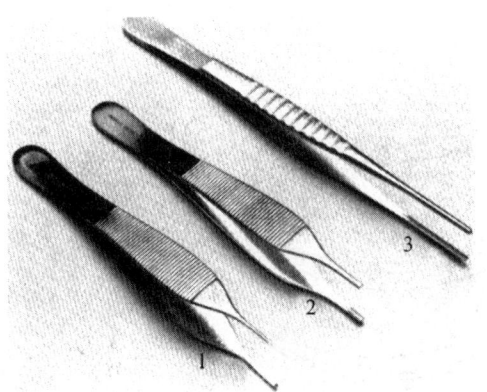

图 9-11 镊子

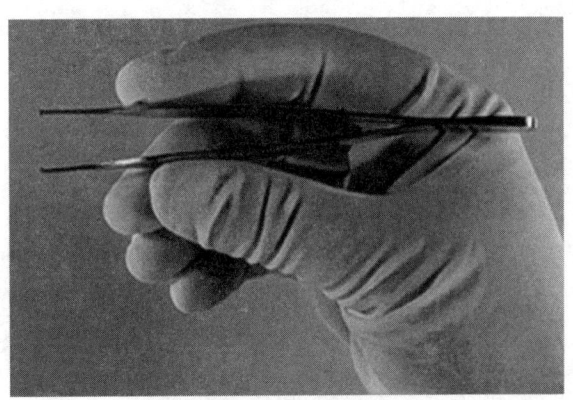

图 9-12 执镊方法

4）止血钳（图 9-13）

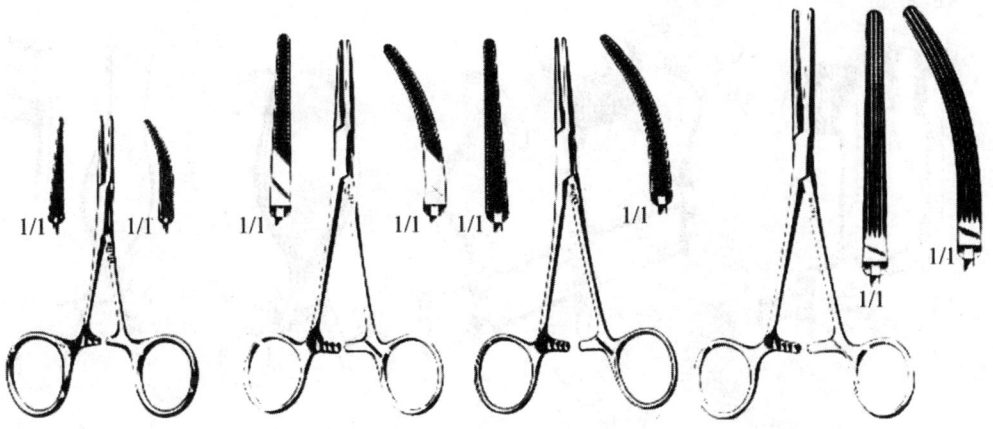

图 9-13 止血钳

5）持针钳（图9-14）

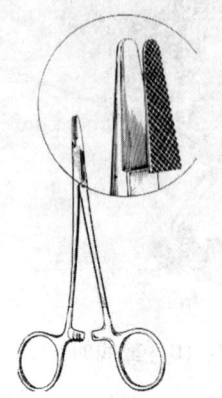
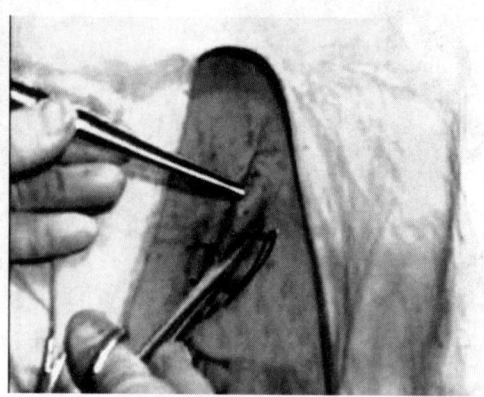

图9-14　持针钳

6）缝合针（图9-15）

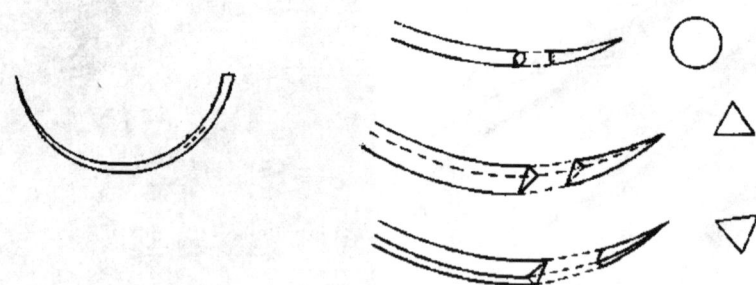

图9-15　缝合针

7）各种拉钩（图9-16）

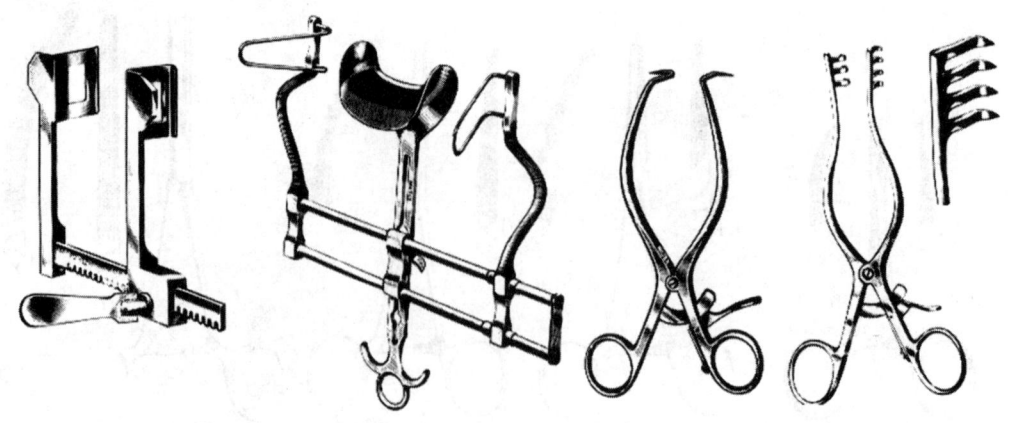

图9-16　拉钩

8）巾剪（图 9-17）

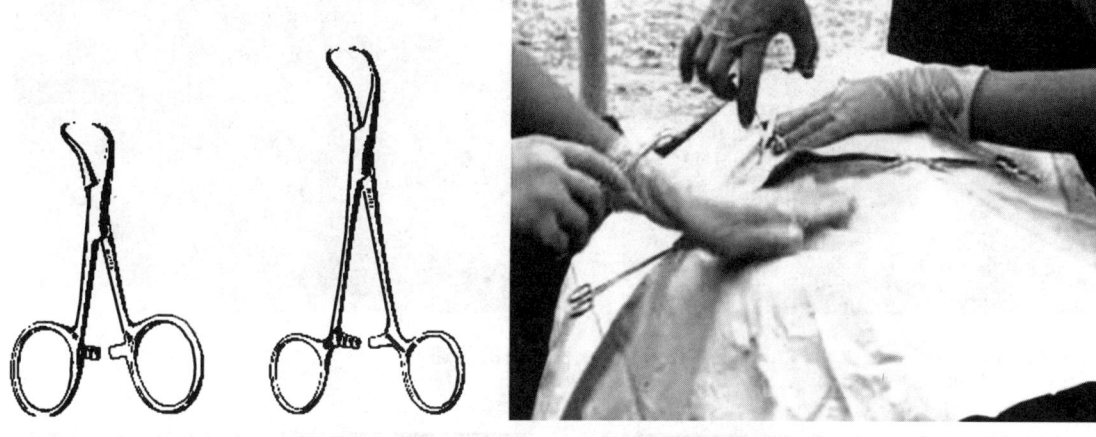

图 9-17　巾剪

9）肠钳（图 9-18）

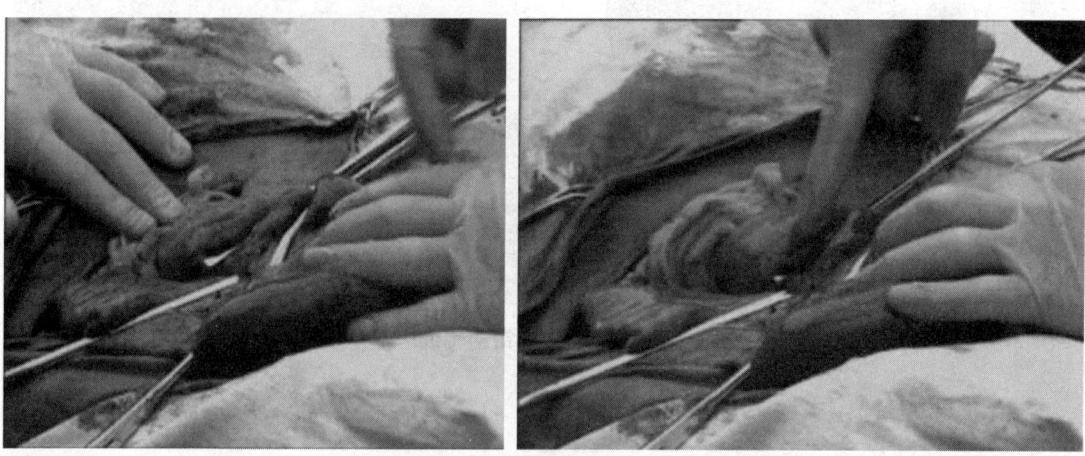

图 9-18　肠剪

10）器械的传递（图 9-19、9-20）

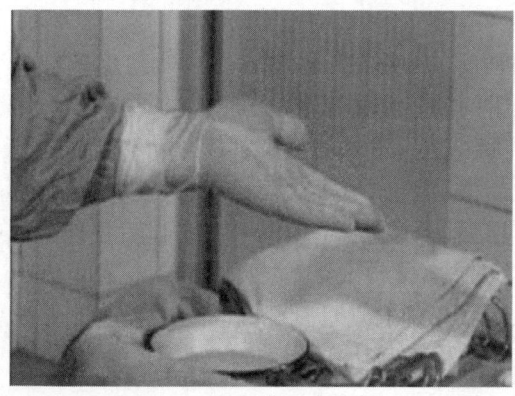
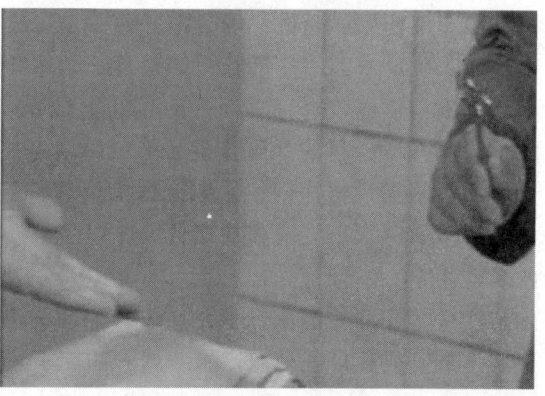

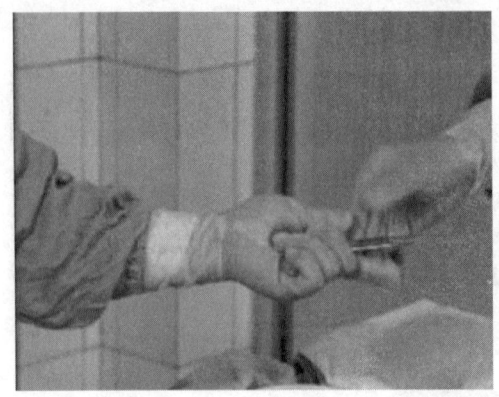 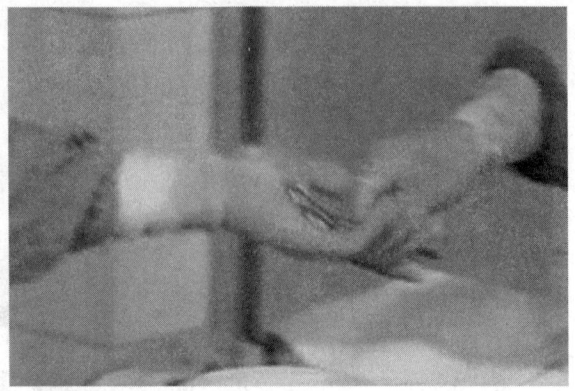

图 9-19 手术剪的传递

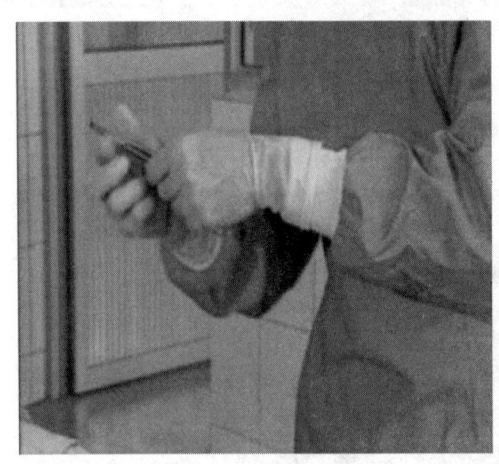 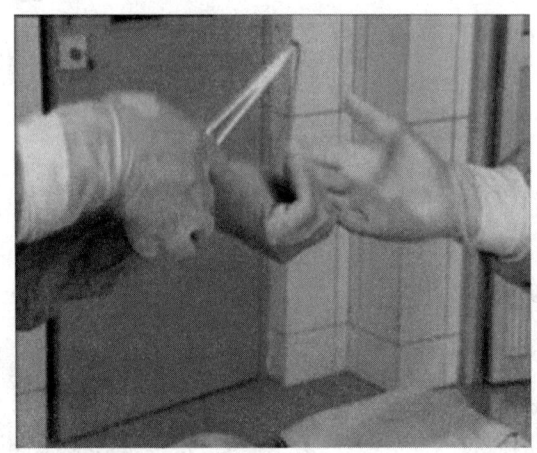

图 9-20 持针钳的传递

2. 术前准备

1）动物的准备

（1）术前诊断：包括病史调查、现症检查、实验室检查、特殊检查等。其目的是确诊动物是否为手术适应证，手术是否为必需的治疗手段，了解动物全身机能状况（判断动物的抵抗力、组织修复的能力、对手术和麻醉的耐受力等）。

（2）确定手术时机：确定是紧急手术、择期手术或限期手术。

（3）确定术前治疗措施：如禁食、禁水（特别是反刍动物，一般禁食 24 h、禁水 12 h。小动物因消化道较短，禁食一般不超过 12 h，过长时间的禁食、禁水是不适宜的）；灌肠、制酵、胃肠减压，目的是防止胃肠臌气以及肛门、直肠、阴门手术的污染；保持动物安静，减少应激（根据具体病例，采取抗菌消炎、补液强心、输血、给氧等治疗措施，特别注意调整水电解质酸碱平衡失调和补充营养，以缓解病情，增强动物抵抗力）；特殊准备（对各种器官的功能不全，术前应作出预测和作好相应的准备。如肺部疾病，要作特殊的肺部检查。因为麻醉、手术和动物的体位变化均要影响肺的通气量，如果肺通气量减少到 85% 以下者，并发感染增加，故宜早些采取措施。如肝功能不良的病畜应检查肝功能，评价出对手术的耐受力。

肾是调节水、电解质和酸碱平衡的重要器官,若发现异常,在术前要进行纠正。术前和术后避免应用对肾有明显损害的药物。有些对肾血管产生强烈收缩的药物,如去甲肾上腺素等也应避免使用)。

2)术部的准备与消毒

(1)术部除毛:术前用电推子和专用剪毛剪,去除手术区域内的被毛(逆毛方向进行),然后用剃刀、手术刀、刮胡刀等顺毛方向剃毛,或用脱毛剂脱毛。

(2)术部的消毒:可用5%碘酊和70%~75%酒精脱碘。注意先后次序、间隔时间、站立保定时的特殊情况。

3)术部的隔离

使用有孔创布或用四块创布依次围在切口周围,用巾钳固定,使术部与周围完全隔离。创布要有足够的大小。创布铺好后,只准向手术区外移动,不许向手术区内移动。一旦污染,应及时更换。

4)手术器械、物品等的准备与灭菌

(1)金属器械。灭菌前要求准备足够的数量,器械性能良好、清洁。手术刀片、缝针、注射针头等散碎小物品应另包后单独放置。有弹性锁扣的止血钳等要将其松开,用布包好或装入特制的袋内。金属器械可以采用高压蒸汽灭菌法、化学浸泡消毒灭菌法、煮沸灭菌法。

(2)玻璃、瓷、搪瓷类器皿。灭菌前洗净,易碎品用纱布等包裹,注射器尽可能使用一次性的,玻璃注射器应将内栓抽出并与外筒对应编号。灭菌时可采用高压蒸汽灭菌、化学消毒剂浸泡消毒灭菌、煮沸灭菌、酒精火焰烧灼灭菌(大方盘等)。

(3)橡胶、尼龙和塑料类制品。尽可能选用一次性制品,非一次性制品应洗净,用纱布等包好;塑料制品不可高压灭菌,橡胶制品不可反复高压灭菌。常用灭菌方法有煮沸灭菌、高压蒸汽灭菌、化学浸泡消毒灭菌、环氧乙烷或甲醛熏蒸消毒灭菌。

(4)缝合材料灭菌。肠线等可吸收性缝合材料为已消毒物品,其余缝合材料应准备足够的数量,可疏松地缠绕在线板上,但不可反复高压灭菌。

(5)敷料、创巾、手术衣帽、口罩。广泛使用一次性制品,止血巾、创布等可自行制作,回收使用时应充分洗净,高压蒸汽灭菌时包裹不宜大、包扎不宜紧、排列不宜密。

如非手术室条件下使用水则可用清洁常水煮沸 3~5 min,去除沉淀,将器械放入,第二次水沸后 15 min,可将一般细菌杀死,细菌芽孢则需 60 min。2%$NaHCO_3$液可使水的沸点提高到 102~105 ℃,并可防止金属生锈,但对橡胶制品有损害。

5)手术室的准备与消毒

可参考前面的兽医临床治疗准备工作——消毒。

6)动物麻醉

可参考前面的兽医临床治疗准备工作——麻醉。

3. 组织分离

外科手术的三个步骤主要包括打开手术通路、进行主手术和闭合切口。打开手术通路是为主手术服务的,切口的大小要有利于主手术的操作,而且又要恰到好处。如果手术通路位置不正、切口过大过小都对主手术的进行产生不利影响。主手术是指对动物进行手术治疗前应做好的手术安排,如手术过程的参与人员、手术切口位置及大小、保定方法与麻醉方法等。

闭合切口是指主手术完成后将切口进行闭合，但有些手术切口或创口不一定要闭合（如深而狭小的创伤口，防止因厌氧环境而导致"破伤风"）。

1）组织分离的一般原则

组织切开是显露手术通路的重要步骤，适宜的切口应该符合下列要求：

（1）切口部位要适当，靠近病变部位，以最短的距离达到手术区，最好能直接到达手术区，并能根据手术需要，便于延长扩大，显露病变组织或器官。

（2）切开组织必须整齐，力求一次切开，避免锯齿状，两侧创缘要能密切接触，利于缝合和愈合。

（3）切口在体侧、颈侧以垂直于地面或斜行的切口为好，体背、颈背和腹下沿体中正线或靠近正中线的矢状线的纵向切口比较合理。

（4）组织切开采用分层切开法，要避免损伤大血管、神经以及腺体的输出管，以免影响术部机能。

（5）切口部位要选择在健康组织上，坏死组织及被感染的组织要充分切除干净。二次手术避免在伤疤上作切口，因为瘢痕组织再生力弱，易发生弥漫性出血，影响愈合。切口要确保创液及渗出物顺利排出，特别是脓汁的排出。

根据上述原则选择切口，在具体操作上还需注意切口大小必须适当，切口过小不能充分显露，切口太大，会损伤过多组织；切开时，须按解剖层次分层进行，并注意保持切口大小从外到内相同。切口两侧要用无菌巾覆盖、固定，以免操作过程中把皮肤表面细菌带入切口，造成污染；切开组织时手术刀必须与皮肤、肌肉垂直，防止斜切或多次在同一平面上切割，造成不必要的组织损伤；切开肌肉时，不要横断肌纤维，可沿肌纤维方向先切一小口，用刀柄或手指分离，并沿组织间隙分离，以减少损伤，以免影响愈合；切开深部筋膜时，为了预防深层血管和神经的损伤，用止血钳分离张开后再剪开；切开腹膜、胸膜时，要防止内脏损伤；切割骨组织时，先要切割分离骨膜，尽可能地保存其健康部分，以利于骨组织愈合；在进行手术时，还需要借助拉钩帮助显露。负责牵拉的助手要随时注意手术过程，并按需要调整拉钩的位置、方向和力量，并可利用大纱布垫将其他脏器从手术通路上推开，以增加显露。

2）组织切开

组织切开（分离）是显露深部组织和游离病变组织的重要步骤。组织切开（分离）的范围，应根据手术的需要进行。按照正常组织间隙的解剖平面进行分离。要对局部解剖位置熟悉，掌握血管、神经、较重要器官的走向和解剖关系，就能较少引起意外损伤。但是在有炎症性粘连、瘢痕组织以及大的肿物时，正常解剖关系已改变，或正常组织间隙已不清楚，组织切开比较困难，要提高警惕，谨慎进行，防止损伤邻近的重要器官。

组织切开（分离）的操作方法分为两种：第一种是锐性分离组织，即用刀或剪刀进行。用刀切开组织时，以刀刃沿组织间隙作垂直的、轻巧的、短距离的切开。用剪刀时以剪刀尖端伸入组织间隙内，不宜过深，然后张开剪柄，分离组织，在确定没有重要的血管、神经后，再予以剪断。锐性分离对组织损伤较小，术后反应也少，愈合较快。但必须熟悉解剖，在直视下辨明组织结构时进行。动作要准确、精细。第二种是钝性分离，即用刀柄、止血钳、剥离器或手指等进行。方法是将这些器械或手指插入组织间隙内，用适当的力量分离周围组织。这种方法最适用于正常肌肉、筋膜和良性肿瘤等的分离。钝性分离时，组织损伤较重，往往残留许多失去活性的组织细胞，因此，术后组织反应较重，愈合较慢。在瘢痕较大、粘连过多或血管、神经丰富的部位不宜采用。

根据组织性质不同，组织切开分为软组织（皮肤、筋膜、肌肉、腱）和硬组织（软骨、骨、角质）切开。以下分别叙述不同组织的切开和分离方法。

（1）皮肤切开法。由于皮肤活动性比较大，切皮时易造成皮肤和皮下组织切口不一致，为了防止上述现象的发生，在皮肤作切口时应由术者用拇指和食指将皮肤向切口两侧撑紧或与助手用手共同固定在预定切口线两侧的皮肤。下刀时，先用刀尖在切口上角作垂直刺透皮肤，然后刀刃倾斜约 45°角，按预定方向、大小，一刀切透皮肤直至切口下角，然后刀刃与皮肤垂直提出，防止切口两端成斜坡，或多次切开而使切口成锯齿状，造成不必要的皮肤损伤，影响创口愈合。

（2）皱襞切开。在切口的下面有大血管、大神经、分泌管和重要器官，而皮下组织尤其甚为疏松，为了使皮肤切口位置正确而不误伤其下面组织，术者和助手应在预定切线的两侧，用手指或镊子提拉皮肤呈垂直皱襞，并进行垂直切开。

（3）皮下疏松结缔组织的分离。皮下结缔组织内分布许多小血管，故用钝性分离，先将组织刺破，再用手或器械分离。

（4）筋膜的分离。为了防止筋膜下血管、神经受到损伤，在分离时应先用镊子将筋膜提起用刀在其中央作一小切口，然后用弯止血钳在此切口上、下将筋膜下组织与筋膜分开，沿分开线剪开筋膜。筋膜的切口应与皮肤切口等长。若筋膜下有神经血管，则用手术镊将筋膜提起，用反挑式执刀法作一小孔，经小切口伸入镊子，在其引导下切开。

（5）肌肉分离。一般沿肌纤维方向作钝性分离，先作一个沿纤维方向的小切口，然后用止血钳、刀柄等作钝性分离至所需要的长度，但在紧急情况下或肌肉较厚并含有大量腱质时切开分离。横过切口的血管可用止血钳钳夹或用细缝线从两端结扎后，从中间将血管切断。

（6）腹膜切开。腹膜切开时，为了避免伤及内脏，可用组织钳或止血钳提起腹膜作一小切口，利用食指和中指或有沟探针引导，再用手术刀或剪分割。

（7）肠管切开。肠管的侧壁切开时，一般于肠管纵带上纵行切开，并应避免损伤对侧肠管。

（8）索状组织。分离索状组织（如精索）的分割，除了可应用手术刀（剪）作锐性切割外，尚可用刮断、拧断等方法切割，以减少出血。

（9）囊肿物切开。良性肿瘤、放线菌病灶、囊肿及内脏粘连部分分离宜用钝性分离。分离的方法是对未机化的粘连，可用手指或刀柄直接剥离，对已机化的致密组织，可先用手术刀切一小口再用钝性剥离与锐性分割结合进行剥离。剥离时手的主要动作应是前后方向或略施加压力于一侧，使较疏松或粘连最小部分自行分离，然后将手指伸入组织间隙，再逐步深入。在深部非直视下，手指左右大幅度的剥离动作，应少用或慎用，除非确认为稀松的纤维蛋白粘连，否则，易导致组织及脏器的严重撕裂或大出血。对某些不易钝性分离的组织，可将钝性分离与锐性分割结合使用，一般是用弯剪伸入组织间隙，用推剪法（即将剪尖微张，轻轻向前推进进行剥离）。

（10）骨组织的分割。骨组织分割时首先应分离骨膜，然后再分离骨组织。分离骨膜时，应尽可能完善地保存健康部分，以利骨组织愈合。分离骨膜时，先用手术刀切开骨膜（切成"十"字形或"工"字形），然后用骨膜分离器分离骨膜。骨组织的分离一般是用骨剪剪断或骨锯锯断，当锯（剪）断骨组织时，不应损伤骨膜。为了防止骨的断端损伤软部组织，应使用骨锉锉平断端锐缘，并清除骨片，以免遗留在手术创内引起不良反应和障碍愈合。

4. 止血

止血是手术过程中自始至终经常遇到而又必须立即处理的基本操作技术。手术中完善的止血，可以预防失血的危险和手术部位良好的显露，有利于争取手术时间，避免误伤重要器官，直接关系到施术动物的健康、切口的愈合和预防并发症的发生等，因此要求手术中的止血必须迅速而可靠，并在手术前采取积极有效的预防性止血措施，以减少手术中出血。

1）出血的种类

（1）按出血血管可以分为动脉出血、静脉出血、毛细血管出血、实质出血等。

① 动脉出血：由于动脉管壁含有大量的弹力纤维，动脉压力大，血液含氧量丰富，所以动脉出血的特征为血液鲜红、呈喷射状流出，喷射线出现规律性起伏并与心脏搏动一致。动脉出血一般自血管断端的近心端流出，指压动脉管断端的近心端，则搏动性血流立即停止，反之则出血状况无改变。具有吻合支的小动脉管破裂时，近心端及远心端均能出血。大动脉的出血须立即采取有效止血措施，否则可导致出血性休克，甚至引起动物死亡。

② 静脉出血：血液以较缓慢的速度从血管中呈均匀不断地泉涌状流出，颜色为暗红或紫红。一般在血管远心端的出血量较近心端出血量多，指压出血静脉管的远心端，则出血停止，反之出血加剧。静脉出血的转归不同，小静脉出血一般能自行停止，或经压迫、填塞后而停止出血，但若深部大静脉受损（如腔静脉、股静脉、髂静脉、门静脉等）出血，则常由于迅速大量失血的结果引起动物死亡。体表大静脉受损，可因大失血或空气栓塞而死亡。

③ 毛细血管出血：其色泽介于动、静脉血液之间，多呈渗出性点状出血。一般可自行止血或稍加压迫即可止血。

④ 实质出血：见于实质器官、骨松质及海绵组织的损伤，为混合性出血，即血液自动脉与小静脉内流出，血液颜色和静脉血相似。由于实质器官中含有丰富的血窦，而血管的断端又不能自行缩入组织内，因此不易形成断端的血栓，而易产生大失血，威胁动物的生命，故应予以高度重视。

（2）按血管出血后血液流至的部位不同，又可分为外出血和内出血两种。

① 外出血：当组织受损后，血液由创伤或天然孔流到体外时称外出血。

② 内出血：血管受损出血后，血液积聚在组织内或腔体中，如胸腔、腹腔、关节腔等处，称内出血。

（3）按照出血的次数和时间，可分为初次、二次、重复和延期出血。

① 初次出血：直接发生在组织受到创伤之后。

② 二次出血：主要发生在动脉，静脉极少发生，因为静脉内压低，血流缓慢且易形成血栓，血栓形成后一般不因为血压的关系而脱落。造成二次出血的原因一般认为：一是血管断端结扎止血不确实，结扎线松脱；二是某种原因使血栓脱落，如血压增高、止血钳夹的力量和时间不足、手术后过早运动而使血栓脱落；三是未结扎的血管中的血栓，由于化脓或使用某些药物而溶解；四是粗暴地更换敷料或填塞，将血管扯伤。

③ 延期出血：受伤当时并未出血，经若干时间后发生出血，称之为延期出血。延期出血的原因：一是手术中使用肾上腺素，当药物作用消失后血管扩张而出血；二是骨折固定不良，骨折断端锐缘刺破血管；三是血管受到挫伤时，血管的内层及中层受到破坏，血液积聚在血管外膜的下面，形成血栓，当时虽未出血，但若血栓受到感染，血管壁遭受破坏则可发生延

期出血;四是在感染区,血管受到侵害而发生破裂。

④ **重复出血**:多次重复出血,可见于破溃的肿瘤

2) 手术过程中失血量的估算

手术中准确地估算失血量并及时予以补充,是防止动物发生手术休克的重要措施。对术中失血量的估算,目前尚缺乏十分准确的方法。血容量的测定既不实际亦不准确。临床上常用的估算失血量的简便方法有以下几种:

(1) 称纱布法。方法简单易行,但还应注意包括术区的体液蒸发和毛细血管断面在止血过程中形成血栓的消耗,所以得到的失血量常较实际的失血量少,其误差为 20%~30%。计算方法是:失血量 = (血纱布重 − 干纱布量) + 吸引瓶中血量。手术前先称干纱布重量,吸血时用干纱布,而不用盐水纱布,吸血瓶中的血量注意减去可能的盐水或其他液体量,重量单位为 g,每毫升血液以 1.054~1.062 g 计算。

(2) 动物临床失血征象估算。失血的临床征象有兴奋不安、呼吸深快、浅快,尿量减少或无尿,静脉萎陷,毛细血管充盈迟缓,皮温发凉,眼结膜苍白,意识模糊等。但在手术时,有许多临床表象表现不出来,因此可根据动物脉率、脉压、静脉及毛细血管充盈情况来估算失血量。

(3) 失血量估算注意事项。以上所述的估算方法均有一定误差,在具体估算失血量时,要全面考虑和两种方法合并使用来判断。临床上实际失血量的估算常与血容量不一致,一般早期由于机体的代偿作用,组织间液向血管内转移,致使血容量的减少较实际失血量低。而时间较长的复杂手术,血浆、体液向损伤部位组织间隙渗出,使实际血容量的减少比估算高。

3) 常用的止血方法

(1) 全身预防性止血法。在手术前给动物注射增高血液凝固性的药物,借以提高机体抗出血的能力,减少手术过程中的出血。常用注射增高血液凝固性以及血管收缩的药物和方法有肌肉注射维生素 K 注射液,以促进血液凝固,增加凝血酶原;肌肉注射卡巴克洛注射液,以增强毛细血管的收缩力,降低毛细血管渗透性;肌肉注射酚磺乙胺注射液,以增强血小板机能及结合力,减少毛细血管渗透性。

(2) 局部性预防止血法。常用的有肾上腺素止血 (应用肾上腺素作局部预防性止血,常配合局部麻醉药进行,一般是在每 1 000 mL 普鲁卡因溶液中加入 0.1%肾上腺素溶液 1 mL,利用肾上腺素收缩血管的作用,达到减少手术局部出血之目的,其作用可维持 20 min~2 h。但手术局部有炎症病灶时,因高度的酸性反应,可减弱肾上腺素的作用。此外,在肾上腺素作用消失后,小动脉管扩张,如若血管内血栓形成不牢固,可能发生二次出血)。止血带止血 (适用于四肢、阴茎和尾部手术,可暂时阻断血流,减少手术中的失血,有利于手术操作。可用橡皮管止血带或绳索、绷带、局部垫纱布或手术巾,以防损伤软组织、血管、神经)。

(3) 手术过程中止血法。手术过程中的止血方法有很多,常用的止血方法有机械止血法 (包括压迫止血:是用纱布或泡沫塑料压迫出血的部位,以清除术部的血液,辨清出血的组织和出血处,以便采取止血措施)。在毛细血管渗血和小血管出血时,压迫片刻,出血即可自行停止。为了提高压迫止血的效果,可选用温的生理盐水、1%~2%麻黄碱、0.1%肾上腺素、2%氯化钙溶液浸湿的纱布挤干后压迫止血。在止血时,是按压,不可用擦拭,以免损伤组织或使血栓脱落。

钳夹止血:利用止血钳最前端夹住血管的断端,钳夹方向应与血管垂直,钳住的组织要

少，不可作大面积钳夹。

结扎止血：是常用而可靠的基本止血法，多用于较大血管出血的止血，其方法有单纯结扎止血（用丝线绕过止血钳所夹住的血管及少量组织而结扎。在结扎时，由助手放开止血钳，同时收紧结扣，过早放松血管可能脱出，过晚放松则结扎住钳头不能收紧。）和贯穿结扎止血：[持结扎线用缝针穿过所钳夹组织（勿穿透血管）层进行结扎]。其优点是结扎线不易脱落，适用于大血管或重要部分的止血，在不易用止血钳夹住的出血点，不能用单纯结扎止血，而宜采用贯穿结扎止血的方法。

填塞止血：对于在深部大血管出血，一时找不到血管断端，钳夹或结扎止血困难时，可用灭菌纱布塞紧填满于出血的创腔内压迫血管断端达到止血的目的，但要有足够的压力压迫血管断端。填塞止血留置的敷料通常是在18~48 h后取出。

（4）电凝止血。用止血钳夹住血管断端，向上轻轻提起，擦干血液，将电凝器与止血钳接触，利用高频电流凝固组织，待局部发烟即可达到止血目的。电凝时间不宜过长，否则烧伤范围过大，影响切口愈合。在腹腔脏器、大血管附近及皮肤等处不可用电凝止血，以免组织坏死，发生并发症。电凝止血的优点是止血迅速，不留线结于组织内，但止血效果不完全可靠，凝固的组织易于脱落而再次出血，所以对较大的血管仍应以结扎止血为宜，以免发生继发性出血。

5. 缝合

1）缝合的基本原则

缝合是将已切开、切断或因外伤而分离的组织、器官进行对接或重建其通道，保证创伤良好愈合的基本操作技术。缝合的目的在于为手术切口或外伤性损伤而分离的组织或器官予以安定的环境，给组织的再生和愈合创造良好条件，保护创面免受感染，加速肉芽创的愈合，防止创面对合处裂开。创伤的愈合是否完善与缝合的方法及操作技术有一定的关系。掌握缝合的基本操作技术，是动物外科手术重要环节。在缝合时应遵守以下原则：

（1）缝合时严格遵守无菌操作。

（2）缝合前创口必须止血、清除凝血块、异物及坏死的组织。

（3）创缘要均匀接近，在两针孔之间要有相当距离，以防拉穿组织。

（4）缝针刺入和穿出部位应彼此相对，针距相等，防止缝合创伤口形成皱襞和裂隙。

（5）无菌创经外科常规处理后，可作密闭缝合，而化脓腐败创以及具有深包囊的创伤可不缝合，必要时作部分缝合。

（6）缝合组织是同层组织相缝合，除非特殊需要，不同类型的组织不可缝合在一起。

（7）缝合后打结应有利于创伤愈合，打结时既要适当收紧又要防止拉穿组织。

（8）创缘、创壁应互相均匀对合，皮肤创缘防止内翻，创伤深部不应留有无效腔，防止积血和积液。

（9）缝合的创伤在手术后出现感染症状，应迅速拆除部分缝线，以便排出创液。

2）缝合材料

缝合材料用于闭合组织和结扎血管。兽医外科临床上应用的缝合材料种类很多，选择适宜的缝合材料是很重要的。一般应根据缝线的生物学和物理学特性、创伤局部的状态以及各种组织创伤的愈合速度来选择缝线。

缝合材料按照在动物体内吸收的情况分为吸收性缝合材料和非吸收性缝合材料。缝合材料在动物体内 60 d 内发生变性，其张力强度很快丧失的为吸收性缝合材料；而缝合材料在动物体内 60 d 以后仍然保持其张力强度的为非吸收性缝合材料。

缝合材料按照其材料来源分为天然缝合材料和人造缝合材料两大类。天然吸收性缝合材料：肠线是由羊肠黏膜下组织或牛的小肠浆膜组织制成的。

3）缝合步骤

缝合可以用持针钳进行，也可徒手直接拿直针进行，此外还有皮肤钉合器，消化道吻合器，闭合器等。缝合的基本步骤以皮肤间断缝合为例说明缝合的步骤：

（1）进针。缝合时左手执有齿镊，提起皮肤边缘，右手执持针钳，用腕臂力由外旋进，顺针的弧度刺入皮肤，经皮下从对侧切口皮缘穿出。

（2）拔针。可用有齿镊顺针前端顺针的弧度外拔，同时持针器从针后部顺势前推。

（3）出针、夹针。当针要完全拔出时，阻力已很小，可松开持针器，单用镊子夹针继续外拔，持针器迅速转位再夹针体（后 1/3 弧处），将针完全拔出，由第一助手打结，第二助手剪线，完成缝合步骤（图 9-21）。

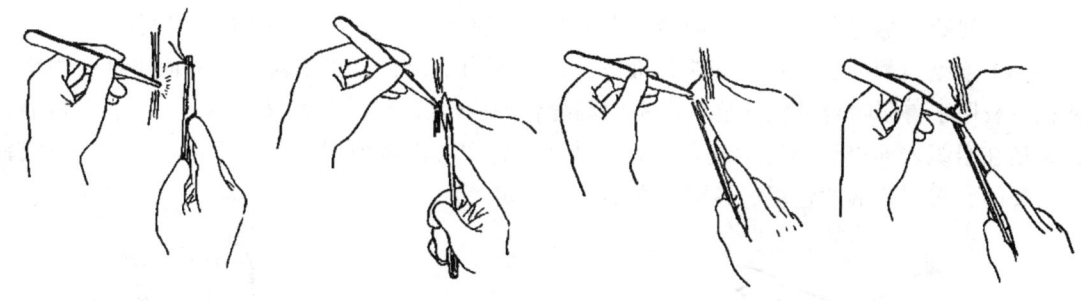

图 9-21　缝合步骤

4）外科缝合法分类（6 类 10 种缝合法）

（1）单纯间断缝合法。一针一线缝合，每缝一针单独打结。多用于缝合皮肤、筋膜、皮下组织、胃肠道（图 9-22）。

（2）单纯连续缝合法。缝线顺着伤口连续缝合，用于腹膜、大的裂口缝合。在第一针缝合后打结，继而用该缝线缝合整个创口，结束前的一针，将缝线尾拉出留在对侧，形成双线与缝线尾打结。多用于胃肠吻合、甲状腺切除后伤缘缝合，起对合及止血作用（图 9-23）。

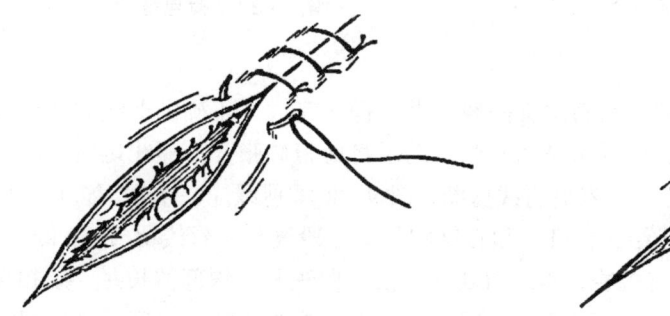

图 9-22　单纯间断缝合

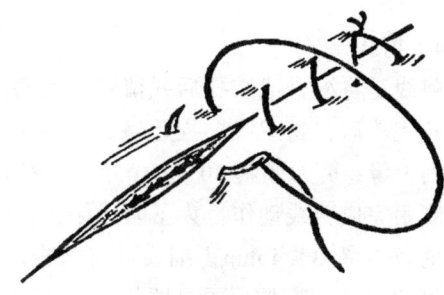

图 9-23　单纯连续缝合

（3）间断外翻缝合。缝合后使创缘外翻，用于皮肤、血管、输尿管吻合。包括横褥式缝合和直褥式缝合（图9-24）。

（4）连续外翻缝合，用于血管吻合（图9-25）。

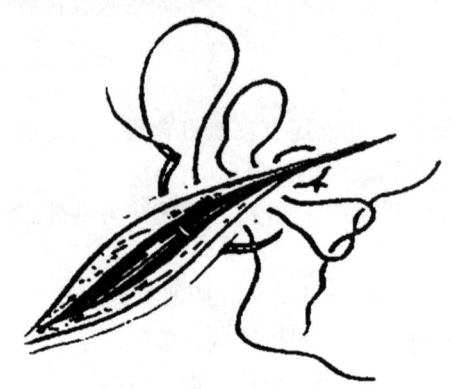

图 9-24　间断外翻缝合

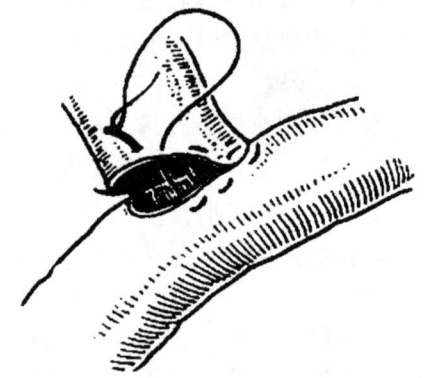

图 9-25　连续外翻缝合

（5）间断内翻缝合。缝合后创缘呈内翻对合，常用于胃肠道吻合时缝合浆肌层。

（6）连续内翻缝合。从一切缘外面选针，同侧内面出针，越至对侧从外面进针，内面出针；一般用于胃肠吻合。包括连续水平内翻缝合和荷包缝合（图 9-26、图 9-27）。荷包缝合法是指在组织表面以环形连续缝合一周，结扎时将中心内翻包埋。常用于胃肠道小切口或针眼的关闭、阑尾残端的包埋、造瘘管在器官的固定等。

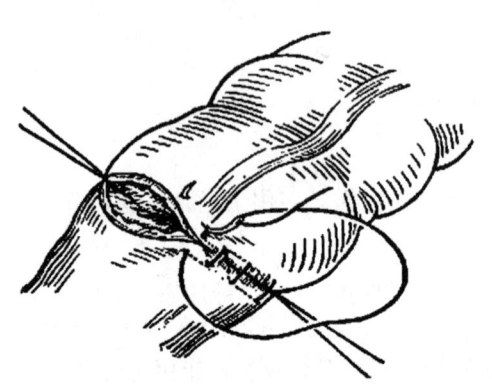

图 9-26　连续水平内翻缝合

图 9-27　荷包缝合

4）剪线

剪线是将缝合或结扎后残留的缝线剪除，一般由助手操作完成。正确的剪线方法是手术者结扎完毕后，将双线尾提起略偏向手术者的左侧，助手将剪刀微张开，顺线尾向下滑动至线结的上缘，剪刀倾斜30°~60°左右，然后将线剪断（图9-28）。剪线应在明视下进行，可单手或双手完成剪线动作。为了防止结扣松开，须在结扣外留一段线头，丝线留 1~2 mm，肠线及尼龙线留 3~4 mm，细线可留短些，粗线留长些，浅部留短些，深部留长些，结扣次数多的可留短些，次数少的可留长些，重要部位应留长。剪刀与缝线的倾斜角度越大，留的线头越长。

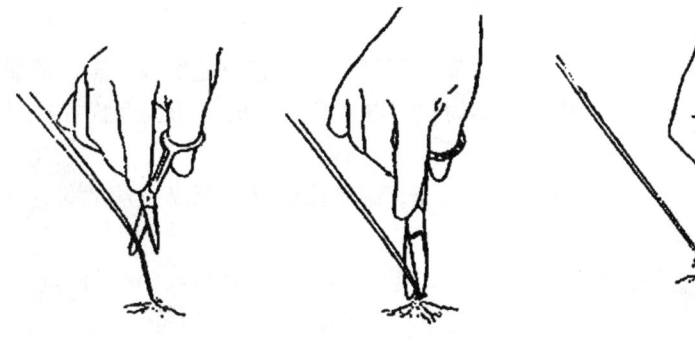

图 9-28 剪线

6. 拆线

拆线是指皮肤切口缝线的剪除，一切皮肤缝线均为异物，不论愈合伤口或感染伤口均需拆线。拆线的步骤如下：用镊子夹起线头轻轻提起，用剪刀插进线结下空隙，紧贴针眼，从由皮内拉出的部分将线剪断，向拆线的对侧将缝线拉出。

（四）常见外产科手术简介

动物常见外科手术有眼部手术、犬耳整容成形术、气管切开术、食管切开术、犬声带切除术、腹部手术（疝气手术）、肠道手术（直肠脱）、瘤胃切开术、阉割术、牛羊腐蹄手术、助产术、骨折还原术等。

1. 眼结膜炎

（1）眼结膜炎的定义

结膜炎是眼结膜受外界刺激和病原感染而引起的炎症。各种动物都可发生，有卡他性、化脓性、滤泡性、伪膜性、水泡性结膜炎等。常为外来和内在刺激所致，可分为结膜外伤（各种异物落入结膜中而发病）也可以由于压迫、摩擦所致；另外有些传染性疾病也并发结膜炎，如腺疫、犬瘟热、流感、山羊瘟、牛吸吮线虫病及高温疾病等。

（2）结膜炎的症状（图 9-29）

图 9-29 犬瘟热继发结膜炎（眼结膜呈树枝状充血）

眼结膜炎根据症状可分为：

① 急性结膜炎。初期呈畏光、流泪、眼结膜潮红，随着炎症发展，眼睑肿胀闭锁，结膜表面有出血斑，分泌大量黏性、脓性分泌物；当继发角膜炎时，角膜表面往往呈蓝色或灰白色浑浊状。

② 慢性眼结膜炎。一般症状较轻，不畏光，眼结膜暗红，肥厚呈丝绒状，分泌物浓稠，引起眼内角下方皮肤湿疹、脱毛、发痒。

急性眼结膜炎一般容易治疗，而慢性眼结膜炎常可并发角膜炎，预后慎重。

（3）结膜炎的治疗

以除去病因、消炎镇痛、防止光线刺激为原则。可用3%硼酸溶液或0.1%雷夫努尔溶液清洗眼结膜囊。分泌物多时可用0.5%～1%硝酸银溶液点眼，10～30 min后可用生理盐水冲洗掉，再用抗生素与可的松眼药水混合点眼。防止光线刺激眼睛，可用数层纱布浸有0.1%雷夫努尔溶液敷眼包扎，急性时需每日换药2～3次。若经各种抗生素治疗1～2个疗程，病状未见改善，考虑病毒性的眼结膜炎，可用0.5%磺乙胺钠眼膏涂于眼内。也应考虑动物营养和维生素的缺乏引起的眼结膜炎，及时补充维生素也有助于治疗。牛常发生传染性结膜炎，为高度接触传染，多数认为是牛莫拉氏菌感染所致，治疗可用 SM2 100 mg/kg 体重，静脉注射。

2. 疝气

（1）疝的概念

疝是指内脏器官从自然孔道或病理性破裂孔脱出至皮下或其他解剖腔中。如脐疝、阴囊疝、腹壁疝、膈疝等（图9-30）。各种动物都可发生。疝由疝孔（轮）、疝内容物、疝囊和疝外部组织四部分组成（图9-31）。

图9-30 腹股沟疝　　　　　　图9-31 疝气环

（2）疝的临床表现

大小差异较大，内容物常见肠管，也可见网膜、胃、子宫、膀胱等。疝孔大，内容物不易被钳闭，可以还纳回腹腔，称可复性疝。当疝中的内容物不能还纳回腹腔，影响正常的生理功能，如肠被钳闭，内容物的滞留、压迫，可引起局部血液循环障碍、组织坏死、肠坏死等，引起剧烈腹痛症状等。

（3）疝的治疗

在兽医临床上对于可复性疝，一般采取保守疗法，还纳内容物后在疝孔处放填充物堵住疝孔，不让内容物进入疝囊中，外用绷带包扎，经过一段时间后孔可以闭合。主要是一些脐疝，腹壁疝等。对于不能还纳内容物的疝或发生粘连的疝，影响正常生理机能，必须手术治疗，闭锁疝孔，并防止感染。当内容物与疝壁发生粘连时，要小心分离，不要损伤疝中内容物。疝孔小、不易还纳时，可以适当扩大疝的孔径。疝孔必须用粗缝合线闭锁（结节或扭孔状缝合）。对于钳闭性疝，切开疝囊壁后，可见肠管变为暗紫色，疝孔环钳住脱出肠管，则小心扩大疝孔（用隐刃刀、球头刀）将肠管拉出一部分，用温生理盐水清洗温敷，如肠管颜色很快恢复，出现蠕动，既可将肠还纳，若肠已坏死，则切除坏死肠，将肠吻合后还纳腹腔，一般外科手术处理。对于腹壁疝孔较大，腹壁张力大时，缝合则需要用双纽孔缝合法，腹膜、腹肌用常规缝合法，然后用粗丝线（16号）双股作"双纽孔状缝合"，皮肤切口作结节缝合，打结时注意将两侧肌肉皮肤靠拢。

3. 蹄糜烂

蹄糜烂是蹄底和球面糜烂。主要由于厩舍泥泞不洁，粪尿长期侵蚀蹄，使角质脆弱腐烂分解。当蹄甲过长、场地潮湿、运动不足时，则蹄叉角质抵抗力减弱，可发生蹄腐烂。后蹄较前肢多发生。

（1）症状：本病发展很缓慢，开始只在底部、球部，蹄叉中沟处形成溃烂，有的烂成大小不等的空洞，流出污黑色的腐臭液体，当溃烂侵害真皮时，患肢表现出跛行，尤其当在沙地或软质地上行走时明显跛行。病情发展可引起角质层脱落，暴露真皮层，上有颗粒状肉芽组织，易出血和附有恶臭灰黑色的分泌物，可继发蹄癌变。

（2）治疗：牛羊患病应及时隔离。首先对患蹄清洗消毒，削除坏死组织，然后用青霉素与鱼肝油乳剂（青霉素40万IU + 5 mL 水 + 50 mL 鱼肝油混合）涂布和用纱布填塞孔道，包扎，防止污水进入溃烂面，每日更换。病情严重的可结合全身性抗生素治疗。发病季节可让牛羊每日通过1%～3% $CuSO_4$ 溶液的消毒槽2～3次，有一定预防疗效。

4. 骨折

动物机体某部的骨骼在外力作用下，超过了骨所能忍受的应变能力，其完整性被破坏，出现断、裂、碎的现象称为骨折。

（1）病因。

动物的骨折主要由偶发因素（外伤性）和病理性因素所致。

①偶发因素：主要为突发性应激，如重物压断、打架、急停、急转、嵌夹于洞穴、木棚缝隙等致骨折。

②病理因素：主要是由于影响骨质结构的疾病导致骨质疏松而易导致骨折（如佝偻症、骨软症、衰老、慢性氟中毒、VD、Ca、P缺乏、骨疽等易导致骨折）。

（2）分类。

根据骨折处与外界是否相通，分为开放性和非开放性骨折；根据骨折程度分为完全骨折、不完全骨折和粉碎性骨折。

（3）症状。

①异常变形：当完全骨折时，由于受重力和骨两端肌肉收缩、牵拉因素，使骨折出现变形，如弯曲、缩短、凹陷、拖地、不能活动等异常形态。

②异常活动：当四肢骨折时出现不能负重跛行，肋骨骨折处不能活动，呼吸时断断续续，表现痛苦表情等。

③出血和肿胀：骨折部损伤肌肉和血管出现出血和炎性渗出而使局部肿胀。

④机能障碍：四肢骨折出现跛行，不能行走，强迫运动出现跳跃或卧地不起、不能站立等，脊椎骨折常出现瘫痪或神经麻痹，肋骨骨折出现呼吸困难。

（4）治疗。

①动物骨折后，首先使之安静，防止断端活动，避免造成严重损伤和并发症。对开放性骨折及时止血，防休克、防感染。

②在四肢骨折处用简易夹板临时固定包扎，防止造成开放性骨折，以及更多软组织损伤。

③对有必要救治的动物，采取保定、局部麻醉或浅麻醉，使骨折端正确复位。小动物可在X射线检查确实后用石膏绷带或夹板绷带固定，使断肢不负重，需要3~10周断端的骨痂才能硬固。注意镇痛、防感染。可用补钙剂、中药接骨散，促使骨愈合。

④对于大动物（如种公牛、种马、警犬、稀有名贵宠物），骨折的治疗才有意义，或者适用于医学上的研究之需。

5. 直肠脱出

直肠脱是指直肠末端黏膜的一部分或大部分向外翻转脱出肛门外而不能自行缩回的一种疾病。幼龄动物易发生。

（1）病因。

当幼龄动物处于体弱、经常性便秘、腹泻、直肠炎时，由于高度努责引起腹内压升高；或成年动物难产时都可引起腹内压升高导致直肠脱出。直肠脱出时间长后，肛门括约肌麻痹，致使脱出的直肠不能缩回；或肛门括肌松弛造成习惯性肛脱。当动物直肠末端黏膜脱出时，在肛门外出现暗红色半圆形突出物（严重时会令直肠全脱出，呈圆柱状突出肛门外），表面形成轮状皱褶，中央开口。脱出稍久，黏膜淤血、水肿、体积增大，时间长后黏膜干裂或附有纤维薄膜；脱出直肠黏膜易损伤，常粘附污物而感染、坏死、破裂等。

（2）治疗。

对于直肠脱要及早治疗，及时复位，避免长时间暴露在外，引起损伤、感染等。可用0.1%高锰酸钾溶液或2%明矾溶液（温）清洗后将直肠送回肛门内。对于直肠脱出后水肿明显，粘附物较多时，可用温的2%明矾溶液清洗，并且在水肿直肠黏膜上洒布少量明矾末，揉擦黏膜，除去污物和水肿，将破碎黏膜除去，然后把直肠推回肛门内，在肛门周围作袋口状缝合（荷包缝合，图9-32），距肛门口1~3 cm处，荷包缝合收紧时，留出排粪口，一般经7天后拆线。

对于直肠脱出初期，送回后，可分别在肛门四周注射70%酒精3~5 mL或10%明矾溶液5~10 mL，分四点注射，垂直进针3~10 cm，边注边退，使注射部位组织水肿，制止轻度直肠脱再度脱出，但有时效果不佳。手术处理后给予润滑性泻药和多汁青饲料，防止粪便干硬引起腹压升高。

对于脱出的直肠有的已坏死、破碎，不能送回，可实施切除手术。首先用两根消毒不锈钢针"十字"交叉固定直肠，切割后直肠缩回。然后先作浆膜层肌层间结节缝合，再实施黏膜层之间连续缝合，消毒清洗，涂抗生素，送回直肠，并将肛门固定。全身治疗、补液、增强抵抗力、镇痛、消炎等。

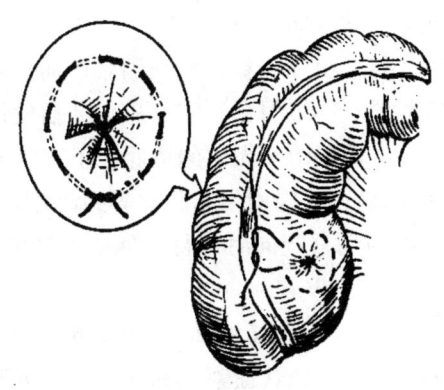

图 9-32 荷包缝合

6. 阉割术

摘除或破坏动物性腺并消除其生理机能的手术称为阉割。我国早在公元前 770—222 年间就有关于马驹阉割的记载。很久以前,我国已创造了阉割母猪的方法,尤其是"小挑花"技术非常精巧。我国兽医技术人员在长期的实践中,不断地积累和丰富了阉割术的经验,使阉割术更加完善。

1) 公畜去势术

摘除雄性动物的睾丸或破坏其生殖机能,使动物失去性欲和繁殖能力的一种方法叫公畜去势术。目的是使性情恶劣的动物变得温顺,易于管理和使役;淘汰不良品种;提高肉用动物的皮毛质量和使肉质细嫩、味美,并能加速肥育、节约饲料。

(1) 公猪去势术。

公猪去势年龄为 1~2 月龄,体重 5~10 kg 最为适宜。不麻醉。左侧侧卧,背向术者,术者用左脚踩住颈部,右脚踩住尾部。对小公猪去势,术者固定睾丸,在阴囊缝际两侧 1~1.5 cm 处平行缝际切开阴囊皮肤和总鞘膜,显露出睾丸。剪断或用手撕断附睾尾韧带,向上撕开睾丸系膜,把韧带和总鞘膜推向腹壁,充分显露精索后,用捋断法去掉睾丸。

(2) 公犬去势术。

公犬如患睾丸癌或经一般治疗无效的睾丸炎症、良性前列腺肥大可绝育。还可用于改变公犬的不良习性。先全身麻醉,再仰卧保定,两后肢向后外方伸展固定,充分显露阴囊部。在切口部作一 5~6 cm 皮肤切口,切口在阴囊最低部位的阴囊缝际向前的腹中线上。睾丸连同鞘膜向切口内突出,左手食指、中指推一侧阴囊后方。切开鞘膜,使睾丸从鞘膜切口内露出。左手抓住睾丸,右手用止血钳将附睾尾韧带从附睾尾部撕下,并将睾丸系膜撕开,牵引睾丸充分显露精索。如用三钳法,则在在精索的近心端钳夹第一把止血钳,装置好三把止血钳。紧靠第一把止血钳钳夹精索处进行结扎。当结扎线第一个结扣接近打紧时松去第一把止血钳。在第二把与第三把钳夹精索的止血钳之间切断精索。镊子夹持少许精索断端组织,松开第二把钳止血钳观察精索断端有无出血,确认精索断端无出血时将精索断端还纳回鞘膜管内。在同一皮肤切口内,按上述同样的操作,切除另一侧睾丸。在显露另一侧睾丸时,切忌切透阴囊中隔。

2) 母畜卵巢摘除术

(1) 目的:可改变动物的内分泌状态,使肉质柔嫩,体重增加;临床上常用于治疗因卵巢疾患而引起的性机能异常亢进；犬猫卵巢子宫切除术常用于绝育和治疗子宫积脓、感染、生殖道肿瘤、乳腺肿瘤和增生症等，也用于糖尿病或因难产而伴发子宫坏死的情况。

（2）适应证：雌性犬猫绝育术，5~6月龄适宜，成年犬猫发情期、怀孕期不能进行手术，卵巢囊肿、肿瘤、子宫蓄脓经抗生素等治疗无效的情况；子宫肿瘤或伴有子宫壁坏死的难产；雌性激素过剩症（慕雄狂）；糖尿病；乳腺增生和肿瘤等的治疗。上述疾病进行卵巢子宫切除术时，不受时间限制。一般不能与剖宫产同时进行。如手术是单纯的绝育手术，则只需摘除卵巢而不必切除子宫。

（3）术前准备：术前禁饲12 h以上，禁水2 h以上，对犬猫进行全身检查。因子宫疾病进行手术的动物，术前应纠正水、电解质代谢紊乱和酸碱平衡失调。

（4）手术通路：脐后腹中线切口，也可选择腹侧壁手术通路。

（5）保定和麻醉：全身麻醉，仰卧保定。

7. 实验动物颈部及股部手术

实验动物常以血压、呼吸等为指标，以静脉注射、放血等为实验方法，这时需要曝露气管、颈总动脉、颈外静脉、股动脉、股静脉，并做相应的插管以及分离迷走神经、减压神经及股神经等。因此手术主要在颈部及股部进行，现分述如下。

（1）兔、犬颈部手术。

颈部手术的目的在于暴露气管、颈部血管并作相应的插管以及分离神经等。颈部手术成败的关键在于熟悉动物颈部及手术要领，防止损伤血管和神经受损。现以兔为例（图9-33），说明如下：

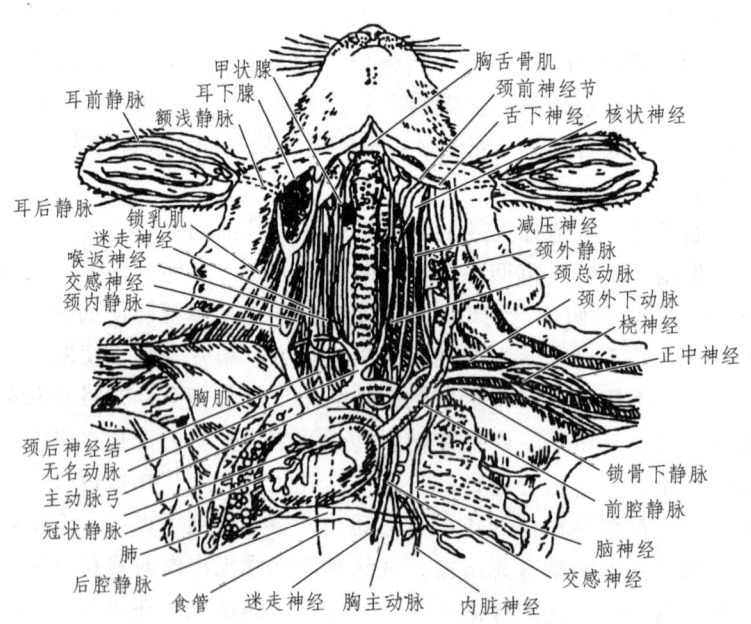

图9-33 家兔颈部血管神经解剖位置示意图

① 家兔背位固定于兔台上，颈部剪毛。

② 动物麻醉一般作局部浸润麻醉，在颈部正中线皮下注射 1%普鲁卡因，亦可选用 20%乌拉坦作全身麻醉。

③ 气管及颈部血管神经分离术。

气管暴露术：用手术刀沿颈部正中线从甲状软骨处向下靠近胸骨上缘作一切口（兔的长约 4~6 cm，狗的长约 10 cm）；因兔颈部皮肤较松弛亦可用手术剪沿正中线剪开。切开皮肤后，以气管为标志从正中线用止血钳钝性分离正中的肌群和筋膜即可暴露气管，分离食道与气管，在气管下穿过一条粗线备用。

颈总动脉分离术：正中切开皮肤及浅筋膜，暴露肌肉。将肌肉层与皮下组织分开。此时清楚可见在颈中部位有两层肌肉。一层与气管平行，覆于气管上，为胸骨舌骨肌。其上又有一层肌肉呈 V 字形走行向左右两侧分开。此层为胸锁乳突肌。用镊子轻轻夹住一侧的胸锁乳突肌，用止血钳在两层肌肉的交接处（即 V 形沟内）将它分开（注意，切勿在肌肉中分，以防出血）。在沟底部即可见到有搏动的颈总动鞘。用眼科镊子（或纹式止血钳）细心剥开鞘膜，避开鞘膜内神经，分离出长约 3~4 cm 的颈总动脉，左其下穿两根线备用。

颈动脉窦分离术：在剥离两侧颈总动脉基础上，继续小心地沿两侧上方深处剥离，直至颈总动脉分叉处膨大部分即为颈动脉窦，剥离时勿损伤附近的血管神经。

颈部迷走、交感、减压神经分离术：在家兔颈部找到颈动脉鞘以后，将颈总动脉附近的结缔组织薄膜镊住，并轻拉向外侧使薄膜张开，即可见薄膜上数条神经，根据各条神经的形态、位置和走向等特点来辨认，迷走神经最粗，外观最白，位于颈总动脉外侧，易于识别。交感神经比迷走神经细，位于颈总动脉的内侧，呈浅灰色；减压神经细如头发，位于迷走神经和交感神经之间，在家兔为一独立的神经，沿交感神经外侧后行走，但在人、狗此神经并不单独行走，而是行走于迷走、交感干或迷走神经中。将神经细心分离出 2~3 cm 长即可，然后各穿细线备用。

颈外静脉暴露术：颈外静脉浅，位于颈部皮下，其属支外腭静脉和内腭静脉，颈部正中切口后，用手指从皮肤外将一侧部组织顶起，在胸锁突乳肌外缘，即可见很粗而明显的颈外静脉。仔细分离长约 3~4 cm 的颈外静脉，穿两线备用。

（2）气管及颈部血管插管术。

在前述分离术的基础上，按需要选作下列插管术。

① 气管插管术。暴露气管后在气管中段，于两软骨环之间，剪开气管口径之半，在向头端作一小纵切口呈倒"T"形。用镊子夹住 T 形切口的一角，将适当口径的气管套管由切口向心端插入气管腔内，用粗线扎紧，再将结扎线固定于"Y"形气管插管分叉处，以防气管套管脱出。

② 颈总动脉插管术。颈总动脉主要用于测量颈动脉压。为此，在插管前需使动物肝素化，并将口径适宜的充满抗凝液体（也可用生理盐水）的动脉套管（也可用塑料管）准备好，将颈总动脉离心端置于结扎线之间。插管时以左手拇指及中指拉住离心端结扎线头，食指从血管背后轻扶血管。右手持锐利的眼科剪，使与血管呈 45°角，在紧靠离心端结扎线处向心一剪，剪开动脉壁之周径 1/3 左右（若重复数剪易造成切缘不齐，当插管时易造成动脉内膜内卷或插入层间而失败），然后持动脉套管，以其尖端余面与动脉平均地向心方向插入动脉内，用细线扎紧并在套管分叉处打结固定。最后将动脉套管作适当固定，以保证测压时血液进出套管之

通畅。

③ 颈外静脉插管术。颈外静脉可用于注射、输液和中尽静脉压的测量。血管套管插入方法与股静脉相似，现将用于中心静脉压测量的插管术作一简介。

在插管前先将兔肝素化，并将连接静脉压检压计的细塑料管导管充盈含肝素的生理盐水。在导管上作一长5~8 cm的记号，导管准备好后，先将静脉远心端结扎，靠近结扎点的向心端作一剪口，将导管插入剪口，然后一边拉结扎线头使颈外静脉与颈矢状面、冠状面各呈45°角，一边轻柔地向心端缓慢插入，遇有阻抗即退回，改变角度重插，切不可硬插（易插破静脉进入胸腔），一般达导管上记号为止，此时可达右心房入口处。若导管插管成功，则可见静脉压检压计水面或漂浮于中心静脉，压数值附近随呼吸而上下波动。

（3）兔、犬股部手术。

股部手术的目的在于分离股神经、股动、静脉及进行股动、静脉插管，以备放血、输血、输液、注射药物等用。

犬、兔等动物手术方法基本相同（图9-34）。现以兔为例，其基本步骤如下：

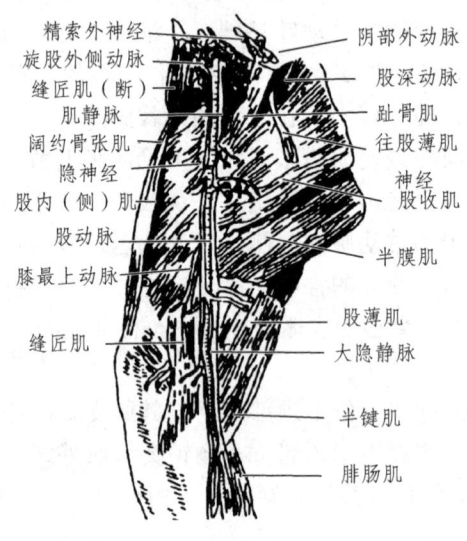

图9-34 犬股部神经、血管解剖特点

① 动物背位固定于兔台上，腹股沟部剪毛。

② 用手指触摸股动脉搏动，辨明动脉走向，在该处作局部麻醉并作方向一致长约4~5 cm的切口。用止血钳小心分离肌肉及深部筋膜，便清楚地暴露出股三角区。股三角区上界为鼠蹊韧带，内界为缝匠肌，外界为内收长肌。肌动脉及神经即由此三角区通过。股神经位于外侧，股静脉位于内侧，肌动脉位于中间偏后。

③ 首先用止血钳细心将股神经分出，然后分离股动、静脉间的结缔组织，清楚地暴露股静脉，如作插管可分离出一段静脉（约2~2.5 cm）。穿两根细线备用。再仔细分离股动脉，将股动脉与其部的组织分离开，长约2~2.5 cm。切勿伤及股动脉分支。动脉下方穿两根细线备用。

④ 在动物行肝素化后作股动、静脉插管。犬的血管粗大，插管较易。家兔血管细，插管较难；因此要细致耐心和掌握要领。

a. 股动脉插管术：于肌动脉近心端用动脉夹夹住，近心端用细线结扎，牵引此线在贴近远心端结扎处剪开血管向心插入动脉套针或塑料管，结扎固定后备放血或注射用。

b. 股静脉插管术：股静脉插管术，除不需用动脉夹外，基本与股动脉插管相同。但因静脉于远心端结扎后静脉塌陷呈细线状，较难插管，因此可试用静脉充盈插管法，即在股静脉近心端用血管夹夹住（也可用线提起），活动肢体使股静脉充盈，股静脉远心端结扎线打一活扣，待手术者剪口插入套针后，再由助手迅速结扎紧。

（五）术后护理

手术的完成，并不是治疗的结束，临床上要预防旧病添新创。

1. 术后护理的总原则

（1）保护和增强动物机体的抵抗力。
（2）观察和预防术后并发症的发生。

2. 一般护理

（1）麻醉苏醒。

全身麻醉术后宜尽快苏醒，拖长时间能招致某些并发症，特别是大动物，体位变化影响呼吸和循环等，尤应注意。在全身麻醉未苏醒之前，设专人看管，苏醒后辅助站立，避免撞碰和摔伤。在吞咽功能未完全恢复之前，绝对禁止饮水、喂饲，以防止误咽。

（2）保温。

全身麻醉后的动物体温降低，应披上毯子等，注意保温，防止感冒。

（3）监护。

术后 24 h 内严密观察动物的体温、呼吸和心血管的变化，若发现异常，要尽快找出原因。对较大的手术也要注意评价病畜的水和电解质的变化，若有失调，应及时给予纠正。

（4）术后并发症。

由于动物个体不同、疾病性质不同、手术种类不同以及手术是否合理，术后并发症可能会多种多样。常见并发症有创口疼痛、感染、崩裂、出血、胃肠麻痹、肠臌气等。术后一定时间内局部增温、肿胀、疼痛是正常的，但如不是逐渐缓解，而有加重趋势，则要查明原因，对症处理。

（5）安静和活动。

对虚弱，心、肺、肾等功能不全的动物，术后要保持安静，限制其活动。不能起立的动物应多加垫草，每日帮助翻身 2~4 次，防止褥疮。多数病例术后 2~3 d 可户外活动，活动时间由短到长，次数由少到多，速度由慢到快。可改善血液循环，促进功能恢复和代谢，增加食欲。吊带对持久站立困难的大动物（主要是马）有良好的功效。四肢骨折、腱和韧带的手术，开始宜限制活动，以后根据情况适度增加练习。犬和猫的关节手术，在术后一定时期内进行强制人工被动关节活动。

3. 预防和控制术后感染

手术创的感染决定于无菌技术的执行情况、病畜的抵抗力、术后护理及环境的清洁卫生等。对大面积或深创要预防破伤风感染。防止动物自伤咬啃、舔、摩擦，用颈环、颈帘、侧杆等保定方法施行保护。污染多发生在手术期间，术后全身应用抗生素往往不能产生预防作用，因为感染早已开始，而真正的预防用药应在手术之前给药，手术时血液中含有足够量抗生素并可保持到一段时间。抗生素的治疗，最好做药敏试验，在没有作药敏试验的条件下，使用广谱抗生素是合理的。抗生素绝不可滥用，任何抗生素的使用，均不可替代手术的无菌操作。

4. 加强饲养管理

给予营养丰富的饲草和饲粮。

五、动物安乐死法

实验动物安乐死问题一直困扰着动物实验工作者，什么是安乐死技术或方法？如何实施安乐死？怎样的安乐死法才能既保证动物福利、符合伦理道德准则，又对实验者方便实用？

1. 安乐死的涵义

安乐死一词来源于希腊文"eu"，意思是"平安和有意义的死亡"。平安死亡意味着微量的疼痛和痛苦。实验动物科学中的安乐死指的是对实验动物实施的人道处死。因为实验动物作为人类的替难者用于各种科学实验，人类有义务给予实验动物足够的尊敬，处死动物时尽可能减少动物的疼痛和痛苦。安乐死技术很难做到完全没有疼痛和痛苦，但通过改善实施安乐死的环境条件和熟练掌握技术可以减少动物的痛苦。从定义中可以看出，安乐死技术包含两个方面的内容，一是减少疼痛，二是减轻痛苦。减少疼痛要求建立无疼痛死亡技术，减轻痛苦要求尽量减少动物感知（丧失意识）。

2. 安乐死技术介绍

1）药物方法

药物安乐死技术的原理有直接或间接缺氧、生命功能的神经元抑制和大脑活动或生命功能神经元的直接破坏。直接或间接缺氧可以在任何地方完成，并且可以依不同速率造成动物意识丧失。没有疼痛和痛苦的死亡一定是意识丧失先于动作消失（肌肉活动消失），而动作消失不等于意识丧失和没有痛苦发生。因此，导致肌肉麻痹而不能造成意识丧失的安乐死药物（例如去极化或非去极化的肌肉松弛剂，士的宁、烟碱、镁盐等）不能作为安乐死的单一方法。生命功能的神经元抑制药物首先抑制大脑神经元随后导致动物死亡。某些药物在实施过程中会使动物处于一种所谓激动躁狂期，可能发出叫声或肌肉收缩。但这不是有目的的，随着意识丧失马上死亡，原因是心脏停止跳动造成呼吸中枢供氧不足。大脑活动或生命功能神经元的直接破坏，来源于直接冲击破坏大脑或大脑神经元去极化可以使动物马上丧失意识。死亡来源于中脑控制心脏和呼吸中枢消失。有时可以见到动物的剧烈肌肉活动，但这时动物已经感受不到疼痛和痛苦。

（1）吸入药物。

任何吸入药物都需要在肺泡中达到一定浓度才能导致死亡，因而动物死亡需要一定时间。

药物的选择原则在于动物开始吸入药物到死亡之间这段时间是否感受到疼痛和痛苦。使用该方法应注意：

①能够快速达到较高浓度的、比较快速使动物丧失意识的、比较人道的药物用作安乐死。

②设备能够满足快速使药物达到高浓度并能够保持一定时间不泄漏。

③多数药物对人是有害的，比如麻醉危险、昏迷（氟烷）、缺氧（氮气和一氧化碳）、上瘾（氧化亚氮）、长期危害健康（氧化氮、一氧化碳）。

④如肺泡换气缓慢易引起动物激动时就应该使用非吸入方式安乐动物。

⑤新生动物对缺氧耐受性强，不宜使用吸入方式安乐动物。

⑥高速气流易产生噪音惊吓动物。

⑦一个箱子中只能放置一种动物。

⑧爬行动物、两栖动物、潜水性鸟类动物和潜水性哺乳动物都不能使用吸入方式实施安乐死。

（2）非吸入药物。

注射药物是实施安乐死较为快速和可靠的方法。如果不引起动物害怕和痛苦时，推荐使用药物注射方法实施安乐死。但动物限制和保定会给动物增加额外的恐吓和不安，必要时使用镇静和麻醉的方法辅助进行安乐死。对有侵略性的、可怕的、凶猛的动物实施安乐死以前最好先使用镇静剂，然后静脉注射安乐死药物。当静脉注射安乐死药物有困难时，使用无刺激性药物（非封闭神经肌肉药物）行腹膜内注射也是可以的，但由于要经过1期和2期麻醉才能死亡，因此需要将动物放在较小的安静的盒子中，避免刺激和外伤。深度镇静、麻醉或睡眠状态的动物也可行心内注射。不能使用肌内注射、胸腔注射、皮下注射、肺内注射、肝内注射、脾内注射、肾内注射、鞘膜内注射等非静脉注射法实施药物安乐死。

2）物理方法

物理安乐死方法有枪击、脱颈椎、断头、电击、微波刺激、处死陷阱、压胸、放血。技术好的人员使用好的器械实施安乐死比其他的安乐死方法都要好，动物几乎感受不到害怕和焦虑，因为速度快，动物也不会感受到疼痛。放血、击晕和脑脊髓穿刺不能作为单一方法使用，可作为其他安乐死方法的补充。有人认为物理方法实施安乐死是不符合美学观点的，但美学观点与人道总是对立的。在某些情况下物理方法是最合适的安乐死方法，因为这样可以避免或缩短动物死亡前所承受的不必要的疼痛和痛苦，但要求实施安乐死的人员训练有素，并有美学观点。因为所有的物理方法都会产生创伤，对动物和人都存在潜在危险，操作熟练程度是至关重要的。

3）辅助方法

击晕和脑脊髓穿刺应用合适，可以导致动物丧失意识但不能保证死亡，常用作安乐死的辅助方法，配合使用药物、放血等安乐死方法使用。

下篇

实习教学部分

实习一 兽医临床实习基础

一、实习目的和要求

1. 参观兽医院
熟悉兽医院的机构、设施、诊疗情况和规章制度，为经常接触临床实践奠定基础。

2. 练习接近动物和动物通用保定法
掌握基本保定方法并了解注意事项，确保临床诊断过程中的人畜安全。

3. 介绍一般临床诊断程序
了解进行临床检查的基本过程和内容。

二、实习设备

（1）实习动物：马 1 匹，牛 1 头，羊 1 只，猪 1 头，犬 1 只，猫 1 只。
（2）实习器材：耳夹子，鼻捻子，牛鼻钳子，长柄绳套各 2 件，细绳，扁绳各两条，捕犬钳一把。
（3）病志用纸：40 张。

三、实习内容和方法

（一）接近动物

接近动物前，应了解并观察欲检查动物的习性及动物是否会出现惊恐和攻击人的神态（如马竖耳、瞪眼，牛低头凝视，猪斜视、翘鼻、发呼呼声等），以防意外，确保人、畜安全。接近动物时，一般应请畜主在一旁协助，检查者应以温和的呼声，先向动物发出要接近的信号，然后再从其前侧方慢慢接近，决不可从其后方突然接近。

接近后，应用手轻轻抚摸动物的颈侧和肩部，使其保持安静和温顺状态，再进行检查，对猪则可在其腹下部用手轻轻搔痒，使其安静或卧下，然后进行检查。

（二）动物保定法

1. 简易保定法
本法适用于一般检查或简单处置，其方法依动物的种属而异。

（1）马的简易保定法。

①鼻捻保定法：将鼻捻子的绳套套入一手（左手）上并夹于指间；另一手（右手）抓住笼头，持有绳套的手自鼻梁向下轻轻抚摸至上唇时，迅速有力地抓住马的上唇，此时另手（右手）离开笼头，将绳套套于唇上，并迅速向一方捻转把柄，直至拧紧为止。

②耳夹子保定法：先将一手放于马耳后的颈侧，然后迅速抓住马耳，以持夹子的另一手迅速将夹子放于耳根并用力夹紧，此后应一直握紧耳夹，免因骚动、挣扎而使夹子脱手甩出。也可用左手抓住笼头，右手紧拧马耳做徒手保定。

（2）牛的简易保定法。

①徒手保定法：用一手抓住牛角，然后拉提鼻绳、鼻环或用一手的拇指与食指，中指捏住牛的鼻中隔加以固定。

②牛鼻钳保定法：将牛鼻钳的两钳嘴抵入两鼻孔，并迅速夹紧鼻中隔，用一手或双手握持，也可用绳系紧钳柄固定。对牛的两后肢，通常可用绳在飞节上方绑在一起。

（3）羊的简易保定法。

一般检查时，可用两臂在羊的胸前及股后围抱即可固定；必要时，用手握住两角或两耳，固定头部；也可用两膝夹住羊颈部（或背部）进行固定。

（4）猪的简易保定法。

①站立保定法：在猪群中，可将其赶至猪栏的一角，使其相互拥挤而不骚动，然后进行检查、处置。想捉住猪群中个体猪进行检查时，可迅速抓提猪尾、猪耳或后肢，并将其拖出猪群，然后做进一步保定。通常用绳套保定，在绳的一端做一活套，使绳套自猪的鼻端滑下，当猪张口时迅速将其套入上腭，立即勒紧；然后由一人拉紧保定绳的一端，或将绳栓于木桩上；此时猪多呈用力后退姿势，从而可保持固定的站立状态。也可使用带长柄的绳套，其方法基本同上。将绳套套入上腭后，迅速捻紧而固定。

②提举保定法：抓住猪的两耳，迅速提举，使猪腹面朝前，并以膝部夹住其颈胸部；也可抓住后肢飞节，并将其后躯提起，夹住其背部而固定。

（5）犬的简易保定法。

驯养的犬可让畜主蹲于犬的右侧，右手将犬头抱于胸前，左手臂抱紧犬的后躯加以固定；如属未经驯服的犬，先用捕犬钳夹紧颈部，另一人则用粗扁带绕上下颌一周，在上颌上打一结，然后转向下颌，再作一结，最后将带牵引至头后颈背上打第三个结（此结应为活结）来固定之。也可用铁笼套嘴，然后作进一步保定。

（6）猫的简易保定法。

①徒手保定法：将猫头与前胸部夹于左侧或右侧的腋下，一手抓住猫的两后肢，一手固定住猫的后半部即可。

②圆桶固定法：将猫头与前肢固定在直径 10~20 cm 的圆桶内，后肢外露，即可进行保定。

2. 柱栏内保定法

本法适用于大家畜的临床检查或治疗。

（1）单柱保定法。

本法多用于室外或田野。将缰绳系于立柱（或树桩）上，用颈绳（或直接用缰绳），对马、骡和驴，可绕颈部后系结固定，对牛则绕两角系结固定。

（2）二柱栏内保定法。

先将家畜引至柱栏的左侧，并令其靠近柱栏，之后将缰绳系于柱栏横梁前端的铁环上，再将脖绳系于前柱上，最后缠绕围绳及吊挂胸、腹绳。

（3）四柱栏及六柱栏内保定法。

本法常用于诊疗室内。保定栏内备有胸革与臀革（或用扁绳代替）、肩革（带）及腹革（带），前者是保定栏内必备的，而后者可依检查的目的及被检动物的具体情况而定。

保定时，先挂好胸革；将家畜从柱栏后方引进，并把缰绳系于某一前柱上；挂上臀革。如此，对家畜便可进行一般检查。

对某些检查（如检查口腔），可按需要同时利用两前柱固定头部（或同时系好肩革）。在直肠检查时，需上好腹革及肩革，并将尾举向侧方或固定于后柱的某一铁环上。在导尿（特别是公马）或某些外伤处理时，还须固定一或两后肢，以防踢蹴。

在实行外科手术时，必须全面而确实的保定。

（三）一般临床诊断程序

1. 病畜登记

按病志所列各项详细记载，如畜主姓名、住址；患畜的种别、年龄、性别、毛色、特征；发病日期等。

2. 病史调查

需要查明下列问题：
（1）动物何时发病？
（2）发病原因，在什么情况下发病？
（3）病畜表现哪些现象？
（4）病畜过去得过什么病？
（5）附近畜禽有无同样疾病发生？
（6）病畜经过何人治疗？如何治的？疗效如何？

3. 现症的临床检查

（1）一般检查：观察整体状态，如精神、营养、体格、姿势、运动和行为等，测定体温、脉搏及呼吸数；检查被毛、皮肤及表在病变；检查眼结膜以及浅表淋巴结。

（2）各器官、系统检查：可按生理系统或解剖部位的顺序检查。

4. 辅助或特殊检查

根据需要可配合进行某些功能试验，实验室检查，特殊器械检查，X射线检查及其他检查等等。

实习二 临床基本检查法及一般检查

一、实习目的和要求

（1）练习动物问、视、触、叩、听诊的方法，要求初步掌握其方法、应用范围及注意事项。

（2）练习动物整体状态、被毛、皮肤、浅表淋巴结、眼结膜的检查方法及体温、脉搏、呼吸数的测定方法，要求初步掌握其方法、正常与异常状态的判定标准。

（3）结合兽医院病例认识有关症状及异常变化。

二、实习设备

实习动物：马1匹、牛1头、羊1只，猪1头及临床病例若干例。

实习器材：体温计2支，秒表2只，穿刺针2支，注射器2支，马耳夹子，牛鼻钳子各1个。

三、实习内容和方法

（一）临床检查的基本方法

1. 问诊

向畜主调查了解畜群或病畜有关发病的各种情况，一般在着手进行病畜体检前进行。问诊的主要内容包括：

（1）病史：病畜既往的患病情况。

（2）现病历：本次发病的时间、地点、病畜的主要表现；对发病原因的估计，发病的经过及所采取的治疗措施与效果。

（3）平时的饲养、管理、使役情况。

（4）有关流行病学情况的调查，特别是有可能发生传染或群发现象时，应详细问诊。

（5）语言要通俗，态度要和蔼，要取得畜主的很好配合。

（6）在内容上既要有重点，又要全面搜集情况；一般可采取启发的方式进行询问。

（7）对问诊所得到的材料，应结合现症检查结果，进行综合分析。

2. 视诊

视诊通常用肉眼直接观察被检动物的状态，必要时，可利用各种简单器械作间接视诊。视诊可以了解病畜的一般情况和判明局部病变的部位、形状及大小。

直接视诊时，一般先不要接近病畜；也不宜进行保定，应尽量使动物保持自然的姿势。

检查者在动物左前方 1~1.5 m 处开始，首先观察其全貌。然后由前向后，从左到右，边走边看；观察病畜的头、颈、胸、腹、脊柱、四肢。当到正后方时，应注意尾、肛门及会阴部；并对照观察两侧胸，腹部是否有异常；为了观察运动过程及步态，可进行牵遛；最后再接近动物，进行局部检查。

间接视诊时，根据需要应做适当的保定，其检查方法见各系统的有关检查方法。

视诊时应注意：

（1）对新来的门诊病畜，应使其稍经休息、呼吸平稳并先适应一下新的环境后再进行检查。

（2）最好在天然光照的场所进行。

（3）收集症状要客观而全面，不要单纯根据视诊所见的症状就确定诊断，要结合其他方法检查的结果，进行综合分析与判断。

3. 触诊

一般在视诊后进行。对体表病变部位或有病变可疑的部位，用手触摸，以判定其病变的性质。

触诊的方法因检查的目的与对象的不同而不同：

（1）检查体表的温度、湿度或感知某些器官的活动情况（如心搏动、脉搏、瘤胃蠕动等）时，应以手指、手掌或手背接触皮肤进行感知。

（2）检查局部与肿物的硬度，应以手指进行加压或揉捏，根据感觉及压后的现象去判断。

（3）以刺激为目的而判定动物的敏感性时，应在触诊的同时注意动物的反应及头部、肢体的动作，如动物表现回视、躲闪或反抗，常是敏感、疼痛的表现。

（4）对内脏器官的深部触诊，须依被检动物的个体特点（如畜种、大小等）及器官的部位和病变情况的不同而选用手指、手掌或拳进行压迫、插入、揉捏、滑动或冲击的手法进行。对中、小动物可通过腹壁深部触诊；对大动物还可通过直肠进行内部触诊。

（5）对某些管道（食管、瘘管等），可借助器械（探管、探针等）进行间接触诊（探诊）。

触诊时应注意安全，必要时应进行保定。触诊马、牛的四肢及腹下等部位时，要一手放在畜体适宜部位作支点，以另手进行检查；并应从前往后，自下而上地边抚摸边接近欲检部位，切忌直接突然接触。检查某部位的敏感性时，应先健区后病部，先远后近，先轻后重，并注意与对应部位或健区进行比较；应先遮住病畜的眼睛；注意不要使用能引起病畜疼痛或妨碍病畜表现反应动作的保定法。

4. 叩诊

是对动物体表的某一部位进行叩击，根据所产生的音响的性质，来推断内部病理变化或某些器官的投影轮廓。

（1）直接叩诊法是用手指或叩诊锤直接向动物体表的一定部位（如副鼻窦、喉囊、马盲肠、反刍兽瘤胃）叩击的方法。以判断其内容物性状，含气量及紧张度。

（2）间接叩诊法：又分指指叩诊法与锤板叩诊法。本法主要适用于检查肺脏、心脏及胸腔的病变；也可用以检查肝、脾的大小和位置。

① 指指叩诊法：主要用于中、小动物的叩诊。通常以左手的中指紧密地贴在检查部位上

（用做叩诊板）；用由第二指关节处呈 90°屈曲的右手中指做叩诊锤。并以右腕做轴而上、下摆动，用适当的力量垂直地向左手中指的第二指节处进行叩击。

② 锤板叩诊法：即用叩诊锤和叩诊板进行叩诊。通常适用于大家畜。一般以左手持叩诊板，将其紧密地放于检查的部位上，用右手持叩诊锤，以腕关节做轴，将锤上、下摆动并垂直地向叩诊板上连续叩击 2~3 次，以听取其音响。

叩诊的基本音调有 3 种：

① 清音（满音）：如叩诊正常肺部发出的声音。

② 浊音（实音）：如叩诊厚层肌肉发出的声音。

③ 鼓音：如叩诊含气较多的马盲肠或反刍兽瘤胃上部时发出的声音。

在 3 种基本音调之间，可有程度不同的过渡阶段，如半浊音等。叩诊时用力的强度，对深在的器官、部位及较大的病灶应用强叩诊；反之应用轻叩诊。为了便于集音，叩诊最好在适当的室内进行；为有利于听觉印象的积累；每一叩诊部位应进行 2~3 次间隔均等的同样叩击。

叩诊板应紧密地贴于动物体壁的相应部位上，对消瘦动物应注意不要将其横放于两条肋骨上；对于毛用羊应将其被毛拨开。

叩诊板不应过于用力压迫体壁，除叩诊板（指）外，其余手指不应接触动物体壁，以免影响振动和音响。

叩诊锤应垂直地叩在叩诊板上，叩诊锤在叩打后应很快离开。

为了均等地掌握叩诊用力的强度，叩诊时手应以腕关节做轴，轻轻地上、下摆动进行叩击，不应强加臂力。

在相应部位进行对比叩诊时，应尽量做到叩击的力量、叩诊板的压力以及动物的体位等都相同。

叩诊锤的胶头要注意及时更换，以免叩诊时发生锤板的特殊碰击音而影响准确的判断。

5. 听诊

听诊是听取病畜某些器官在活动过程中所发生的声音，借以判定其病理变化的方法。

（1）直接听诊法：先于动物体表放一听诊布，然后用耳直接贴在动物体表的检查部位进行听诊。检查者可根据检查的目的采取适宜的姿势。

（2）间接听诊法：即应用听诊器在被检查器官的体表相应部位进行听诊。

听诊时应注意：

（1）为了排除外界音响的干扰，应在安静的室内进行。

（2）听诊器两耳塞与外耳道相接要松紧适当，过紧或过松都影响听诊的效果。听诊器的集音头要紧密地放在动物体表的检查部位，并要防止滑动。听诊器的胶管不要与手臂、衣服、动物被毛等接触、摩擦，以免产生杂音。

（3）听诊时要聚精会神，并同时注意动物的活动与动作，如听诊呼吸音时要注意呼吸动作；听诊心脏时要注意心搏动等。并注意与传导来的其他器官的声音相鉴别。

（4）听诊胆怯易惊或性情暴烈的动物时，要由远而近地逐渐将听诊器集音头移至听诊区，以免引起动物的反抗。听诊时仍须注意安全。

（二）全身状态的观察

1. 精神状态

主要观察病畜的神态。根据其耳、眼的活动，面部表情及各种反应、动作而判定。

健康畜禽表现为头耳灵活，眼光明亮，反应迅速，行动敏捷，毛羽平顺并富有光泽。幼畜则显得活泼好动。

患病畜禽则可表现为：

抑制状态：一般表现为耳耷头低，眼半闭，行动迟缓或呆然站立，对周围淡薄而反应迟钝；重者可见嗜睡或昏迷，鸡则羽毛蓬松，垂头缩颈，两翅下垂，闭眼呆立。

兴奋状态：轻者左顾右盼，惊恐不安，竖耳刨地；重者不顾障碍地前冲、后退，狂躁不驯或挣脱缰绳。牛可哞叫或摇头乱跑；猪则有时伴有痉挛与癫痫样动作。严重时可见攀登饲槽、跳越障碍，甚至攻击人畜。

2. 营养

主要根据肌肉的丰满程度，皮下脂肪的蓄积量及被毛情况而判定。

健康动物营养良好，肌肉丰满，骨骼棱角不显露，被毛光滑平顺。

患病动物多表现为营养不良，消瘦并骨骼表露明显，被毛粗乱无光，皮肤缺乏弹性。

常常将营养状态区分为营养良好、营养中等和营养不良三种程度。

3. 发育

主要根据骨骼的发育程度及躯体的大小而定。

健康动物发育良好，体躯发育与年龄相称、肌肉结实、体格健壮。

发育不良动物可表现为躯体矮小，发育程度与年龄不相称；幼畜多表现为发育迟缓甚至发育停滞。

4. 躯体结构

主要注意患畜的头、颈、躯干及四肢、关节各部的发育情况及其形态、比例关系。

健康动物的躯体结构紧凑而匀称，各部的比例适当。

患病动物可表现为：

① 单侧的耳、眼睑、鼻、唇松弛、下垂而导致头面歪斜（如面神经麻痹）。
② 头大颈短、面骨膨隆、胸廓扁平、腰背凸凹、四肢弯曲、关节粗大（如佝偻病）。
③ 腹围极度膨大，胁部胀满（如肠臌气）。
④ 马鼻唇部水肿呈现类似河马头样外观（如血斑病）。
⑤ 猪的鼻面部歪曲、变形（如传染性萎缩性鼻炎）。

5. 姿势与步态

主要观察病畜表现的姿势特征。

健康动物姿势自然。马多站立，常交换歇其后蹄，偶尔卧下，但听到吆喝声时会站起；牛站立时常低头，采食后喜欢四肢集于腹下而卧，起立时先起后肢，动作缓慢；羊、猪于采食后喜欢躺卧,生人接近时迅速起立,逃避。犬、猫主要有站立、蹲、卧三种姿势,正常时姿势自然、动作灵活而协调,生人接近时迅速起立,或主动接近或逃避。

典型的异常姿势可见有:

① 全身僵直:表现为头颈挺伸,肢体僵硬,四肢不能屈曲,尾根挺起,呈木马样姿势(如破伤风)。

② 异常站立姿势:病马两前肢交叉站立而长时间不改换(如脑室积水);病畜单肢悬空或不敢负重(如跛行);两前肢后踏、两后肢前伸而四肢集于腹下(如蹄叶炎)。鸡可呈现两腿前后叉开姿势(如马立克氏病)。

③ 站立不稳:躯体歪斜或四肢叉开,依靠墙壁而站立;鸡呈扭头曲颈,甚至躯体滚转(如维生素 B 缺乏症)。

④ 骚动不安:马骡可表现为前肢刨地,后肢踢腹,回视腹部,伸腰摇摆,时起时卧,起卧滚转或呈犬坐姿势或呈仰腹朝天等(如各种腹痛症时);牛、羊可见以后肢踢腹动作。

⑤ 异常躺卧姿势:牛呈曲颈伏卧而昏睡(如生产瘫痪);马呈犬坐姿势而后躯轻瘫(如肌红蛋白尿症)。

⑥ 步态异常:常见有各种跛行,步态不稳,四肢运步不协调或呈蹒跚、跄跟、摇摆、跌晃,而似醉酒状(如脑脊髓炎症)。

(三)被毛和皮肤的检查

1. 鼻盘、鼻镜及鸡冠的检查

通过视诊、触诊检查作出判定。

健康牛、猪、犬鼻镜或鼻盘均湿润,并附有少量水珠,触诊有凉感。

病畜可表现为:鼻镜或鼻盘干燥与增温,甚至龟裂;白猪的鼻盘有时可见到发绀现象。

健康鸡冠和肉髯为鲜红色,患病时其颜色可变淡或呈蓝紫色,有时出现疹疱(如鸡痘)。

2. 被毛检查

主要通过视诊观察羽毛的清洁、光泽、脱落情况。

健康动物的被毛、平顺而富有光泽,每年春秋两季适时脱换新毛。

病畜可表现为:被毛蓬松粗乱,失去光泽,易脱落或换毛季节推迟。羊的局限性脱毛常提示螨病。

检查被毛时,要注意被毛的污染情况,尤其注意污染的部位(体侧或肛门、尾部)。

3. 皮肤检查

主要通过视诊和触诊进行。

(1)颜色。白色皮肤的动物,其颜色易于检查,可见有皮肤小点状出血(指压不褪色),较大的红色充血性疹块(指压褪色),皮肤青白或发绀。

(2)湿度。用手或手背触诊检查,对马可触摸耳根、颈部及四肢;牛、羊可检查鼻镜、角根、胸侧及四肢;猪可检查耳及鼻端;犬、猫可检查耳根、腹部的皮温;禽可检查肉髯。

病畜可表现为全身皮温的增高或降低,局部皮温的升高或降低,或皮温分布不均(如马鼻寒耳冷,四肢末梢厥冷)。

(3) 温度。通过视诊和触诊进行，可见有出汗与干燥现象。

(4) 弹性。检查皮肤弹性的部位，马在颈侧，牛在最后肋骨后部，小动物可在背部。

检查方法：将检查部位皮肤作一皱襞后再放开，观察其恢复原状的情况。

健康动物放手后立即恢复原状。皮肤弹性降低时，则放手后恢复缓慢。

(5) 丘疹、水泡和脓疱。要特别注意被毛稀疏处、眼周围、唇、蹄趾间等处。

4. 皮下组织的检查

皮下或体表有肿胀时，应注意肿胀部位的大小，形状，并触诊判定其内容物性状、硬度、温度、移动性及敏感性等。

常见的肿胀类型及其特征有：

① 皮下水肿：表面扁平，与周围组织界线明显，用手指按压时有生面团样的感觉，留有指压痕，且较长时间不易恢复，触诊时无热、无痛；而炎性肿胀则有热痛；有或无指压痕。

② 皮下气肿：边缘轮廓不清，触诊时发出捻发音（沙沙声），压迫时有向周围皮下组织窜动的感觉。颈侧、胸侧、肘后的皮下气肿，多为窜入性，局部无热痛反应；而厌气性细菌感染时，气肿局部有热痛反应，且局部切开后可流出混有泡沫的臭味的液体。

③ 脓肿及淋巴外渗：外形多呈圆形突起，触之有波动感，脓肿可触到较硬的囊壁，可用穿刺进行鉴别。

④ 疝：触诊有波动感，可通过触到疝环及整复试验而与其他肿胀鉴别。猪常发生阴囊疝及脐疝，大动物多发生腹壁疝。

（四）眼结膜的检查

首先观察眼睑有无肿胀、外伤及眼分泌物的数量、性质。然后再打开眼睑进行检查。检查马的眼结合膜时，通常检查者站立于马头一侧，一手持缰绳，另一手食指第一指节置于上眼睑中央的边缘处，拇指放在下眼睑，其余三指屈曲并放于眼眶上面作为支点。食指向眼窝略加压力，拇指则同时拨开下眼睑，即可使结膜露出而检查。牛检查时主要观察其巩膜的颜色及其血管情况，检查时可一手握牛角，另一手握住其鼻中隔并用力扭转其头部，即可使巩膜露出，也可用两手握牛角并向一侧扭转，使牛头偏向侧方；检查牛结膜时，可用大拇指将下眼睑拨开观察。

健康马、骡的眼结合膜呈淡红色；牛的颜色较马稍淡，但水牛则较深；猪眼结合膜呈粉红色、犬、猫的眼结膜也呈淡红色，猫的比狗要深些。

结合膜颜色的变化可表现为：潮红（可呈现单眼潮红、双眼潮红、弥漫性潮红及树枝状充血），苍白，黄染、发绀及出血（出血点或出血斑）。

检查眼结合膜时最好在自然光线下进行，因为红光下对黄色不易识别，检查时动作要快，且不宜反复进行，以免引起充血。应对两侧眼结合膜进行对照检查。

（五）浅表淋巴结的检查

检查浅表淋巴结时主要进行触诊。检查时应注意其大小、形状、硬度、敏感性及在皮下的可移动性。

马常检查下颌淋巴结（位于下颌间隙，正常时为扁平分叶状，较小，不坚实，可向周围滑动）。检查时，一手持笼头，另一手伸于下颌间而揉捏或擦压。牛常检查颌下、肩前、膝襞、乳房上淋巴结等。猪可检查腹股沟淋巴结。犬、猫可检查颌下淋巴结、耳下、肩前、腹股沟淋巴结等。

淋巴结的病理变化有：
① 急性肿胀：表现淋巴结体积增大，并有热痛反应，常较硬，化脓后可有波动感。
② 慢性肿胀：多无热、痛反应，较坚硬，表面不平，且不易向周围移动。

（六）体温、脉搏及呼吸数的测定

1. 体温的测定

测直肠温度。首先甩动体温计使水银柱降至 35℃以下；用酒精棉球擦拭消毒并涂以润滑剂后再行使用。被检动物应适当地保定。测温时，检查者站在动物的左后方，以左手提起其尾根部并稍推向对侧，右手持体温计经肛门慢慢捻转插入直肠中；再将带线绳的夹子夹于尾毛上，经 3～5 min 后取出，用酒精棉球擦除粪便或粘附物后读取度数。用后再甩下水银柱并放入消毒瓶内备用。

测温时应注意：体温计在用前应统一进行检查、验定，以防有过大的误差。

对门诊病畜，应使其适当休息并安静后再测。

对病畜应每日定时（午前与午后各一次）进行测温，并逐日绘成体温曲线表。

测温时要注意人畜安全；体温计的玻璃棒插入的深度要适宜（大动物可插入其全长的 2/3）。

注意避免产生误差，用前须甩下体温计的水银柱；测温的时间要适当（按体温计的规格要求）；勿将体温计插入宿粪中；对肛门松弛的母畜，可测阴道温度，但是，通常阴道温度较直肠温稍低（0.2～0.5℃）。

2. 脉搏数的测定

测定每一分钟脉搏的次数，以次/分表示。

马属动物可检颌外动脉。检查者站在马头一侧；一手握住笼头，另一手拇指置于下颌骨外侧，食指、中指伸入下颌枝内侧，在下颌枝的血管切迹处，前后滑动，发现动脉管后，用手指轻压即可感知；牛通常检查尾动脉，检查者站在牛的正后方。左手抬起牛尾，右手拇指放在尾根部的背面，用食指、中指在距尾根 10 cm 左右处尾的腹面检查。猪和羊可在后肢股内侧的股动脉处检查。检查脉搏时，应待动物安静后再测定。一般应检测一分钟；当脉搏过弱而不感于手时，可用心跳次数代替。

3. 呼吸次数的测定

测定每分钟的呼吸次数，以次/分表示。

一般可根据胸腹部起伏动作而测定，检查者站在动物的侧方，注意观察其腹胁部的起伏，一起一伏为一次呼吸。在寒冷季节也可观察呼出气流来测定。鸡的呼吸灵敏可观察肛门下部的羽毛起伏动作来测定。

测定呼吸数时，应在动物休息、安静时检测。一般应检测一分钟。观察动物鼻翼的活动或将手放在鼻前感知气流的测定方法不够准确，应注意。必要时可用听诊肺部呼吸音的次数来代替。

各种动物的正常体温、脉搏及呼吸次数参考表2-1。

实习三　心血管系统的临床检查

一、实习目的和要求

（1）练习心脏的临床检查法。要求初步掌握心脏的视、触、叩、听诊的部位、方法及正常状态，区别第一与第二心音。

（2）练习动物脉搏的触诊。要求了解不同动物脉搏触诊的部位、方法及正常状态。

（3）检查临床典型病例或听取异常心音录音的播放。

（4）了解动脉压和中心静脉压测定仪器的使用方法、正常值和注意事项。

二、实习设备

1. 实习动物

马1匹、牛1头、羊1只、猪1头、犬1只及临床病例若干例。

2. 实习器材和药品

听诊器每人1具，叩诊器2具，录音机1台，心音录音带1套，血压计2~4套，中心静脉压测定装置1~2套，新苯扎氯铵，灭菌生理盐水，肝素。

三、实习内容和方法

（一）心脏的检查

1. 心搏动的视诊与触诊

使欲检查动物取站立姿势，使其左前肢向前伸出半步，以充分露出心区。检查者站在动物左侧方，视诊时，仔细观察左侧肘后心区被毛及胸壁的振动情况；视诊一般看不清楚，所以多用触诊。触诊时，检查者一手（右手）放在动物的鬐甲部，用另一手（左手）的手掌，紧贴在动物的左侧肘后心区，注意感知胸壁的振动，主要判定其频率及强度。

健康动物，随每次心室的收缩而引起左侧心区附近胸壁的轻微振动。其病理变化可表现为心搏动减弱或增强。但应注意排除生理性的减弱（如过肥）或增强（如运动后、兴奋、惊恐或消瘦）。

2. 心脏的叩诊

按前面的方法保定，对大动物，应用锤板叩诊法；小动物可用指指叩诊法。按常规叩诊方法，沿肩胛骨后角向下的垂线进行叩诊，直至心区，同时标记由清音转变为浊音的一点；再沿与前一垂线呈 45°左右的斜线，由心区向后上方叩诊（图 3-1），并标记由浊音变为清音的一点；连接两点所形成的弧线，即为心脏浊音区的后上界。

健康动物心脏的叩诊区：马在左侧呈近似的不等边三角形，其顶点相当于第三肋间距肩关节水平线向下 3~4 cm 处；由该点向后下方引一弧线并止于第六肋骨下端，为其后上界。

在心区反复地用较强和较弱的叩诊进行检查，根据产生的浊音的区域，可判定马的心脏绝对浊音区及相对浊音区。相对浊音区在绝对浊音区的后上方，呈带状，宽 3~4 cm。牛则仅在左侧第三、第四肋间呈相对浊音区，且其范围较小。

其病理变化可表现为心脏叩诊浊音区的缩小或扩大，有时呈敏感反应（叩诊时回视、反抗）或叩诊时呈鼓音（如牛创伤性心包炎时）。

3. 心音的听诊

动物保定同前。一般用听诊器进行间接听诊。当需要辨别瓣膜口音的变化时，按下表部位确定其最佳听取点。

听诊心音时，主要区别判断心音的频率、强度、性质及是否出现分裂、杂音或节律不齐。当心音过弱而听不清时，可使动物做短暂的运动，并在运动后听诊。各种家畜心音最强听取点见表 1。

表 1 各种家畜心音最强听取点

	第一心音		第二心音	
	二尖瓣口	三尖瓣口	主动脉瓣口	肺动脉瓣口
马	左侧第 5 肋间，胸廓下 1/3 的中央水平线上	右侧第 4 肋骨，胸廓下 1/3 的中央水平线上	左侧第 4 肋间，肩关节线下方 1~2 指处	左侧第 3 肋间，胸廓下 1/3 的中央水平线下方
牛	左侧第 4 肋间，主动脉瓣口的远下方	右侧第 3 肋骨，胸廓下 1/3 的中央水平线上	同上	同上
猪	同马	右侧第 4 肋间，肋骨和肋软骨结合部稍下方	同上	左侧第 3 肋间，接近胸骨处
犬	左侧第 4 肋间	右侧第 3 肋间	左侧第 3 肋间	左侧第 3 肋间

健康动物的心音特点：

① 马：第一心音的音调低，持续时间较长且音尾拖长；第二心音短促、清脆，且音尾突然停止。

② 牛：黄牛一般较马的心音清晰，尤其第一心音明显，但其第一心音持续时间较短；水牛及骆驼的心音则不如马清晰。

③ 猪：心音较钝浊，且两个心音的间隔大致相等。

④ 犬、猫：心音比其他家畜强，正常时有所谓"胎样心音"。胎样心音是指第一、二心音的强度一致，两心音之间的间隔与下一次心音之间的间隔时间几乎相等，因此难于区别第一、

二心音。不过，在听诊时，触诊脉搏，与脉搏同时产生的声音为第一心音。

区别第一与第二心音时，除根据上述心音的特点外，第一心音产生于心室收缩期中，与心搏动，动脉脉搏同时出现；第二心音产生于心室舒张期，与心搏动、动脉脉搏出现时间不一致。

心音的病理变化可表现为心率过快或徐缓、心音混浊、心音增强或减弱、心音分裂或出现心杂音、心律不齐。

（二）脉管的检查

1. 动脉血管检查

大动物多检查颌外动脉和尾动脉；中、小动物则检查股动脉。

颌外动脉和尾动脉的检查法见实习二。

股动脉检查，检查者左手握住动物的一侧后肢的下部；右手的食指及中指放于股内侧的股动脉上，拇指放于腹内侧。

检查时，除注意计算脉搏的频率外，还应判定脉搏的性质（大小、软硬、强弱及充盈状态与节律）。正常脉搏性质表现为：脉管有一定的弹性，搏动的强度中等，脉管内的血量充盈适度，其节律表现为强弱一致，间隔均等。

在病理情况下，脉搏可表现为：脉率的增多与减少，振幅过大（大脉）或过小（小脉），力量增强（强脉）或减弱（弱脉）；脉管壁松弛（软脉）或紧张（硬脉），脉管内血液过度充盈（实脉）或充盈不足（虚脉）。心律不齐则表现为间隔不等及大小不匀。

2. 浅在静脉的检查

主要观察浅在静脉（如颈静脉、胸外静脉）的充盈状态及颈静脉的波动。

一般营养良好的动物，浅在静脉管不明显；较瘦或皮薄毛稀的动物则较为明显。

正常情况下，马、牛颈静脉沟处可见有随心脏活动而出现的自颈基部后上部反流的波动，其反流波不超过颈部的下 1/3。

浅在静脉的病理表现有：

浅在静脉的过度充盈，隆起呈绳索状；颈静脉波动高度超过颈下部的 1/3。

对颈静脉波的性质，可于颈中部的颈静脉上用手指加压鉴定，即在加压以后，近心端和远心端的波动均消失，为心房性（阴性）波动；远心端消失而近心端的波动仍存在，为心室性（阳性）波动；近心端与远心端的波动均不消失并可感知颈动脉的过强搏动，为伪性搏动。同时还应参照波动出现的时期与心搏动及动脉脉搏的时间是否一致而综合判定。

（三）动脉压测定

动脉压（arterial blood pressure）是指动脉管内的压力，简称血压（blood pressure）。血压是血管内血液作用于血管壁的侧压，原以毫米汞柱（mmHg）为测量单位。血压的来源主要是心脏射血的力量，心室收缩，压力升高，冲开半月瓣，推动血液向前流动。心室收缩时所赋予血液的能量，一部分表现为血液的流速，另一部分则表现为动脉血压。血压来源的另一因素是血管内充满血液，使血管保持稍微膨大的结果。心室收缩时，血液急速流入动脉，动脉管达到最高紧张度时的血压，即最高血压，称收缩压（systolic pressure），收缩压主要受心脏收缩力的支配。心室舒张时，主动脉瓣一关闭，动脉血压逐渐下降，血液流向周围血管系统，动脉管的紧张度降到最低时的血压，即最低血压，称舒张压（diastolic pressure），舒张压主要受周围血管的阻力所决定。此外，大动脉管壁的弹性、循环血量和血管容量及血液的黏滞性密切相关，也影响着血压的变动。收缩压与舒张压之差，称为脉压（pulse pressure）脉压反映血压波动的幅度，又称为脉幅（pulse amplitude），可作为判断血流速度的指标。

一定的血压水平是保证各器官血液供应的必要条件。如果血压过低，组织得不到充足的血液，则新陈代谢无法进行；如果血压过高，在心脏射血时遇到更大的阻力，无形中增加心脏负担，长此下去，则会引起心脏的代偿适应反应，以致心力衰竭。尽管家畜的血压测定尚未处于常规的检查项目之列，但对于心功能不全、外周循环衰竭的诊断和预后，并对疗效的评价都具有一定价值，在实践中应加以掌握。

1. 测定血压的方法

一般所用的血压间接测定，主要依据就是从皮肤表面对血管施加压力，求出阻断血流所需要的压力，以表示血压，实际上这是动脉侧压和血管壁及其周围组织的阻力之和。

（1）测定部位：大家畜多在尾中动脉或正中动脉，小动物多在股动脉。从实验目的出发，还可以利用其他浅在动脉。

（2）方法：常用的血压计有水银柱式、弹簧式两种，弹簧式血压计携带和使用较为方便。动物进行站立保定。将血压计的袖带（橡皮气囊）缠绕于尾根部（或股部），如用听诊法测定时，袖带的松紧度以能塞入听诊器的胸件为宜。将听诊器胸件固定在尾中动脉搏动最明显处。关闭气压表上的阀门后，开始向袖带内充气，当气压表指针接近 26.66 kPa 时，停止充气。小心扭开阀门缓慢放气（以指针每秒钟下降 2~3 刻度为宜），当指针逐渐下降到听到第一个声音时，计压表指针所指刻度即为收缩压；随着缓缓放气，听到的声音逐渐加强，以后又逐渐减弱，并且很快消失，在声音消失前瞬间，计压表上指针所指刻度即为舒张压。用触诊法测定时，先要感触到待检动脉的脉搏，然后向袖带内充气，直到袖带绑压部下方触不到脉搏时，继续充气，使袖带内压力稍有增高（由于充气，使袖带逐渐膨胀，并压迫其下部组织。当袖带中的压力超过动脉压的最高压时，则动脉血管被压扁，此时其以下部位的外周动脉便触摸不到脉搏）。然后一面缓缓放气，一面触诊脉搏，当感触到脉搏重又出现的瞬间，计压表上的指针发生摆动时所指的刻度，即为收缩压；以后再缓缓放气，使袖带内压降低，脉搏随之逐渐增大，脉搏增大到一定程度，并恢复正常，计压表上的指针摆动由大到小，由明显变为不明显时，这时的刻度即代表舒张压。可将听诊法和触诊法结合起来使用；测定后的报告方式为：收缩压/舒张压，如 14.7/6.0。

（3）注意事项：测定血压时应该注意，动物要保持安静，尽量避免骚动不安，防止肢体移动，使袖带内压力发生变化，影响测定结果。目前所用的人用血压计，其袖带设计不适应于家畜测压部位的缠绕，使松紧度难以掌握，如袖带较松，则所测舒张压偏高，如袖带过紧，则所测舒张压偏低，应调整袖带松紧度，力求得到准确度较高的血压值，反复测定 3~4 次，并取其平均值；要求熟练掌握测定方法。

2. 正常血压及影响其变动的因素

健康家畜的血压，因种属、年龄、性别、役用情况、其他生理因素（如发情、兴奋、采食等）及外界环境的影响，而有所变动。幼年时期血压较低，老龄时血压较高。雄性比雌性的血压略高。剧烈运动和精神紧张也会引起暂时血压升高。高温下血压下降，低温下血压升高。在夜间休息时血压较低，每日上午的血压较低，下午的血压较高。另外，随着测定的部位不同，血压也有所差异，如从马的前臂部正中动脉测得的血压，要比尾中动脉测得的血压高 8.0 kPa。这是因为水银的比重是 13.6，而血液的比重是 1.05~1.06，故体表上某处高于或低于心基部 13 mm，大约要减去或加上 0.13 kPa 的压力，一般马的尾根部要比前臂部的下端高 650~750 mm，所以前臂部测出的血压比尾根部测出的血压高 8.0 kPa 左右。还要考虑，距离心脏愈远，血压愈低的事实。健康动物的血压参考值见表 2。

表 2 健康动物的血压参考值

动物种类	收缩压	舒张压	资料来源
马、骡	13.33~16.0	4.67~6.67	兽医大学
牛	14.67~18.67	4.00~6.67	东北农学院、甘肃农业大学
羊	13.33~16.0	6.67~8.67	东北农学院、甘肃农业大学等
猪	18.00~20.66	6.00~7.33	东北农学院、甘肃农业大学等
犬	18.67~22.66	4.00~9.33	甘肃农业大学等
猫	20.66	13.33	甘肃农业大学等
兔	12.00~17.33	8.00~12.13	甘肃农业大学等
骆驼	17.33~20.66	6.67~10.00	甘肃农业大学等

3. 血压的病理改变

能导致心肌收缩力大小、心脏搏出量多少、外周血管阻力大小及动脉壁弹性高低发生病理改变的因素，就可能使血压出现异常变化。

（1）血压升高（hypertension）：见于剧烈疼痛性疾病、热性病、左心室肥大、肾炎、动脉硬化、铅中毒、红细胞增多症、输液过多等。

（2）血压降低（hypotension）：见于心功能不全、外周循环衰竭、大失血、慢性消耗性疾病等。

（四）静脉压测定

当血液通过微循环汇集到小静脉，最后到大静脉，再回流入心脏，愈接近心脏的静脉，血压愈低。通常把各器官中静脉的血压，称为外周静脉压。通过静脉压测定可以判定静脉血管的张力和血液从毛细血管向静脉流动的力量，对大失血、休克、大循环淤血的心脏病等具有诊断和预后意义。静脉压升高见于各种原因造成的心力衰竭（如牛的创伤性心包炎时，静脉压可高达 19.61 kPa，甚至超过 53.94 kPa；静脉压下降见于大失血、休克等。

一般用直接测定法。部位多在颈静脉。所用器材包括带有标记的玻璃测压管（内径约

2.5 mm）及其支架、与测压管连接的橡皮管及贮液瓶、静脉穿刺针等。

测定时，先于储液瓶内放入无菌的抗凝溶液（1%枸橼酸钠溶液或草酸钠溶液），并以此液充满玻璃测压管及橡皮管。调节液面至刻度"0"处，再调节支架的高度，使测压管的刻度"0"与皮肤刺入点处于相同的水平面上。在颈下 1/3 处的颈静脉部位，按常规消毒后，进行穿刺。经数秒钟后，读取测液管内液面上升的刻度数字，即为静脉压值。静脉压值，正常马、牛的颈静脉压为 784.53～1 176.80～1 765.20 Pa。

（五）中心静脉压测定

中心静脉压（Central venous pressure）是指右心房或靠近右心房的腔静脉的压力而言。中心静脉压的高低，主要由血容量的多少、心脏机能的好坏及血管张力的大小所决定。在医学实践中，往往应用中心静脉压，作为调节血容量与维护心脏机能的重要指标。在兽医临床工作中，特别在抢救危重的休克病畜过程中，测定中心静脉压，可以观察血液循环的动态变化，有助于正确掌握调节血容量的原则和方法，所以具有实际意义。

1. 测定方法

使用特定的测压计。测压计由盐水静压柱（内径约 2.4 mm 的玻璃管）和标尺、尼龙导管（聚乙烯医用输液导管，内径约 1 mm）、Y 型三通玻璃管、输液胶管（内径约 3 mm）组成。测定时，动物取站立姿势或横卧姿势，保定妥善。将测压计装置好，使标尺上的"0"刻度与心房在同一高度（与胸骨柄上端呈一水平线）。具体步骤如下：

（1）使输液瓶与盐水静压柱相通，用生理盐水注满静压柱。

（2）取大号针头（兽用 23 号输血针），针尖朝向心端方向，刺入颈静脉内。待血液流出后，迅速将尼龙导管通过针孔导入颈静脉内，其深度达右心房附近（相当于从针孔到抢风穴的距离，或深度达第 3 肋间胸廓下 1/3 中央水平线的下方），即总长度约 40～50 cm。插好尼龙导管后，用夹子将导管与皮肤一起固定妥当，防止滑脱。

（3）使静压柱与尼龙管相通，即可见静压柱的液面开始上升，继而下降，当液面不再下降，仅随呼吸而微微上下波动时，此时液面所指标尺上的刻度，即为中心静脉压的读数（cmH_2O）。"0"刻度以上为正，"0"刻度以下为负。

（4）读数后，再使输液瓶与尼龙管相通，输液 5 min 后，再如上测定一次，以两次的平均数作为结果。

2. 注意事项

（1）测压计各组成部分在使用前应彻底消毒，但尼龙导管不能煮沸消毒，只能用 0.1%新苯扎氯铵液浸泡（15 min）消毒。

（2）在测定过程中，如发现静脉压力突然出现显著波动性升高，可能是导管尖端误入右心室，应立即退出一小段后，再行测定。

（3）如导管中无血液流出，此时可用输液瓶中的液体冲洗导管，或变动其位置。仍不通畅，可用灭菌的 1%枸橼酸钠溶液或肝素溶液（4 单位/毫升）冲洗，另换针头，重新穿刺静脉。

（4）测定完毕，应先拔出针头，再拔导管。如果先拔导管，可能使外头尖端割断导管，断裂的导管遗留在静脉内。

3. 正常值

正常时，中心静脉压的高低与家畜种类、体位及是否处于麻醉状态等因素有关。

4. 临床应用及其意义

（1）在急性循环功能不全时，或经治疗而效果不好，则提示可能存在血容量不足或心功能不全，如果中心静脉压偏低，则意味着低血容量性休克；如果中心静脉压并不低，则意味着非低血容量性休克，与心功能不全有关。

（2）大量补液时，根据中心静脉压测定（表3），可以使血容量迅速补足，又可避免引起循环负荷过重的危险。如中心静脉压低，血压低，表明血容量不足，必须大量、快速补液，以提高血容量，改善循环功能。如果中心静脉压已回升到接近正常水平，血压也已回升，可放慢补液速度和减少补液量。如果中心静脉压超过正常值，血压偏低，表明心功能不全或心力衰竭，必须首先改善心功能，并严格控制补液。

表3 家畜的中心静脉压测定参考值（Pa）

畜种	体位	平均值	变动范围	资料来源
马	站立	926.10		成都军区
马	右侧卧	2 401.0	446.88～1 405.32	L.W.Hall
黄牛	站立	1 725.98	822.22～2 433.34	湖南农学院
黄牛	左侧卧	901.60±376.32		湖南农学院
水牛	站立	2 278.50±313.60	1 651.30～2 905.70	湖南农学院
水牛	左侧卧	1 010.38±451.78		湖南农学院
奶山羊	站立	966.28±450.80		西北农业大学
奶山羊	左侧卧	766.36±372.40		西北农业大学

（3）对病畜进行大手术时，通过测定中心静脉压，从而采取措施，把血容量维持在适当水平，以便手术过程安全顺利地完成。

（4）当血压正常而伴有少尿或无尿时，通过测定中心静脉压，有助于鉴别少尿的原因，采取有针对性的措施。如系由脱水或低血容量引起的少尿（肾前性少尿），则中心静脉压偏低，此时就应多补液；如系肾功能不全引起的少尿（肾原性少尿），除适当补液外，应进一步分析原因，具体治疗。

（5）病畜由于肠臌气、肠阻塞、肺部疾患等致胸膜腔内压升高时，中心静脉压偏高，应注意与其他原因引起的心功能不全加以区别。

实习四　呼吸系统的临床检查

一、实习目的和要求

（1）掌握呼吸运动（呼吸次数、节律、类型及呼吸困难）、呼出气体、鼻液、咳嗽的检查方法。
（2）掌握上呼吸道检查法及胸肺的叩、听诊检查法，熟悉其正常状态。
（3）结合典型病例认识主要症状并理解其诊断意义。

二、实习设备

（1）实习动物。马、牛、羊、猪、犬和患呼吸器官疾病的典型病例。
（2）仪器和用具。听诊器、叩诊器、额带反射镜、手电筒、小动物开口器和保定用具。
（3）特殊仪器。内窥镜、显微镜。

三、内容和方法

（一）呼吸运动的检查

应在病畜安静且无外界干扰的情况下做下列检查：

1. 呼吸频率（次数）的检查

详见一般检查。

2. 呼吸类型的检查

检查者站在病畜的后侧方，观察吸气与呼气时胸廓与腹壁起伏动作的协调性和强度。

健畜一般为胸腹式呼吸（犬、猫为胸式呼吸），即在呼吸时，胸壁和腹壁的动作是协调的，强度大致相等。

在病理情况下，可见胸式或腹式呼吸，犬、猫例外。

3. 呼吸节律的检查

检查者站在病畜的侧方，观察每次呼吸动作的强度、间隔时间是否均等。

健畜在吸气后紧随呼气，经短时间休止后，再行下次呼吸。每次呼吸的间隔时间和强度大致相等，即呼吸节律正常。

典型的病理性呼吸节律有：陈-施二氏呼吸（由浅到深再至浅，经暂停后复始），毕欧特氏呼吸（深大呼吸与暂停交替出现）、库斯茂尔氏呼吸（呼吸深大而慢，但无暂停）。

4. 呼吸对称性的检查

检查者立于病畜正后方，对照观察两侧胸壁的起伏动作强度是否一致。

健畜呼吸时，两侧胸壁起伏动作强度完全一致。病畜可见两侧不对称性的呼吸动作。

5. 呼吸困难的检查

检查者仔细观察病畜鼻的扇动情况及胸、腹壁的起伏和肛门的抽动现象，注意头颈、躯干和四肢的状态和姿势；并听取呼吸喘息的声音。

健康家畜呼吸时，自然而平顺，动作协调而不费力，呼吸频率相对正常，节律整齐，肛门无明显抽动。

呼吸困难时，呼吸异常费力，呼吸频率有明显改变（增或减），补助呼吸肌参与呼吸运动。尚可表现为如下特征：

（1）吸气性呼吸困难。头颈平伸、鼻孔开张、形如喇叭，两肋外展，胸壁扩张，肋间凹陷，肛门有明显的抽动。甚至呈张口呼吸。吸气时间延长，可听到明显的吸气性狭窄音。

（2）呼气性呼吸困难。呼气时间延长，呈二段呼出；补助呼气肌参与活动，腹肌极度收缩，沿季肋缘出现喘线（息劳沟）。

（3）混合型呼吸困难。具有以上两型的特征，但狭窄音多不明显而呼吸频率常明显增多。

（二）上呼吸道检查

1. 呼出气体的检查

于病畜的前面仔细观察两侧鼻翼的扇动和呼出气流的强度；并嗅闻呼出气体有无臭味。但怀疑传染病（如鼻疽、结核等）时，检查者应戴口罩。

健康家畜呼出气流均匀，无异常气味，稍有温热感。病畜可见有两侧气流不等，或有恶臭、尸臭味和热感。

2. 鼻液的检查

首先观察动物有无鼻液，对鼻液应注意其数量、颜色、性状、混有物及一侧性或两侧性。

健康的马、骡通常无鼻液，冬季可有微量浆液性鼻液。牛有少量浆液性鼻液，常被其自然舐去。

病畜可见有：浆液性鼻液，为清亮无色的液体；黏液性鼻液，似蛋清样；脓性鼻液，呈黄白色或淡黄绿色的糊状或膏状，有脓臭味；脓性鼻液，污秽不洁，带褐色，呈烂桃样或烂鱼肚样，具尸臭气味。

此外，应注意有无出血及其特征（鼻出血鲜红呈滴或线状；肺出血鲜红，含有小气泡；胃出血暗红，含有食物残渣）、数量、排出时间及单双侧性。

3. 鼻液中弹力纤维的检查

取少量鼻液，置于试管或小烧杯内，加入10%氢氧化钠（钾）溶液2~3 mL，混合均匀，在酒精灯上边震荡边加热煮沸至完全溶解。然后，离心倾去上清液，再用蒸馏水冲洗并离心，如欲使其着色，最好于离心前加入1%伊红酒精数滴。再取沉淀物涂片，镜检。

弹力纤维为透明的折光性强的细丝状弯曲物、具有双层轮廓，两端尖或呈分叉状，常集聚成束状而存在。染色后呈蔷薇红色。

弹力纤维易被某些酶溶解，故应多次检查才能准确。

4. 鼻黏膜的检查法

（1）马鼻黏膜检查法：

单手开鼻法：一手托住下颌并适当高举马头，另手以拇指和中指捏住鼻翼软骨，略向上翻，同时用食指挑起外侧鼻翼，鼻黏膜即可显露。

双手开鼻法：以双手拇、中二指分别捏住鼻翼软骨和外鼻翼，并向上向外拉，则鼻孔可扩开。

（2）其他家畜鼻黏膜的检查法：将病畜头抬起，使鼻孔对着阳光或人工光源，即可观察鼻黏膜。在小动物可用开鼻器。

（3）检查时应注意：应作适当保定；注意防护，以防感染；使鼻孔对光检查，重点注意其颜色、有无肿胀、溃疡、结节、瘢痕等。马鼻黏膜为淡红色，深部呈淡蓝红色，湿润而有光泽。其他家畜的鼻黏膜为淡红色，但有些牛鼻孔周围的鼻黏膜有色素沉着。

病理情况下，鼻黏膜的颜色也有发红、发绀、发白、发黄等变化。常见的有潮红肿胀（表面光滑平坦、颗粒消失、闪闪有光）、出血斑、结节、溃疡、瘢痕。有时也见有水泡、肿瘤。马鼻疽时则见有喷火口状溃疡或星芒状瘢痕。

5. 喉及气管的检查

外部视诊，注意有无肿胀等变化；检查者站在家畜的前侧，一手执笼头，一手从喉头和气管的两侧进行触压，判定其形态及肿胀的性状；也可在喉和气管的腹侧，自上而下听诊。健康家畜的喉和气管外观无变化；触诊无疼痛；听诊有类似"赫"的声音。

在病理情况下可见有：喉和气管区的肿胀，有时有热痛反应，并发咳嗽；听诊时有强烈的狭窄音、哨音、喘鸣音。对小动物和禽类还可作喉的内部直接视诊。检查者将动物头略为高举，用开口器打开口腔，用压舌板下压舌根，对光观察；检查鸡的喉部时，将头高举，在打开口腔的同时，用捏肉髯手的中指向上挤压喉头，则喉腔即可显露。注意观察黏膜的颜色，有无肿胀物和附着物。

6. 咳嗽的检查

可向畜主询问有无咳嗽，并注意听取其自发咳嗽、辨别是经常性还是阵发性，干咳或湿咳，有无疼痛、鼻液等伴随症状。必要时可作人工诱咳，以判定咳嗽的性质。

（1）马的人工诱咳法。检查者站在病畜的左前方，左手执笼头，右手以拇指和中指捏压第一、二气管软骨环或勺状软骨，可引起一二声咳嗽。但反应迟钝的马则难以引起咳嗽。

（2）牛的人工诱咳法。用多层湿润的毛巾掩盖或闭塞鼻孔一定时间后迅速放开，使之深呼吸则可出现咳嗽。

应该指出，在怀疑牛患有严重的肺气肿、肺炎、胸膜炎合并心机能紊乱者慎用。

（3）小动物诱咳法。经短时间闭塞鼻孔或捏压喉部、叩击胸壁均能引起咳嗽。犬在咳嗽时有时引起呕吐，应注意以免重视了呕吐而忽视了咳嗽。

在病理情况下，可发生经常性的剧烈咳嗽，其性质可表现为：干咳（声音清脆，干而短）；湿咳（声音钝法、湿而长）；痛咳（不安、伸颈）。甚至可呈痉挛性咳嗽。

（三）胸廓的视诊

注意观察呼吸状态，胸廓的形状和对称性；胸壁有无损伤、变形；肋骨与肋软骨结合处有无肿胀或隆起；肋骨有无变化，肋间隙有无变宽或变窄，凸出或凹陷现象；胸前、胸下有无水肿等。

健康家畜呼吸平顺，胸廓两侧对称，脊柱平直，胸壁完整，肋间隙的宽度均匀。

病理情况下可见有：胸廓向两侧扩大（桶状），胸廓狭小（扁平），单侧性扩大或塌陷；肋间隙变宽或变狭窄，胸下水肿或其他损伤。

（四）胸廓的触诊

胸廓触诊时应注意胸壁的敏感性，感知温湿度、肿胀物的性状并注意肋骨是否变形及骨折等。健康家畜触诊无疼痛。

病理状态可见：触诊胸壁敏感、有摩擦感、热感或冷感；肋骨肿胀、变形，或有骨折及不全骨折；尤其幼畜可呈串珠样肿；胸下水肿；各种外伤。

（五）胸、肺叩诊

1. 肺叩诊区

（1）马肺叩诊区：近似一直角三角形。

背界：由肩胛骨后角至髋结节划一与脊柱平行的直线（距背中线约一掌宽，10~12 cm），止于第16肋间隙。

前界：由肩胛骨后角向下划一垂线，止于心区。

后界：由第十七肋骨与脊柱交接处起斜向前下方引一弧线，经髋结节水平线与第十六肋间隙的交点，坐骨结节水平线与第十四肋间隙交点；肩关节水平线与第十肋间隙交点，止于第五肋间隙下端。

（2）牛肺叩诊区：比马肺叩诊区小。

背界：平行线与马同，但止于第十一肋间隙。

前界：由肩胛骨后角沿肘肌向下划一类似"S"形的曲线，止于第四肋间隙下端。

后界：由第十二肋骨与脊柱交接处开始斜向前下方引一弧线，经髋结节水平线与第十一肋间隙交点；肩关节水平线与第八肋间隙交点，止于第四肋间隙下端。

此外，在瘦牛的肩前1~3肋间隙尚有一狭窄的叩诊区（肩前叩诊区）。

绵羊和山羊肺叩诊区与牛相同，但无肩前叩诊区。

2. 叩诊方法

胸、肺叩诊除应遵循叩诊一般规则外，须注意选择大小适宜的叩诊板，沿肋间隙纵放，先由前至后，再自上而下进行叩诊。听取声音同时还应注意观察动物有无咳嗽、呻吟、躲闪等反应性动作。

3. 正常肺区叩诊音

（1）大家畜一般为清音，以肺的中 1/3 最为清楚；而上 1/3 与下 1/3 声音逐渐变弱。而肺的边缘则近似半浊音。
（2）健康小动物的肺区叩诊音近似鼓音。

4. 胸、肺叩诊的病理性质变化

（1）胸部叩诊可能出现疼痛性反应，表现为咳嗽、躲闪、回视或反抗。
（2）肺叩诊区的扩大或缩小。
（3）出现浊音、半浊音、水平浊音、鼓音、过清音、破壶音、金属音。

（六）胸、肺听诊

肺听诊区和叩诊区大致相同。听诊时，应先从呼吸音较强的部位即胸廓的中部开始，然后再依次听取肺区的上部、后部和下部。牛尚可听取肩前区。每个听诊点约间隔 3~4 cm，在每点上至少听取 2~3 次呼吸，且须注意听诊音与呼吸活动之间的联系。对可疑病变与对侧相应部位对比听诊判定。如呼吸音微弱，可给以轻微的运动后再行听诊，使其呼吸动作加强，以利听诊。注意呼吸音的强度、性质及病理性呼吸音的出现。

健康家畜可听到微弱的肺泡呼吸音，在吸气阶段较清楚，如"呋、呋"的声音。整个肺区均可听到，但以肺区中部为最明显。动物中，马的肺泡音最弱；牛、羊较明显，水牛甚微弱；幼畜比成年家畜略强。除马属动物外，其他动物尚可听到支气管呼吸音，在呼气阶段较清楚，如"赫、赫"的声音，但并非纯粹的支气管呼吸音，而是带有肺泡呼吸音的混合呼吸音。

牛在第 3~4 肋间肩端线上下可听到混合呼吸音。绵羊、山羊和猪的支气管呼吸音大致与牛相同。犬在整个肺区都能听到明显的支气管呼吸音。

在病理情况下，可见肺泡呼吸音的增强或减弱，甚至局部消失。还可听见病理性呼吸音或附加音，病理性支气管呼吸音、混合性呼吸音（"呋"—"赫"），湿罗音（似水泡破裂音，以吸气末期为明显），干罗音（似哨音、笛音）、胸膜摩擦音（似沙沙声、粗糙而断续，紧压听诊器时明显增强，常出现于肘后）、拍水音、捻发音、空瓮音。

实习五 消化系统的临床检查

一、实习目的和要求

（1）掌握口腔、咽部、食道、腹部和胃肠的检查方法。
（2）掌握反刍动物前胃及真胃的检查部位、方法及肠蠕动音的听诊。
（3）观察反刍、嗳气的活动和变化。
（4）结合典型病例认识有关症状及异常变化。

二、实习设备

（1）实习器材：单手开口器、重型开口器、猪的开口器、胃管、听诊器、叩诊器、保定用具（耳夹子、鼻捻子及绳）、润滑剂（液态石蜡或其他油类）。100 mL 量筒、腹腔穿刺套管针、毛剪、消毒液、蒸馏水、冰醋酸、试管。
（2）实习动物：马、牛、羊、猪、犬。

三、实习内容和方法

（一）口腔的检查方法

口腔检查主要注意流涎，气味，口唇黏膜的温度、湿度、颜色及完整性、舌和牙齿的变化。这里主要介绍各种家畜的开口法。

1. 马的开口法

（1）马的徒手开口法：检查者站在马头侧方，一手握住笼头，另一手食指和中指从一侧口角伸入并横向对侧口角方向；手指下压并握住舌体，将舌拉出的同时用另一手的拇指从另一侧口角伸入并顶住上腭使口张开。

（2）马的开口器开口法：通常使用单手开口器，一手握住笼头，一手持开口器自口角处伸入，随动物张口而逐渐将开口器的螺旋形部分伸入上下臼齿之间。而使口腔张开，检查完一侧后，再用同样的方法检查另一侧。

必要时，可使用重型开口器，首先将动物头部保定确实，检查者将开口器的齿板嵌入上、下门齿之间，同时保持固定，由助手迅速转动旋柄，渐渐随上、下齿板的离开而打开口腔。

2. 牛的徒手开口法

检查者站在牛头侧方，可先用手轻轻拍打牛的眼睛，在牛闭眼的瞬间，以一手的拇指和食指从两侧鼻孔同时伸入并捏住鼻中隔（或握住鼻环）向上提举，再用另一手伸入口中握住舌体并拉出，口即张开。

3. 羊的徒手开口法

是用一手拇指与中指由颊部捏握上颌，另一手拇指及中指由左、右口角处握住下颌，同时用力上下拉即可开口，但应注意防止被羊咬伤手指。

4. 猪的开口法

须使用特制的开口器。

5. 犬、猫的开口法

性情温驯的狗，令助手握紧前肢，检查者右手拇指置于上唇左侧，其余四指置于上唇右侧，在握紧上唇的同时，用力将唇部皮肤向下内方挤压；用左手拇指与其余四指分别置于下唇的左、右侧，用力向内上方挤压唇部皮肤。左、右手用力将上下腭向相反方向拉开即可，必要时用金属开口器打开口腔。猫的开口法：助手握紧前肢，检查者两手将上、下腭分开即可。

（二）咽部的视诊和触诊

咽的外部视诊要注意头颈的姿势及咽周围是否肿胀；触诊时，可用两手自咽喉部左右两侧加压并向周围滑动，以感知温度、敏感性反应及肿胀的硬度和特点。

（三）食管的视诊、触诊

1. 视诊

注意吞咽过程饮食沿食道沟通过的情况及局部是否有肿胀。

2. 触诊

检查者两手分别由两侧沿颈部食管沟自上向下加压滑动检查，注意感知是否有肿胀、异物、内容物的硬度、有无敏感反应及波动感。

3. 探诊

一般根据动物的种类及大小而选定不同口径及相应长度的胶管（或塑料管），大动物用长为 2.0~2.5 m，内径 10~20 mm，管壁厚 3~4 mm，其软硬度应适宜。用前探管应用消毒液浸泡，并涂润滑油类。动物要保定，尤其要保定好头部。如须经口探诊时，应加装开口器，大动物及羊一般可经鼻、咽探诊。

操作时，检查者站在马头一侧，一手把握住鼻翼，另一手持探管，自鼻道（或经口）徐徐送入，待探管前端达到咽腔时（大动物 30~40 cm 深度）可感觉有抵抗，此时可稍停推进并加以轻微的前后抽动，待动物发生吞咽动作时，应趁机送下。如动物不吞咽，可由助手捏压咽部以引起其吞咽动作。

探管通过咽后，应立即判定是否正确的插入食管内。插入食管内的标志是，用胶皮球向探管内打气时，不但能顺利打入，而且在左侧颈沟可见有气流通过的波动，同时压扁的胶皮球不会鼓起来。插入气管的标志是，用胶皮球向探管内打气时，在颈沟部看不到气流波动，被压扁的胶皮球可迅速鼓起来。如胃管在咽部转折时，向探管打气困难，也看不到颈沟部的波动。

此外，探管在食管内向下推进时可感到有抵抗和阻力。但如在气管内时，可引起咳嗽并随呼气阶段有呼出的气流，也可作为判定探管是否在食管内的标志。

探管误插入气管内时，应取出重插，探管不宜在鼻腔内多次扭转，以免引起黏膜破损，出血。

食管探诊，主要用于提示有食道阻塞性疾病、胃扩张的可疑或为抽取胃内容物时用，对食管狭窄、食管憩室及食管受压等病变也具有诊断意义。食管和胃的探诊兼有治疗作用。

（四）腹部的视诊和触诊

腹围视诊，检查者站立于动物的正前或正后方，主要观察腹部轮廓、外形、容积及肷部的充满程度，应做左右侧对照比较，主要判定其膨大或缩小的变化。

大动物触诊：检查者位于腹侧，一手放在动物背部，以另一手的手掌平放于腹侧壁或下侧方，用腕力作间断冲击动作，或以手指垂直向腹壁作冲击式触诊，以感知腹肌的紧张度、腹腔内容物的性状并观察动物的反应。

中小动物触诊时，检查者站在动物后方，两手同时自两侧肋弓后开始，加压触摸的同时逐渐向上后方滑动进行检查，或使动物侧卧，然后用拼拢、屈曲的手指，进行深部触摸。

（五）马胃、肠的听诊和叩诊

马胃蠕动音的听诊部位在第 14～17 肋骨间髋结节水平线上下。正常时由于胃的位置较深，一般听不到蠕动音，在安静环境对胃扩张病例，有时可听到沙沙声、流水声或金属音。

马的肠音听诊部位，按肠管在体表投影位置，于左侧肷部中 1/3 处为小肠音，左腹部下 1/3 为左侧大结肠音，右侧肷部为盲肠音，右侧肋弓下方为右侧大结肠音。但应注意，当肠音增强时，任何一点都可听到肠音。

肠音听诊，主要判定其频率、性质、强度和持续时间，听诊时应对两侧各部位进行检查，在每一听诊点至少听取一分钟以上。

正常小肠蠕动音如流水声或含漱音，每分钟 8～12 次；大肠音如雷鸣音或远炮音，每分钟 4～6 次。

对靠近腹壁的肠管进行叩诊时，正常盲肠基部（左肷部）呈鼓音，盲肠体、大结肠则可呈浊音或浊鼓音。

（六）反刍家畜胃的触诊、叩诊和听诊

1. 瘤胃

触诊：检查者站在动物的左腹侧，左手放于动物背部，检手（右手）可握拳、屈曲手指或以手掌放于左肷部，先用力反复触压瘤胃，以感知内容物性状。正常时，似面团样硬度，轻压后可留压痕。随胃壁蠕动可将检手抬起，以感知其蠕动力量并可计算次数。正常时为每2分钟2～5次。

叩诊：用手指或叩诊器在左侧肷部进行直接叩诊，以判定其内容物的性状。正常时瘤胃上部为鼓音，由饥饿窝向下逐渐变为浊音。

听诊：多用听诊器进行间接听诊，以判定瘤胃蠕动音的次数、强度、性质及持续时间。

正常时，瘤胃随每次蠕动而出现逐渐增强又逐渐减弱的沙沙声。似吹风样或远雷声。

2. 网胃

位于腹腔的左前下方，相当于6～7肋骨间，前缘紧接膈肌与心脏相邻，其后部下侧位于剑状软骨之上。

触诊：检查者面向动物蹲在左胸侧，屈曲右膝于动物腹下，将右肘支在右膝上，右手握拳并抵住剑状软骨突起部，然后用力抬腿并用拳顶压网胃区，以观察动物反应。

叩诊：于左侧心区后方的网胃区内，进行直接强叩诊或用拳轻击。以观察动物反应。

压迫法：由二人分别站在家畜胸部两侧，各伸一手于剑突下相互握紧，各将其另一手放于家畜的鬐甲部；二人同时用力上抬紧握的手，并用放在鬐甲部的手紧握其皮肤，观察家畜反应。

或先用一木棒横放于家畜的剑突下，由二人分别自两侧同时用力上抬，迅速下放并逐渐后移压迫网胃区，同时观察家畜的反应。

也可使家畜行走上、下坡或作急转弯等运动，观察其反应。

正常家畜，在进行上述检查试验时，家畜无明显反应，相反如表现不安、痛苦、呻吟或抗拒并企图卧下时，是网胃的疼痛敏感的表现，常为创伤性网胃炎的特征。

3. 瓣胃

瓣胃检查在右侧7～10肋间，肩关节水平线上下3 cm范围内进行。

触诊：在右侧瓣胃区内进行强力触诊或以拳轻击，以观察家畜有无疼痛性反应。对瘦牛可使其左侧卧，于右肋弓下以手伸入进行冲击。

听诊：在瓣胃区听诊其蠕动音。正常时呈断续细小的捻发音，采食后较明显。主要判定蠕动音是减弱还是消失。

4. 真胃

位于右腹部第9～11肋间的肋骨弓区。

触诊：沿肋弓下进行深部触诊。由于腹壁紧张而厚，常不易得到准确结果。因此，应尽可能将手指插入肋弓下方深处，向前下方行强压迫。在犊牛可使其侧卧进行深部触诊。主要判定是否有疼痛反应。

听诊：在真胃区内，可听到类似肠音，呈流水声或含漱音的蠕动音。主要判定其强弱和有无蠕动音的变化。

（七）反刍、嗳气活动的观察

反刍活动的观察、主要判定反刍的有无、开始出现反刍的时间、每昼夜反刍的次数，每次反刍的持续时间及食团再咀嚼的力量等变化。

正常时，每昼夜进行 4~10 次，每次反刍持续时间为 20~40 min，每个返回到口腔中的食团再咀嚼约 30~50 次。

嗳气：是反刍动物的一种生理现象。正常动物每小时内可吐气 20~30 次。

当嗳气时，可在左侧颈部沿食管沟看到由颈根部向上的气体移动波，同时可听到嗳气时的特有音响。

观察嗳气活动时，主要判断其嗳出的次数多少及是否完全停止。

（八）腹腔穿刺和李凡化试验

1. 腹腔穿刺

（1）部位：一般在腹下最低点，白线两则任选一侧进行。马、牛在剑状突起后方 10~15 cm，白线侧方 2~3 cm 处。马宜在白线左侧，可避开盲肠；反刍兽宜在白线右侧，可避开瘤胃。猪在脐后方，白线两侧 1~2 cm 处。

（2）方法：大家畜采取站立保定。术部按外科常规方法剪毛消毒。将皮肤向侧方稍稍移动，用特制的腹腔穿刺套管针或用大号注射针头在术部由下向上刺入腹腔。刺入不宜过猛过深，以免伤及肠管。进入腹腔后抽出套管针芯，腹腔液经套管或针头可自动流出，术后局部消毒。腹腔液如果供作细菌培养或小动物接种，容器要用灭菌试管。

2. 李凡化试验

取 100 mL 量筒一个，加蒸馏水约至刻度处，滴加冰醋酸 1 滴，搅拌均匀。随后滴加穿刺液一滴，可出现白色沉淀，白色絮状沉淀几乎到管底的为渗出液，白色絮状沉淀沉降至中途消失的，则为阴性反应，是漏出液。

实习六 牛、马直肠检查法

一、实习目的和要求

（1）掌握牛直肠内部触诊的操作方法、检查顺序、正常状态及注意事项。
（2）有条件时，可先结合直检模型作一些模拟练习。

二、实习设备

（1）实习动物：马、牛。
（2）实习器材：保定用具、灌肠器、乳胶手套，人造革围裙及直肠检查专用服等。

三、实习内容和方法

（一）准备工作

1. 家畜准备

（1）保定以六柱栏较为方便，左右后肢应分别以足夹套固定于栏柱下端，以防后踢；为防止卧下及跳跃，要加腹带及压绳；尾部向上或向一侧吊起。如在野外，可借助在车辕内（使病马倒向，即臀部向外）保定；根据情况和需要，也可采取横卧保定。牛的保定可钳住鼻中隔，或用绳系住两后肢。
（2）对腹围膨大病畜应先行盲肠穿刺或瘤胃穿刺术排气，否则腹压过高，不宜检查，尤其是采取横卧保定时，更须注意防止造成窒息的危险。
（3）对心脏衰弱的病畜，可先给予强心剂；对腹疼剧烈的病马应先行镇静（可静脉注射5%水合氯醛酒精溶液 100~300 mL 或 30%安乃近溶液 20 mL），以便检查。
（4）一般可先用温水 1 000~2 000 mL 灌肠，以缓解直肠的紧张度并排出粪便，便于直检。

2. 术者准备

术者剪短指甲并磨光，充分露出手臂并涂以润滑油类，必要时用乳胶手套。

（二）操作方法

术者将拇指放于掌心，其余四指并拢集聚呈圆锥形，以旋转动作通过肛门进入直肠，当肠内蓄积粪便时应将其取出，再行入手；如膀胱内贮有大量尿液，应按摩、压迫以刺激其反射排空或实行人工导尿术，以利于检查。

手沿肠腔方向徐徐深入，直至检手套有部分直肠狭窄部肠管为止方可进行检查，当被检马频频努责时，入手可暂停前进或随之后退，即按照"努则退、缩则停、缓则进"的要领进行操作，比较安全。切忌检手未找到肠管方向就盲目前进，或未套入狭窄部就忙于检查。当狭窄部套手困难时，可以采用胳膊下压肛门的方法，诱导病马作排粪反应，使狭窄部套在手上，同时还可减少努责作用。如被检马过度努责，必要时可用10%普鲁卡因10~30 mL作尾骶穴封闭，以使直肠及肛门括约肌松弛而便于检查。

检手套入部分直肠狭窄部或全部套入（指大马）后，检手做适当地活动，用并拢的手指轻轻向周围触摸，根据脏器的位置、大小、形状、硬度、有无肠带、移动性及肠系膜状态等，判定病变的脏器、位置、病变的性质和程度。无论何时手指均应并拢，绝不允许叉开并随意抓搔、锥刺肠壁，切忌粗暴以免损伤肠管。并应按一定顺序进行检查。

（三）检查顺序

1. 肛门及直肠

注意检查肛门的紧张度及附近有无寄生虫、黏液、肿瘤等，并感知直肠内容物的数量及性状，以及黏膜的温度和状态等。

2. 骨盆腔内部

入手稍向前下方检查可摸到膀胱、子宫等。膀胱位于骨盆腔底部。无尿时可感触到如梨子状大的物体，当其内尿液过度充满时，感觉如一球形囊状物，有弹性波动感。触诊骨盆腔壁光滑，注意有无脏器充塞或粘连现象，如被检马、牛有后肢运动障碍时，应注意有无盆骨骨折。

3. 腹腔内部检查

（1）马的腹腔内部检查。

小结肠：大部分位于骨盆口前方体中线左侧，小部分位于体中线右侧，游离性较大，内有成串的鸡蛋大小的粪球，便于寻找和检查。小结肠是马、骡易发生粪结的部位之一。

腹主动脉：位于椎体下方，腹腔顶部，稍偏左侧，触诊有明显的搏动感并呈紧张的管状物，可作为体中线的标志，并可作为寻找左肾的标志。

左侧结肠：位于腹腔的左侧，耻骨水平面的下方。左下大结肠较粗，具有肠纵带和肠袋，左上大结肠较细，肠壁光滑无肠袋，重叠于左下大结肠之上。左下大结肠移行为左上大结肠，在骨盆前口所形成的弯曲部称为骨盆曲，位于骨盆前口的直前方，比左上、下大结肠都细，表面光滑，呈游离状。骨盆曲也是容易发生结粪的部位之一。

左肾：在脊柱下方，腹主动脉左侧，第2、3腰椎横突下方，可摸到其后缘，呈半圆形坚实的物体。急性肾炎时，触诊有痛感。

脾脏：在左肾前下方，紧贴左腹壁至最后肋骨部可摸到脾脏的后缘，呈镰刀状。正常马脾脏后缘一般不超过最后肋骨；但有些马，尤其是骡，有时可超过最后肋骨。脾脏位置后移，常作为胃扩张的标志。

胃：位于腹腔左前上方，其后缘可达第十六肋骨。检手从左肾的前下方前伸，当体型较小的马患有急性胃扩张时，可触知膨大的胃后壁，并伴随呼吸而前后移动。

盲肠：在右肷部，触诊盲肠底及盲肠体，呈膨大的囊状，并可摸到由后上走向前方的盲肠后纵带。

胃状膨大部分：是右上大结肠移行为小结肠前的扩大部分，位于腹腔右侧上 1/3 处，盲肠底的前下方，健康马不易摸到。当胃状膨大部便秘时，可感知有坚实内容物的半球形物体，并伴随呼吸而前后移动。

前肠系膜根：沿腹主动脉向前探索，指尖可感到呈扇状下垂的柔软而有弹力的条索状物，并可感知搏动的脉管。

（2）牛的腹腔内部触诊。

牛的直肠检查，除主要用于母畜妊娠诊断外，对于肠阻塞、肠套迭、真胃扭转及膀胱、肾脏等疾病也均有一定意义。

检手伸入直肠后，以水平方向渐次前进，当至结肠的后段"S"状弯曲部，即可按顺序检查。

瘤胃：在骨盆前口的左侧，可摸到瘤胃的背囊，其上部完全占据腹腔的左侧，触诊可感到有捏粉样硬度的内容物及瘤胃的蠕动波。

肠：几乎全部位于腹腔的右半部，盲肠在骨盆口的前方，其尖端的一部分达骨盆腔内；结肠圆盘位于右肷部上方；空肠及回肠位于结肠及盲肠下方；正常时各部分肠管不易区分。

肾脏：左肾的位置决定于瘤胃内容物的充满程度，可左可右，可由第 2~3 腰椎延伸到 3~6 腰椎；右肾悬垂于腹腔内，可以使之移动，或用手托起，检查较为方便，主要注意其大小、形状、表面状态、硬度等。

实习七　金属注射器的安装与调试技术

一、实习目的和要求

（1）识别注射器各部件名称。
（2）能正确进行安装和调试。
（3）熟练使用金属兽用注射器进行溶液定容。

二、实习设备

材料：水。
用具：20 mL 金属注射器（含 12 号针头）、50 mL 量筒、100 mL 烧杯、小药瓶、镊子、通针。
注射器安装的方法步骤和常见失误见表 4。

表 4　注射器安装的方法步骤和常见失误

方法步骤	常见失误
1. 部件名称识别 根据试卷纸上箭头所指示图形中的部件，在规定答题处，对应写出其名称（具体名称标注见结果与评分中的注射器图）	1. 死记前后顺序，未看清箭头指向的部件名称； 2. 名称填写不规范，写简称； 3. 书写潦草； 4. 忘记填写考试号和姓名等相关信息
2. 安装 （1）安装顺序原则是由前向后，由里到外； （2）一手提起金属套筒，另一手用镊子夹取注射头放于套筒内，并调整好注射头的方向与位置； （3）用镊子夹取密封圈从金属套筒窗口送入套筒内，平放于注射头上方； （4）一手拿起玻璃管，让玻璃管磨口完好的一端朝前，放于金属套筒内； （5）装上夹持手柄后，将已安装好的部件放于操作台上； （6）按顺序将橡胶活塞（黑色在两端，彩色在中间）套于活塞中轴上，然后，装上金属垫片； （7）将活塞刻度杆前端向前，与中轴平口对齐装上；	1. 安装顺序错误，应是由前向后，由里到外； 2. 漏装部件，如密封圈等； 3. 将有裂痕或破损的一端朝前，影响气密性。应选择磨口完好的一端向前； 4. 活塞刻度杆前后倒置，应是刻度小的在前； 5. 活塞刻度杆前端与活塞之间的金属垫片未装。一定要先装垫片，再装活塞刻度管； 6. 夹持手柄安装时，装错方向。应将弯曲弧向后，即两端头向前； 7. 安装套筒玻璃管固定螺丝时，未注意螺丝上的平口与活塞刻度杆上的平口对应； 8. 在拧紧套筒玻璃管固定螺丝时，未将玻璃管扶正，使其位于金属套筒中间，造成气密性不好； 9. 套筒玻璃管固定螺丝未拧紧，注射头出现晃动；

续表 4

方法步骤	常见失误
（8）取已经安装好的套筒等部件，将活塞及刻度杆等装入套筒内的玻璃管内； （9）装上套筒玻璃管固定螺丝、容量调节螺丝和活塞调节手柄； （10）旋转活塞调节手柄至松紧适度	10. 安装容量调节螺丝时，螺纹交叉而卡在活塞刻度杆上，无法旋转，造成注射器无法继续安装； 11. 活塞调节手柄安装后，拧得太紧。以稍阻力为宜
3. 调试与气密性检查 （1）先将注射器的注射头放入清水中，抽动活塞，进行润滑； （2）检查各螺丝部件是否拧紧； （3）以左手食指轻压注射头药液出口，拇指及其余三指握住金属套筒，右手轻拉活塞调节手柄到一定距离（感觉到有一定阻力），松开手柄后活塞能自动回复原位； （4）如拉动活塞调节手柄无阻力，松开手柄，活塞不能回原位，则接合不紧密，气密性不符合要求；应检查固定螺丝是否上正拧紧，或活塞是否太松，经调整后，再行调试，直到符合要求为止	1. 调试之前，未对注射器进行润滑； 2. 未拧紧螺丝部件； 3. 检查气密性时，操作手势不正确； 4. 抽动活塞时，堵注射头的手指松动而漏气； 5. 活塞抽动距离过大，回位时震坏玻璃管或气流冲击造成堵注射头的手指疼痛
4. 抽液与排气 （1）安装针头，使用前先用通针（细小钢丝）将针孔内异物除去； （2）一手掌心向上握住金属套筒，一手拇指和食指顶住夹持手柄，其余三指向后依次用力抽动活塞；从烧杯中吸取大于 10 mL 清洁水； （3）用脱脂棉球堵在针头上方，注射器垂直向上，进行排气，至注射器内无气体； （4）旋转容量调节螺丝至需要的刻度，即容量调节螺丝前缘与刻度线对齐（不同次考试可能要求的容量不同）； （5）排净注射器内多余溶液； （6）再次检查注射器内是否有气体，如有气体，重新吸收溶液，再排气、定容； （7）清理操作台上用具； （8）向监考老师示意完成	1. 安装针头前，未检查是否堵塞，装好后无法正常吸液； 2. 从烧杯中吸取清洁水时，活塞调节手柄抽动速度太快，吸入大量气体； 3. 持注射器时掌心向下，满把抓； 4. 吸液时注射器碰撞容器壁； 5. 排气时，注射器未垂直，无法排净气体； 6. 排气时未用脱脂棉球堵在针头上方，溶液随意喷射； 7. 先调节容量调节螺丝，后排气，顺序颠倒； 8. 剂量不准，不是容量调节螺丝前缘与刻度线对齐； 9. 将溶液注入量筒内时，产生气泡。操作过程中未沿量筒壁缓缓注入； 12. 操作完成后，所用物品未归位，不清理操作台

金属兽用注射器部件名称如图 1 所示。

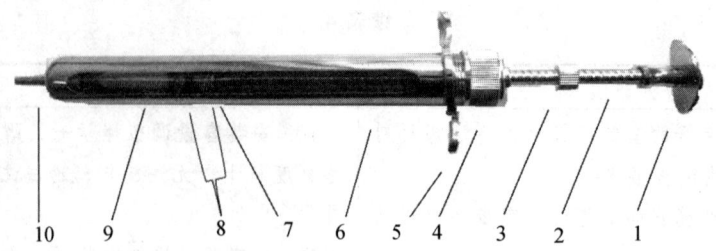

图 1　金属兽用注射器部件名称

1—活塞调节手柄；2—活塞刻度杆；3—容量调节螺丝；4—套筒玻璃管固定螺丝；5—夹持手柄；
6—金属套筒；7—金属固定片；8—活塞；9—玻璃管；10—注射头

三、实习内容和方法

1. 部件名称识别

（1）在试卷纸上填写姓名等相关信息；

（2）根据试卷纸上箭头所指示图形中的部件，在规定处对应写出其名称。

具体名称标注见结果与评分中的注射器图。

2. 安装

（1）安装顺序应是由前向后，由里到外。

（2）不要漏装部件，如密封圈。

（3）玻璃管要选择磨口完好的一端向前，切勿将有裂痕或破损的一端朝前，以免影响气密性。

（4）活塞刻度杆不要前后倒置，应是刻度小的在前。

（5）如活塞刻度杆前端与活塞之间有金属垫片的，一定要先装垫片，再装活塞刻度管。

（6）夹持手柄安装时，注意方向，应将弯曲弧向后，即两端头向前。

（7）安装套筒玻璃管固定螺丝时，注意螺丝上的平口与活塞刻度杆上的平口相对应。

（8）在拧紧套筒玻璃管固定螺丝时，注意另一手要扶正玻璃管，使其位于金属套筒中间。

（9）套筒玻璃管固定螺丝拧紧后，注射头应固定不动。

（10）安装容量调节螺丝时，不要强行旋动，避免螺纹交叉而卡在活塞刻度杆上，无法旋转。

（11）活塞调节手柄安装后，注意不要拧得太紧，以抽动活塞称有阻力即可。

安装方法改进：

（1）右手取玻璃管，完好一端朝上，左手将密封垫圈置于其上，再放上注射头（调整好位置）。

（2）左手取金属套筒从上向下小心套上，倒置后交于左手。

（3）将装好的活塞及刻度杆等放于玻璃管内。

（4）左手固定金属套筒，右手分别装上夹持手柄、套筒玻璃管固定螺丝、容量调节螺丝、活塞调节手柄。

（5）旋转活塞调节手柄至松紧适度。

3. 调试与气密性检查

（1）调试之前，先将注射器的注射头放入清水中，抽动活塞，进行润滑。

（2）检查气密性时，尽量用一手的食指指肚堵住注射头药液出口，另一手抽动活塞调节手柄。

（3）气密性的判断：以抽动活塞后，能自然回位为标准。

（4）抽动活塞时，堵注射头的手指不能松动而漏气。

（5）活塞抽动距离不宜过大，避免回位时震坏玻璃管或气流冲击造成堵注射头的手指疼痛。

4. 抽液与排气

（1）安装针头，注意检查是否堵塞，如堵塞可用通针引通处理。

（2）从烧杯中吸取超过 10 mL 清洁水，注意抽动活塞调节手柄时速度不要太快，注意均衡用力。

（3）持注射器的姿势要正确，切勿掌心向下满把抓。

（4）一手掌心向上握住金属套筒，一手拇指和食指顶住夹持手柄，其余三指向后依次用力抽动活塞。

（5）排气时，注射器应垂直。

（6）排气时用脱脂棉球堵在针头上，让溶液排在棉球上，勿向人群或向上喷射。

（7）气体排净后，进行定容。

（8）定容定量时，先将容量调节螺丝旋到相应刻度（按 10 mL 考试计，即旋到 10 mL 的刻度上）。

（9）对应刻度是以容量调节螺丝的前缘与刻度线对齐为标准。

（10）排出多余溶液，即可。

（11）注意：有时考试要求吸取 10 mL 溶液是放于注射器内，不要求放于量筒内。如有要求放入量筒内的，要将溶液注入量筒内，操作过程中要注射沿量筒壁缓缓注入，避免产生气泡。

（12）操作完成后，将所用物品归位，清理操作台。

5. 结果与评分

（1）现场打分最高 70 分，部件识别 30 分。

（2）零部件的识别：30 分，主要在试卷纸上写出相应箭头所指部件的名称。

（3）考试时间为 8 min。

（4）具体操作评分细则见表 5。

表 5 评分细则

序号	评分要点	评分依据	分值
1	部件名称识别	能准确识别出各零部件	15
		能识别出 2/3 以上零部件	9~12
		有一半零部件识别不出	0~8

续表 5

序号	评分要点	评分依据	分值
2	安装	安装顺序正确，刻度管安装方向正确	16~20
		安装顺序基本正确，刻度管安装方向正确	12~15
		安装顺序或刻度管安装方向不正确	0~11
3	调试与气密性检查	调试活塞，检查气密性，活塞松紧适度	16~20
		调试滑活塞，检查气密性，活塞松紧基本适度	12~15
		调试滑活塞，检查气密性，活塞松紧明显不适合	0~11
4	抽液与排气	持针、持瓶姿势正确，抽取液体适量，无气泡或气泡少，排气动作准确	24~30
		持针、持瓶姿势基本正确，抽取液体基本符合要求，排气动作基本准确	18~23
		持针、持瓶姿势不正确或抽取液体偏差较大，排气动作错误	0~17
5	熟练程度	5分钟内完成	15
		6~8分钟完成	9~12
		9分钟以上完成	0~8

实习八　动物临床常用投药及注射治疗技术综合实训

一、实习目的和要求

（1）掌握动物拌料给药法、胃管投药法、灌肠投药法的基本操作技术。
（2）掌握动物静脉注射、肌肉注射及皮下注射法的实际操作要领。

二、实习设备

猪、牛（羊）各2头，兔数只，保定架，胃导管，肥皂，注射器，输液架，消毒药等。

三、内容和方法

（一）动物保定

见本书其他章节。

（二）动物投药技术的操作示范及练习

1. 猪拌料给药法

拌料所用药物应无特殊气味，容易混匀。

在混料前，应根据用药剂量、疗程及猪的采食量准确计算出所需药物及饲料的量；然后采用递加稀释法将药物混入饲料中，即先将药物加入少量饲料中混匀，再与10倍量饲料混合，依此类推，直至与全部饲料混匀。混好的饲料可供猪自由采食。

2. 牛胃管投药法

把胃管或投药管洗净，管外用水蘸湿，擦掉多余的水，管头蘸少许液态石蜡润滑，经鼻孔轻轻向里插入，到咽部时要用管头轻轻触动咽喉，诱发牛吞咽，当牛吞咽时顺势插入食管。在吞咽后要及时判定投药管是否真正插入了食管内，千万不能将投药管错插到气管里。判定方法：一是在管的另一头听声音，如果在食管里，则听不到呼吸音，也感觉不到管里呼出气体；如果将投药管插入了气管里，则可在管的另一头听到呼吸音，并能感到有呼出气流。二是在颈部左侧看投药管上下移动的情况，在食管里可看到管头移动，在气管里则看不到管头移动。三是从另一头向里吹气，食管部有气流波动的是在食管里，看不到气流波动的是在气管里。确认在食管内后，继续将投药管向后插至颈中部以下，然后接上漏斗，把药倒入漏斗内，高举漏斗超过牛的头部将药液灌入胃内。药液灌完后，再灌少量清水，冲洗投药管，拔掉漏斗，并把投药管内的残留液吹入胃内，然后用拇指堵住投药管管口或把投药管折叠后缓慢抽出。如药液量较少或为咽炎病牛，不宜用上述方法，避免因刺激加重病情，可用长颈玻璃瓶或橡皮瓶将药液一点点地倒入口内，使其一口一口地咽下。

3. 猪灌肠投药法

灌肠法常用于猪大肠秘结、排便困难的治疗。

操作程序是：助手将动物行站立保定。术者一手握住猪的尾巴，一手将胶管插入直肠内，然后接上漏斗，开始灌肠。单纯肠便秘一般运用灌肠法即可治愈。具体操作是准备肥皂水，水温为 45~55℃ 为适宜，将灌肠器出水端用肥皂水浸湿，由肛门插入直肠内。可根据猪个体的大小确定灌肠所用药液的量，一般每次 200~500 mL。另外，直肠灌注法也可用于直肠炎的治疗。

（三）动物静脉注射操作

1. 准备工作

（1）静脉注射或输液的用品，包括注射盘、注射器及针头、瓶套、开瓶器、止血带、血管钳、胶布、剪毛剪、无菌纱布、药液、输液卡、输液架。

（2）根据注射用量可备 50~100 mL 注射器及相应的针头（或连接乳胶管的针头）。大量输液时应使用输液瓶（250 mL、500 mL、1 000 mL），并以乳胶管连接针头，在乳胶管中段装以滴注玻璃管或乳胶管夹子，以调节滴数，掌握其注入速度。有条件的可用一次性输液器。

（3）注射药液的温度要尽可能接近体温（可用夹子式的输液加温器）。

（4）使用输液瓶时，输液瓶的位置应高于注射部位。

（5）大动物站立保定，使头稍向前伸，并稍偏向对侧；小动物可行侧卧保定或俯卧保定。

2. 操作方法

（1）注射部位

牛、羊均在颈静脉的上 1/3 与中 1/3 的交界处；猪在耳静脉或前腔静脉；犬、猫在前肢腕关节正前方偏内侧的前臂皮下静脉或后肢跗部背外侧的小隐静脉，也可在颈静脉；兔子在耳静脉。

（2）注射方法

大动物的静脉注射：首先进行常规的消毒；然后术者右手持针头，使针尖斜面向上，沿颈静脉径路，在压迫点前上方约 2 cm 处，使针尖与皮肤呈 30°~45°角，迅速准确地刺入静脉内，并感到空虚或听到清脆声；见有回血后，用夹子将一次性输液器的针头固定于颈部皮肤上，药液徐徐注入静脉内。若为输液瓶时，应先放低输液瓶，验证有回血后，再将输液瓶提高，并用夹子将输液管近端固定在颈部皮肤上，药液则徐徐流入静脉内。注射完毕，左手持酒精棉球压紧针孔，右手迅速拔出针头，而后涂 5% 碘酊消毒。

小动物的静脉注射：给犬、猫等进行静脉注射，最常用的是前臂皮下静脉注射法（也称桡静脉注射法）。此静脉位于前肢腕关节正前方稍偏内侧。犬可侧卧、伏卧或站立保定，助手或犬主人从犬的后侧握住肘部，使皮肤向上牵拉和静脉怒张，也可用止血带（乳胶管）结扎使静脉怒张。操作者位于犬的前面，注射针由近腕关节 1/3 处刺入静脉，当确定针头在血管内后，针头连接管处见到回血，再顺静脉管进针少许，以防犬骚动时针头滑出血管；松开止血带或乳胶管，即可注入药液，并调整输液速度。静脉输液时，可用胶布缠绕固定针头。

兔子常用的是耳静脉注射。

（四）动物肌肉注射操作

1. 部位

选择动物肌肉发达、厚实，并且可以避开大血管及神经干的部位。大动物与犊、驹、羊、犬等多在颈侧及臀部肌群，其中以股四头肌最常用；猪在耳根后、臀部或股内侧肌肉；禽类在胸肌部或大腿部肌肉。

2. 注射方法

（1）根据动物种类和注射部位不同，选择大小适当的注射器和注射针头。犬、猫一般选用 7~9 号针头，猪羊选用 9~12 号针头，牛、马用 12~16 号针头，根据要求抽取药液。

（2）把动物适当保定，局部常规消毒处理。左手的拇指与食指轻压注射局部，右手持注射器，使针头与皮肤垂直，迅速刺入肌肉内。一般刺入 2~3 cm（小动物酌减）。然后用左手拇指与食指握住露出皮外的针头结合部分，以食指指节顶在皮上，再用右手抽动针管活塞，观察无回血后，即可缓慢注入药液。如有回血，可将针头拔出少许再行试抽，见无回血后方可注入药液。注射完毕，用左手持酒精棉球压迫针孔部，迅速拔出针头。为术者安全起见，也可以右手持注射针头，迅速用力刺入注射部位；然后以左手持针头，右手持注射器，使二者连接好，再行注射药液。这一方法主要适用于牛、马等大动物。

（五）动物皮下注射操作

1. 注射部位

注射部位多选在皮肤较薄、富有皮下组织、活动性较大的部位。大动物多在颈部两侧；犬、猫在背胸部、股内侧、颈部和肩胛后部；禽类在翼下。

2. 准备

根据注射药量的多少，可用 2 mL、5 mL、10 mL、20 mL、50 mL 的注射器及相应针头。

3. 注射方法

（1）抽取药液，排出气泡，注射针安装牢固。

（2）动物实行必要的保定，局部剪毛、消毒。注射时，术者左手中指和拇指捏起注射部位的皮肤，同时用食指尖下压使其呈皱褶陷窝；右手持连接针头的注射器，针头斜面向上，从皱褶基部陷窝处与皮肤呈 30°~40°角，刺入针头的 2/3（根据动物体型的大小，适当调整进针深度）；此时若感觉针头无阻抗，且能自由活动针头时，左手把持针头连接部，右手抽吸无回血即可推压针筒活塞注射药液。若需注射大量药液，应分点注射，不能在一个点注入过多药液。注射完后，左手持酒精棉球按住刺入点，右手拔出针头，局部用 5%的碘酊消毒。必要时可对局部进行轻轻按摩，促进吸收。

附录：试题库

试题库一

一、名词解释（每小题3分，共15分）

1. 弛张热
2. 里急后重
3. 皮内注射
4. 心杂音
5. 共济失调

二、填空题（每空格1分，共40分）

1. 临床基本检查方法有_____、_____、触诊、叩诊、_____等。
2. 发热程度可分为_____、_____、_____、_____等四种。
3. 家畜排尿异常可表现为_____、_____、_____、_____等。
4. 家畜营养状态检查时其标准分为_____、_____、_____等三种程度。
5. 注射疗法应遵循的原则中有明确规定，要认真执行"三查七对"制度。"三查"是指：_____、_____、_____。"七对"即核对_____、_____、_____、_____、_____、_____、_____。
6. 精神抑制是中枢神经系统机能抑制过程占优势的表现。根据程度不同可分为_____、_____、_____等三种。
7. 由于触诊部位组织、器官的状态及病理变化不同，可产生触感有_____、_____、_____、_____四种。
8. 家畜的瘫痪是指横纹肌的随意运动机能减弱或消失的现象，亦称为麻痹。根据瘫痪的程度分：_____、_____两种。
9. _____、_____、_____是诊断疾病的三个基本步骤。三者互相联系，相辅相成，缺一不可。

三、单项选择题（每小题中只有一个答案是正确的，请将正确答案序号分别填入表格和答案栏内和题后括号内，每小题1分，共10分）

题号	1	2	3	4	5	6	7	8	9	10
答案										

1. 猪的正常体温是（　　　）。
   A. 36.5~37.5℃　　　　　B. 37.5~38.5℃
   C. 38.0~39.5℃　　　　　D. 38.5~40.0℃
2. 马、骡的正常脉搏是（　　　）次/min。

A. 50～60　　　　　　　　B. 30～45
C. 50～80　　　　　　　　D. 40～80

3. 牛静脉注射部位在颈部是在（　　）。
A. 上、中 1/3 交界处　　　B. 中部
C. 中、下 1/3 交界处　　　D. 都可以

4. 牛瘤胃蠕动次数（　　）。
A. 每 2 分钟 2～5 次　　　B. 每分钟 5～6 次
C. 每 2 分钟 2～3 次　　　D. 每 2 分钟 6～8 次

5. 牛瓣胃注射的部位是在（　　）。
A. 右侧第 6～8 肋间　　　B. 右侧第 7～10 肋间
C. 左侧第 7～10 肋间　　　D. 左侧第 6～8 肋间

6. 眼结膜发绀所代表的临床意义是（　　）。
A. 贫血　　　　　　　　　B. 缺氧
C. 胆色素代谢障碍　　　　D. 都不是

7. 健康动物的呼吸方式是（　　）。
A. 胸式呼吸　　　　　　　B. 腹式呼吸
C. 胸腹式呼吸　　　　　　D. 间断性呼吸

8. 健康奶牛一般每小时嗳气（　　）次。
A. 10～15　　　　　　　　B. 15～20
C. 20～30　　　　　　　　D. 25～40

9. 牛创伤性网胃炎时，驱赶上、下坡运动，其表现是（　　）。
A. 上坡易下坡难　　　　　B. 下坡易上坡难
C. 上、下坡都难　　　　　D. 上、下坡都易

10. 健康大动物肺区的中 1/3 叩诊音呈（　　）。
A. 清音　　　　　　　　　B. 鼓音
C. 半浊音　　　　　　　　D. 浊音

四、简答题（每小题 7 分，共 35 分）

1. 简述临床诊断中动物接近的基本要求。
2. 简述腹腔内注射的应用、部位及操作方法。
3. 写出精神兴奋的主要表现及诊断意义。
4. 简述家畜自家血液疗法的基本内容。
5. 简述马、牛的体温测定方法。

试题库二

一、单选题（每小题 1 分，共计 40 分）

1. 发病动物下列表现中属于姿势与体态异常改变的是＿＿＿＿＿。

A. 转圈运动 B. 跛行 C. 站立不稳
D. 角弓反张 E. 骚动不安
2. 发病动物下列表现中属于运动与行为异常的是_____。
A. 木马样姿势 B. 头颈歪斜 C. 观星姿势
D. 频频回视腹部 E. 瘫卧不起
3. 若动物头颈及躯干部皮肤多处脱毛、落皮屑，并伴剧烈瘙痒，无其他全身症状发生，提示的疾病是_____。
A. 体虱 B. 疥癣 C. 荨麻疹
D. 脂溢性皮炎 E. 湿疹
4. 牛正常鼻镜触感是_____。
A. 干燥 B. 湿润 C. 凉感
D. 有少许水珠 E. 温热
5. 皮肤触诊呈捏粉状见于_____。
A. 水肿 B. 血肿
C. 脓肿 D. 气肿
6. 下列疾病中不会出现皮肤弹性减退的是_____。
A. 螨病 B. 皮下气肿 C. 湿疹
D. 严重腹泻 E. 慢性猪瘟
7. 牛皮肤弹力检查的部位是_____。
A. 颈部 B. 最后肋骨部 C. 背部
D. 股部 E. 鬐甲部
8. 检查小动物皮肤弹力的部位_____。
A. 颈部 B. 最后肋骨部 C. 背部
D. 鬐甲部 E. 都不是
9. 皮下水肿具有以下特点_____。
A. 肿胀界限不明显 B. 触压柔软而易变性
C. 指压留痕，呈捏粉样 D. 肿胀界限明显
10. 皮下气肿具有以下特点_____。
A. 肿胀界限不明显 B. 有明显的波动感
C. 触压患处柔软易变形并可产生捻发音
D. 肿胀呈现对称性 E. 指压留痕，呈捏粉样
11. 牛黑斑病甘薯中毒时出现皮下肿胀，这种肿胀类型属于_____。
A. 炎性肿胀 B. 水肿 C. 皮下气肿
D. 脓肿 E. 淋巴肿
12. 牛立克次氏体病（或心水病）时，其胸前皮肤明显肿胀，这种肿胀类型为_____。
A. 炎性肿胀 B. 水肿 C. 皮下气肿
D. 脓肿 E. 血肿
13. 哺乳仔猪腹下出现一局限性肿胀，进食后及尖叫时肿胀程度加剧，触诊有波动感，则肿胀为_____。

A. 炎性肿胀　　　　　　　B. 水肿　　　　　　　　C. 皮下气肿
D. 脓肿　　　　　　　　　E. 疝气肿
14. 家畜出现以眼睑、腹下、阴囊及四肢下部的肿胀，无热无痛，这种肿胀属于_____。
A. 心性水肿　　　　　　　B. 肾性水肿　　　　　　C. 营养性水肿
D. 肝性水肿　　　　　　　E. 血管-神经性水肿
15. 检查眼结膜的颜色应在_____。
A. 自然光下　　　　　　　B. 灯光下
C. 月光下　　　　　　　　D. 都不是
16. 眼结膜发绀所代表的临床意义_____。
A. 贫血　　　　　　　　　B. 缺氧　　　　　　　　C. 胆色素代谢障碍
D. 充血　　　　　　　　　E. 都不是
17. 结膜潮红是_____。
A. 充血的象征　　　　　　B. 贫血的象征　　　　　C. 缺氧的象征
D. 血液中胆红素含量增高的表示　　　　　　　　　E. 出血
18. 眼结膜上出现出血斑点是_____。
A. 充血的象征　　　　　　B. 贫血的象征
C. 缺氧的象征　　　　　　D. 出血性素质的特征
19. 结膜苍白是_____。
A. 充血的象征　　　　　　B. 贫血的象征
C. 缺氧的象征　　　　　　D. 血液中胆红素含量增高的表示
20. 结膜发绀是_____。
A. 充血的象征　　　　　　B. 贫血的象征
C. 缺氧的象征　　　　　　D. 血液中胆红素含量增高的表示
21. 结膜黄染为_____。
A. 充血的象征　　　　　　B. 贫血的象征
C. 缺氧的象征　　　　　　D. 血液中胆红素含量增高的表示
22. 动物体温出现发热时，其皮肤颜色变化为_____。
A. 苍白　　　　　　　　　B. 发绀　　　　　　　　C. 黄染
D. 潮红　　　　　　　　　E. 呈蓝绿色
23. 血液中胆红素增高结膜的颜色是_____。
A. 苍白　　　　　　　　　B. 发绀
C. 黄染　　　　　　　　　D. 潮红
24. 检查猪眼睑及分泌物时，若在其眼窝下方有流泪痕迹，据此可以怀疑的疾病是_____。
A. 猪水肿病　　　　　　　B. 猪瘟　　　　　　　　C. 猪流感
D. 猪普通感冒　　　　　　E. 猪传染性萎缩性鼻炎
25. 炎性肿胀与水肿的不同在于_____。
A. 前者无热痛　　　　　　B. 后者有热痛
C. 前者指压有压痕，较长时间不恢复原状

D. 后者指压有压痕，较长时间不恢复原状

26. 检查浅表淋巴结活动性的基本方法是_____。
    A. 视诊   B. 触诊   C. 叩诊
    D. 听诊   E. 嗅诊

27. 临床中检查猪体表淋巴结时，通常检查的淋巴结是_____。
    A. 下颌淋巴结、肩前淋巴结   B. 下颌淋巴、股前淋巴结
    C. 肩前淋巴结、股前淋巴结   D. 股前淋巴结、腹股沟淋巴结
    E. 腹股沟淋巴结、腘淋巴结

28. 急性淋巴结肿大的病变特点是_____。
    A. 增大变硬   B. 无热痛反应
    C. 与周围组织粘连   D. 有热痛反应

29. 兔的正常体温范围为_____。
    A. 37.5~40.5℃   B. 38.0~40.0℃
    C. 38.5~39.5℃   D. 37.5~39.5℃

30. 高热是指体温超过正常体温_____。
    A. 3℃以上   B. 2~3℃
    C. 1~2℃   D. 1℃以下

31. 发热时体温升高3℃的疾病见于_____。
    A. 口炎   B. 支气管炎
    C. 胃肠炎   D. 猪瘟

32. 稽留热的特点_____。
    A. 每日温差变化大于1℃   B. 每日温差变化等于1℃
    C. 每日温差变化小于1℃   D. 都不是

33. 下列叙述中不属于视诊观察内容的是_____。
    A. 动物皮下脂肪的蓄积程度，肌肉的丰满程度
    B. 动物的精神状态及活动情况
    C. 动物体表皮肤及被毛的状
    D. 动物粪便及尿液的多少、性状和混有物的情况
    E. 动物体温的高低情况

34. 下列叙述中属于对既往史调查内容的是_____。
    A. 某发病猪场最近流行发生猪流感
    B. 某发病猪场3年来零星散发猪喘气病
    C. 某猪场最近改用国内某著名专家所研究的配方进行自配饲料饲喂
    D. 某发病猪场猪舍通风不良，室内温度较高，湿度较大，粪便清扫不彻底
    E. 某发病猪场病猪主要表现咳嗽、呼吸困难及食欲下降等症状

35. 下列叙述中不属于触诊检查内容的是_____。
    A. 家畜鼻部皮肤干湿度情况的检查
    B. 家畜胃内容物的多少、性状的检查
    C. 反刍兽网胃敏感性的检查

D. 反刍兽反刍活动的检查
E. 母畜妊娠情况的检查

36. 下列检查方法中不属于物理检查法的是_____。
   A. 问诊   B. 视诊   C. 触诊
   D. 叩诊   E. 听诊

37. 下列叙述中不属于听诊检查内容的是_____。
   A. 动物心音状态的检查
   B. 动物支气管呼吸音情况的检查
   C. 动物肺泡呼吸音情况的检查
   D. 动物胃肠蠕动情况的检查
   E. 动物膈肌痉挛音的检查

38. 门诊情况下，对于个体病畜的检查程序为_____。
   A. 问诊、现症的临床检查、特殊检查、初诊、病历书写
   B. 现症的临床检查、病史调查（问诊）、特殊检查、初诊、病历书写
   C. 问诊、整体及一般检查、各系统的临床检查、特殊检查、初诊
   D. 病畜登记、问诊、现症的临床检查、特殊检查
   E. 问诊、现症的临床检查、特殊检查、病畜登记

39. 临床中对发病群畜的检查程序一般为_____。
   A. 畜群及个体的临床检查、病理剖检、实验室及特殊检查、病史调查、饲养管理情况调查
   B. 病史调查、畜群及个体的临床检查、实验室及特殊检查、病理剖检、饲养管理情况调查
   C. 畜群及个体的临床检查、病理剖检、实验室及特殊检查、饲养管理情况调查、病史调查
   D. 病史调查、环境检查、饲料管理情况调查、畜群及个体的临床检查、病理剖检、实验室及特殊检查
   E. 畜群及个体的临床检查、病理剖检、实验室及特殊检查、病史调查、环境检查、饲料管理情况调查

40. 病历书写的原则不包括_____。
   A. 全面而详细   B. 规范而整洁   C. 系统而科学
   D. 具体而肯定   E. 通俗而易懂

二、判断（每小题1分，共计20分）

（　）1. 视诊可分为个体视诊和群体视诊两种。
（　）2. 脓肿、血肿和淋巴外渗其共同点是在皮肤及皮下组织呈局限性肿胀，触压留痕，呈捏粉状。
（　）3. 叩诊鼓音强，持续时间长。
（　）4. 叩击心脏的音响是清音。
（　）5. 触诊的感觉有波动感、气肿感等。
（　）6. 听诊最好在室内进行。
（　）7. 病畜呼出气及鼻液有特殊腐败臭味提示是奶牛酮病。
（　）8. 视诊要求在自然光线下进行。
（　）9. 脉搏数测定时，马通常检查尾动脉。

(   ) 10. 脉搏数测定时，牛通常检查下颌动脉。
(   ) 11. 弛张热是指患畜高热持续 3 天以上，每昼夜的温差在 1℃ 以内。
(   ) 12. 弛张热是指体温上升持续数天，且超过正常体温 1~2℃。
(   ) 13. 动物皮肤发绀，轻则以耳尖、鼻盘及四肢末端明显，重则遍及全身。
(   ) 14. 皮肤发绀可见于严重的心肺疾病，多种中毒病及某些传染病等。
(   ) 15. 动物脉搏次数增多，可见于各种热性病、心脏病及呼吸器官疾病，其他疾病不认为有此病症出现。
(   ) 16. 脓肿、血肿和淋巴外渗其共同点是在皮肤及皮下组织呈局限性肿胀，触压留痕，呈捏粉状。
(   ) 17. 弛张热是指体温上升持续数天，且超过正常体温 1~2℃。
(   ) 18. 体格发育不良的动物，表现为体躯矮小，结构不匀称，肢体纤细，发育迟缓或停滞。
(   ) 19. 动物皮肤发绀，轻则以耳尖、鼻盘及四肢末端明显，重则遍及全身。
(   ) 20. 皮肤发绀可见于严重的心肺疾病，多种中毒病及某些传染病等。

四、问答题（每小题 10 分，共 40 分）
1. 写出精神兴奋的主要表现及诊断意义。
2. 简述家畜自家血液疗法的基本内容。
3. 简述马、牛的体温测定方法。
4. 简述临床诊断中动物接近的基本要求。

试题库三

一、选择题（每小题 1 分，共计分）
1. 饮欲亢进时，首先考虑的是动物患有_____。
   A. 消化增强　　　　　　B. 代谢障碍
   C. 食盐中毒　　　　　　D. 都不是
2. 舌苔黄而厚多见于_____。
   A. 肝病　　　　　　　　B. 消化系统病
   C. 肺病　　　　　　　　D. 心病
3. 下列疾病中不会出现异嗜现象的疾病是_____。
   A. 佝偻病　　　　B. 白肌病　　　　C. 仔猪贫血
   D. 猪蛔虫病　　　E. 仔猪低糖血症
4. 动物发生咽炎时，其特征症状是_____。
   A. 咽部肿胀　　　B. 流涎　　　　　C. 吞咽障碍
   D. 采食障碍　　　E. 咳嗽
5. 常见家畜中，其发生呕吐的难易程度不同，正确的难易顺序为_____。
   A. 肉食兽>猪>反刍兽>马　　B. 马>肉食兽>猪>反刍兽

C. 猪>反刍兽>马>肉食兽　　D. 反刍兽>肉食兽>猪>马
E. 肉食兽=猪>反刍兽>马
6. 健牛瘤胃内容物的触感_____。
A. 坚固感　　B. 捏粉样
C. 坚实感　　D. 波动感
7. 牛瘤胃积食时，叩诊左肷部上 1/3 出现_____。
A. 鼓音　　B. 浊音　　C. 钢管音
D. 过清音　　E. 金属音
8. 牛正常嗳气次数是_____次/h。
A. 5～10　　B. 20～30
C. 30～50　　D. 18～20
9. 病牛口腔及呼出气有烂苹果味，多提示发生了_____。
A. 牛氯仿中毒　　B. 牛烂苹果渣中毒　　C. 牛维生素 B6 缺乏
D. 牛酮血症　　E. 牛瘟
10. 有机磷农药中毒时，胃内容物及呕吐物有_____。
A. 烂苹果味　　B. 尿臭味
C. 大蒜味　　D. 苦杏仁味
11. 健康牛瘤胃蠕动的频率为_____。
A. 1～2 次/min　　B. 1～3 次/min　　C. 2～4 次/min
D. 2～5 次/min　　E. 3～次/min
12. 健牛瘤胃触诊硬度_____。
A. 上软下软　　B. 上软下硬
C. 上硬下软　　D. 上下软硬大体相似
13. 听诊瘤胃蠕动音减弱，多见于_____。
A. 胃肠炎　　B. 瘤胃积食初期
C. 有机磷中毒　　D. 前胃弛缓
14. 触诊犬腹部有串珠样硬物且敏感，说明该犬患有_____。
A. 肠炎　　B. 肠便秘
C. 肠臌气　　D. 肠扭转
15. 听诊牛结肠频繁出现流水音，该牛患有_____。
A. 瘤胃积食　　B. 肠炎
C. 瓣胃堵塞　　D. 肠臌气
16. 检查病牛时，若发现病牛呈现长期、顽固性瘤胃机能障碍，多提示_____。
A. 长期前胃弛缓　　B. 长期慢性瘤胃臌气　　C. 创伤性网胃炎
D. 瓣胃阻塞　　E. 真胃扭转
17. 牛创伤性网胃炎时，驱赶上下坡运动，其表现是_____。
A. 上坡易下坡难　　B. 下坡易上坡难
C. 上下都难　　D. 上下正常
18. 若在牛左侧肋弓区用叩诊和听诊相结合方法，听到钢管音，则提示_____。

A. 瘤胃臌气   B. 肠臌气   C. 真胃左方变位
D. 真胃右方扭转   E. 肝气肿疽

19. 听诊检查马肠音时，在右侧䏚部听诊的肠音为_____。
A. 小结肠音   B. 小肠音   C. 盲肠音
D. 大结肠音   E. 大肠音

20. 小肠正常蠕动音是_____。
A. 雷鸣音   B. 金属音   C. 流水音
D. 远炮音   E. 金属音

21. 下列中不属于动物排粪动作障碍表现的是_____。
A. 便秘   B. 腹泻   C. 排粪失禁
D. 里急后重   E. 乱排乱拉

22. 触诊网胃敏感，常见于_____。
A. 网胃积食   B. 创伤性网胃炎
C. 瘤胃臌气   D. 前胃弛缓

23. 不属于真胃左方变位的诊断要点有_____。
A. 产后 2~4 周   B. 叩诊呈钢管音
C. 触诊呈液体振荡音   D. 穿刺液 pH <5

24. 犬腹痛时典型的表现是_____。
A. 昏睡   B. 晕厥   C. 嚎叫
D. 弓背姿势   E. 前肢刨地

25. 直肠检查不适用于_____。
A. 发情鉴定   B. 妊娠诊断
C. 隔肠破结   D. 瘤胃穿刺

26. 动物脊髓损伤时其排粪动作变化为_____。
A. 排粪失禁   B. 排粪带痛
C. 里急后重   D. 无变化

27. 里急后重的主要表现_____。
A. 屡呈排粪动作，并强力怒责
B. 不采取固有的活动和姿势
C. 排少量粪便或黏液
D. 粪便不自主的排出

28. 便秘主要表现_____。
A. 屡呈排粪动作，并强力怒责
B. 不采取固有的活动和姿势
C. 排少量粪便或黏液
D. 粪便不自主的排出
E. 粪便干硬，量少、色深

29. 牛皱胃的触诊部位在_____。
A. 右侧肩关节水平线 7~9 肋间

B. 右侧肩关节水平线 9~11 肋间

C. 右侧肘关节水平线 7~9 肋间

D. 右侧肘关节水平线 9~11 肋间

30. 没有改变饲料，一栏肥猪中有一头猪突然拉暗黑色血粪，可能是_____出血。

   A. 胃出血   B. 大肠出血
   C. 结肠出血   D. 直肠出血

31. 用叩诊法检查健康牛肺中部，可得到的叩诊音是_____。

   A. 浊音   B. 半浊音   C. 清音
   D. 过清音   E. 鼓音

32. 健康牛肺叩诊区后界线应经过肩关节水平线与_____。

   A. 第 7 肋间的交叉点   B. 第 8 肋间的交叉点
   C. 第 9 肋间的交叉点   D. 第 10 肋间的交叉点
   E. 第 11 肋间的交叉点

33. 健康动物肺脏中央的叩诊音是_____。

   A. 浊音   B. 清音
   C. 鼓音   D. 半浊音

34. 叩诊肺边缘发出的声音是_____。

   A. 清音   B. 鼓音
   C. 半浊音   D. 浊音

35. 叩诊肺区有水平浊音，常见于_____。

   A. 肺炎   B. 肺水肿
   C. 胸腔积液   D. 肺气肿

36. 肺脏听诊时，开始部位宜在肺听诊区的_____。

   A. 上 1/3   B. 中 1/3   C. 下 1/3
   D. 前 1/3   E. 后 1/3

37. 胸式呼吸的疾病有_____。

   A. 胸膜炎   B. 腹膜炎
   C. 瘤胃臌气   D. 肺炎

38. 属于犬生理性肺呼吸音是_____。

   A. 罗音   B. 捻发音   C. 空瓮音
   D. 混合呼吸音   E. 齿轮呼吸音

39. 支气管肺炎的 X 射线影征是_____。

   A. 黑色阴影   B. 密度均匀的阴影
   C. 大小不一的云絮状阴影 D. 边缘整齐的大块状阴影
   E. 整个肺野出现高密度阴影

40. 下列呼吸节律中，能提示动物呼吸中枢的敏感性极度降低，病情危笃的是_____。

   A. 间断性呼吸   B. 陈-施二氏呼吸   C. 毕欧特氏呼吸
   D. 库斯茂尔氏呼吸   E. 深大呼吸

41. 动物呼吸时，沿肋骨弓出现较深的凹陷，背拱起，肷窝变平，这种现象是呼吸困难中的_____。
A. 吸气性呼吸困难　　　B. 呼气性呼吸困难　　　C. 心源性呼吸困难
D. 腹压增高性呼吸困难　E. 中毒性呼吸困难

42. 猪传染性萎缩性鼻炎时表现出的呼吸困难类型多为_____。
A. 吸气性呼吸困难　　　B. 呼气性呼吸困难　　　C. 心源性呼吸困难
D. 肺源性呼吸困难　　　E. 血原性呼吸困难

43. 动物鼻液呈污秽不洁，带灰色或暗褐色，有尸臭或恶臭味，则提示的疾病多为_____。
A. 呼吸道卡他性炎症　　B. 呼吸道化脓性炎症　　C. 坏疽性肺炎
D. 真菌性肺炎　　　　　E. 大叶性肺炎

44. 若动物流出鼻液呈砖红色或铁锈色，则提示的疾病多为_____。
A. 小叶性肺炎　　　　　B. 间质性肺炎　　　　　C. 坏疽性肺炎
D. 真菌性肺炎　　　　　E. 大叶性肺炎

45. 下列动物咳嗽检查内容中不正确的是_____。
A. 咳嗽的性质　　　　　B. 咳嗽的频度　　　　　C. 咳嗽的强度
D. 咳嗽是否带痛　　　　E. 咳嗽发生的时间

46. 动物发生胸腔积液时，叩诊其胸肺部可闻_____。
A. 浊音　　　　　　　　B. 半浊音　　　　　　　C. 水平浊音
D. 破壶音　　　　　　　E. 金属音

47. 动物发生肺气肿时，叩诊其胸肺部可闻_____。
A. 清音　　　　　　　　B. 鼓音　　　　　　　　C. 半浊音
D. 过清音　　　　　　　E. 空瓮音

48. 健康状况下，在肺部听不到支气管呼吸的家畜是_____。
A. 马　　　　　　　　　B. 牛　　　　　　　　　C. 猪
D. 羊　　　　　　　　　E. 犬

49. 一般来说，干性罗音是_____的典型症状。
A. 胸膜炎　　　　　　　B. 胸膜肺炎　　　　　　C. 支气管炎
D. 肺炎　　　　　　　　E. 肺坏疽

50. 幼年犬发生毛细支气管炎时，听诊肺部一般会出现_____。
A. 病理性支气管呼吸音　B. 病理性混合呼吸音
C. 干性罗音　　　　　　D. 湿性罗音　　　　　　E. 捻发音

二、判断
（　）1. 牛瘤胃穿刺均可在左膁窝膨胀最明显处。
（　）2. 瓣胃穿刺一般以第 9 肋间与肩端水平线的交点。
（　）3. 牛患创伤性网胃炎时喜走下坡路。
（　）4. 嗉囊膨大，触诊内容物柔软并有波动感为软嗉的特点。
（　）5. 食道探诊时，动物表现疼痛不安、挣扎，可见于食道阻塞。
（　）6. 肠道正常听诊音似流水声或含漱声。
（　）7. 腹泻是家畜频频努责的结果。

（　　）8. 流涎常见于伴发口腔炎的传染病。
（　　）9. 排粪失禁主要由于肛门括约肌弛缓或麻痹所致。
（　　）10. 咀嚼障碍常为牙齿、颌骨、口腔黏膜病变所致，其他疾病不会出现咀嚼障碍的病症。
（　　）11. 动物大量流涎，可见于各型口炎、某些传染病、吞咽或咽下障碍的疾病，其他疾病不认为有流涎症状的出现。
（　　）12. 瘤胃蠕动力微弱，次数减少，持续时间短促，或蠕动完全消失，标志瘤胃机能衰弱。见于前胃弛缓、瘤胃积食、热性病和其他全身性疾病。
（　　）13. 腹式呼吸的出现表明胸部有疼痛性或胸膜腔内压升高性疾病。
（　　）14. 气管呼吸音呼气时弱而短，吸气时强而长，声音粗糙而高。
（　　）15. 胸式呼吸的出现表明腹部有疼痛性或腹内压升高性疾病。
（　　）16. 喉呼吸音呼气时弱而短，吸气时强而长，声音粗糙而高。
（　　）17. 牛的呼吸次数是 8~16 次/min。
（　　）18. 鼻液呈铁锈色是大叶性肺炎和传染性胸膜肺炎一定阶段的特征。
（　　）19. 干性罗音是支气管炎的典型症状。
（　　）20. 病畜呼吸时，鼻孔开张，头颈平伸，胸廓明显扩张，肘部外展，肛门内陷，张口呼吸，此乃上呼吸道狭窄的病症。
（　　）21. 听诊病畜两侧肺区有明显的"夫夫"音，乃肺泡呼吸音普遍性增强的表现，提示肺实质发生病变。
（　　）22. 动物病理性呼吸数增多，可见于热性病、呼吸器官疾病、心脏病及血液病、疼痛性疾病、中枢神经系统兴奋性增高及呼吸运动受阻的疾病。
（　　）23. 鼻液量的多少，依病性、病程和病变的范围而定。鼻液量少，常见于呼吸器官轻度炎症或急性炎症的初期及慢性呼吸道炎症。
（　　）24. 捻发音为一种细微而均匀的劈啪音，听诊肺区出现捻发音，提示肺实质发生病变。
（　　）25. 严重而持久地吸气性呼吸困难的病畜腹部可出现息痨沟。

三、问答（共计 25 分）

1. 简述马、牛的体温测定方法。（15 分）
2. 兽医补液疗法的适用情况。（10 分）

参考文献

[1] 沈永恕，吴敏秋. 兽医临床诊疗技术[M]. 北京：中国农业大学出版社，2011.
[2] 唐兆新. 兽医临床治疗学[M]. 北京：中国农业出版社，2002.
[3] 曾元根，徐公义. 兽医临床诊疗技术[M]. 北京：化学工业出版社，2009.
[4] 李玉冰. 兽医临床诊疗技术[M]. 北京：中国农业出版社，2006.
[5] 王俊东，刘宗平. 兽医临床诊断学[M]. 北京：中国农业出版社，2010.
[6] 韩博. 动物疾病诊断学[M]. 北京：中国农业大学出版社，2005.
[7] 吴敏秋，李国江. 动物外科与产科[M]. 北京：中国农业出版社，2006.
[8] 邓俊良. 兽医临床实践技术[M]. 北京：中国农业大学出版社，2006.
[9] 东北农学院. 兽医临床诊断学实习指导[M]. 北京：中国农业出版社，2001.
[10] 何德肆. 动物临床诊疗与内科病[M]. 重庆：重庆大学出版社，2007.
[11] 王书林. 兽医临床诊断学[M]. 北京：中国农业出版社，2003.
[12] 侯加法. 小动物外科[M]. 北京：中国农业出版社，2000.
[13] 王成. 中兽医诊疗技术[M]. 郑州：河南科学技术出版社，2009.
[14] 覃广胜，梁贤威，杨炳，等. B超在水牛繁殖中的应用[J]. 中国奶牛，2010（6）:28-30.
[15] 白景煌. 养犬与犬病[M]. 北京：科学出版社，2001.
[16] 汤德元，陶玉顺. 实用中兽医学[M]. 北京：中国农业出版社，2005.
[17] 甘孟侯. 禽病诊断与防治[M]. 北京：中国农业大学出版社，2002.
[18] 沈永恕. 兽医临床诊疗技术[M]. 北京：中国农业大学出版社，2005.
[19] 耿永鑫. 兽医临床诊断学[M]. 北京：中国农业出版社，2001.
[20] 彭广能. 兽医外科与外科手术学[M]. 北京：中国农业大学出版社，2009.